Das hast du gelernt

Der Mensch – ein Säugetier

Die Menschen zeigen sowohl im Körperbau als auch im Verhalten zahlreiche Gemeinsamkeiten mit den Säugetieren. Sie besitzen eine trockene Haut mit Haaren, ihre Körpertemperatur ist gleichwarm. Sie atmen durch Lungen. Die Nachkommen werden lebend geboren und nach der Geburt eine Zeit lang mit Muttermilch gesäugt.

Löse mit Köpfchen

1. Zellen – Bausteine von Organismen
a) Skizziere eine pflanzliche und eine tierische Zelle. Beschrifte die Zellbestandteile.
b) Stelle in einer Übersicht Gemeinsamkeiten und Unterschiede von tierischen und pflanzlichen Zellen zusammen.

2. Gewebe unterm Mikroskop
Mikroskopiere verschiedene Dauerpräparate von pflanzlichen und tierischen Geweben.
Notiere jeweils, aus welchen Zellen die Gewebe bestehen.

5. Verschiedene Organismen

Teste dich selbst

Wähle aus.

1 Die Vergrößerung der Oberfläche von Schleimhäuten dient dazu, dass
A Stoffe langsamer ausgetauscht werden können.
B mehr Stoffe ausgetauscht werden.
C die Stoffe sich besser verteilen können.

5 Wie heißen die männlichen und die weiblichen Keimdrüsen?
A Samenzelle und Eizelle
B Vagina und Penis
C Hoden und Eierstock

6 Von einer positiven Energiebilanz spricht man, wenn mehr Kalorien aufgenommen als verbraucht werden. Werden weniger Kalorien aufgenommen als benötigt, handelt es sich folglich um eine …
A negative Energiebilanz.
B ausgeglichene Energiebilanz.
C stark positive Energiebilanz.

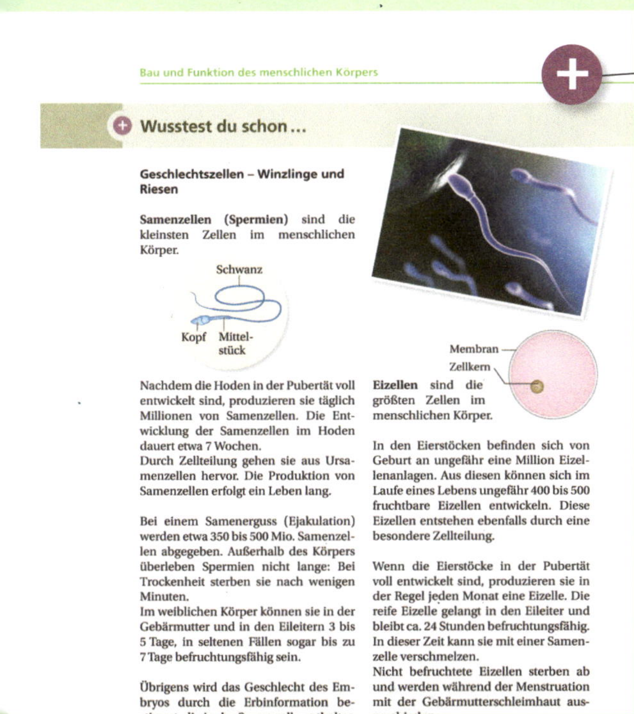

Wusstest du schon …

Geschlechtszellen – Winzlinge und Riesen

Samenzellen (Spermien) sind die kleinsten Zellen im menschlichen Körper.

Nachdem die Hoden in der Pubertät voll entwickelt sind, produzieren sie täglich Millionen von Samenzellen. Die Entwicklung der Samenzellen im Hoden dauert etwa 7 Wochen.
Durch Zellteilung gehen sie aus Ursamenzellen hervor. Die Produktion von Samenzellen erfolgt ein Leben lang.

Bei einem Samenerguss (Ejakulation) werden etwa 350 bis 500 Mio. Samenzellen abgegeben. Außerhalb des Körpers überleben Spermien nicht lange: Bei Trockenheit sterben sie nach wenigen Minuten.
Im weiblichen Körper können sie in der Gebärmutter und in den Eileitern 3 bis 5 Tage, in seltenen Fällen sogar bis zu 7 Tage befruchtungsfähig sein.

Übrigens wird das Geschlecht des Embryos durch die Erbinformation be-

Eizellen sind die größten Zellen im menschlichen Körper.

In den Eierstöcken befinden sich von Geburt an ungefähr eine Million Eizellenanlagen. Aus diesen können sich im Laufe eines Lebens ungefähr 400 bis 500 fruchtbare Eizellen entwickeln. Diese Eizellen entstehen ebenfalls durch eine besondere Zellteilung.

Wenn die Eierstöcke in der Pubertät voll entwickelt sind, produzieren sie in der Regel jeden Monat eine Eizelle. Die reife Eizelle gelangt in den Eileiter und bleibt ca. 24 Stunden befruchtungsfähig. In dieser Zeit kann sie mit einer Samenzelle verschmelzen.
Nicht befruchtete Eizellen sterben ab und werden während der Menstruation mit der Gebärmutterschleimhaut aus-

Löse mit Köpfchen

Durch vielfältige und interessante Aufgaben kannst du erworbene Kenntnisse wiederholen und anwenden.

Das hast du gelernt

Du erhältst einen Überblick über wesentliche Inhalte mehrerer Themenseiten.

Teste dich selbst

Hier kannst du dein Wissen selbstständig überprüfen.

Wusstest du s

Hier kannst du
vertiefen.

W0278954

Symbole zu den Aufgaben

- Erweiterndes und Vertiefendes
- Erkenntnisse gewinnen
- Kommunizieren
- Bewerten

Inhaltsverzeichnis

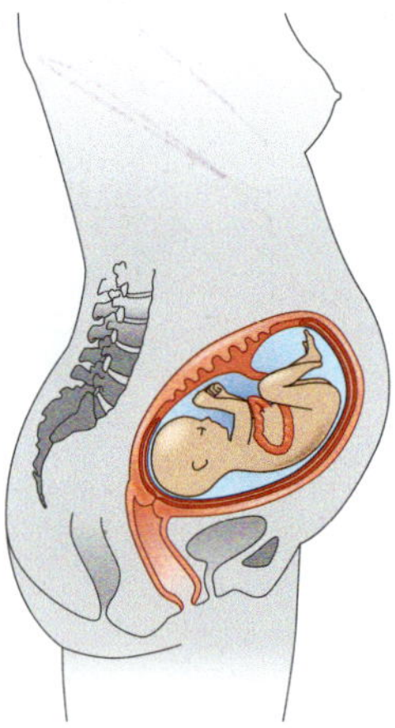

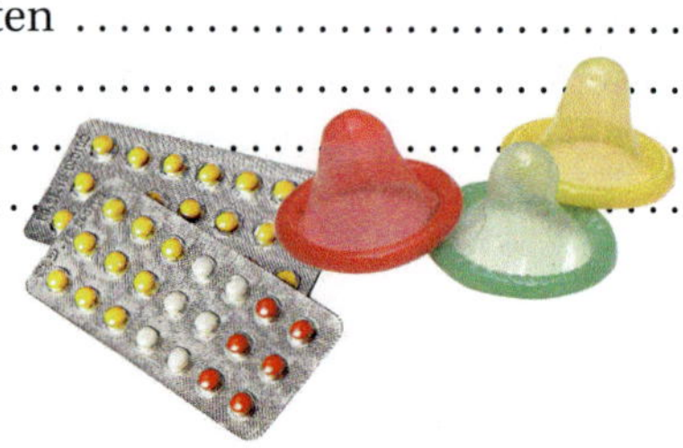

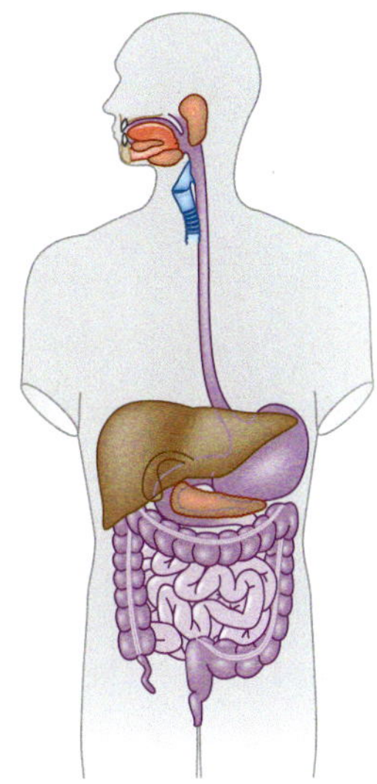

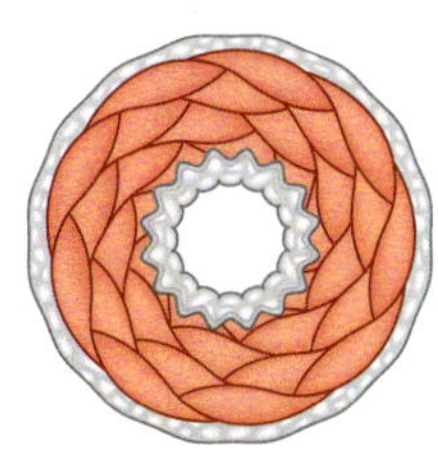

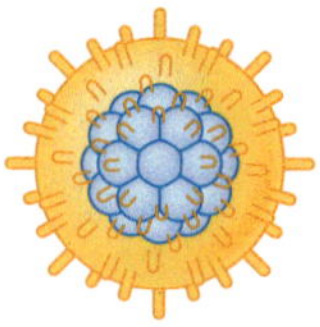

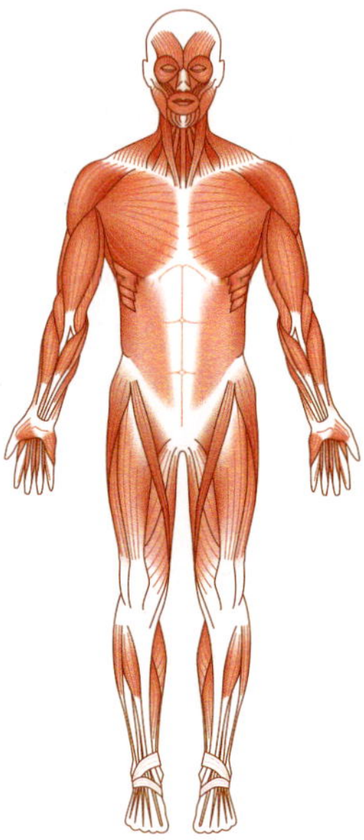

Erschließungsfelder

Wahlthemen

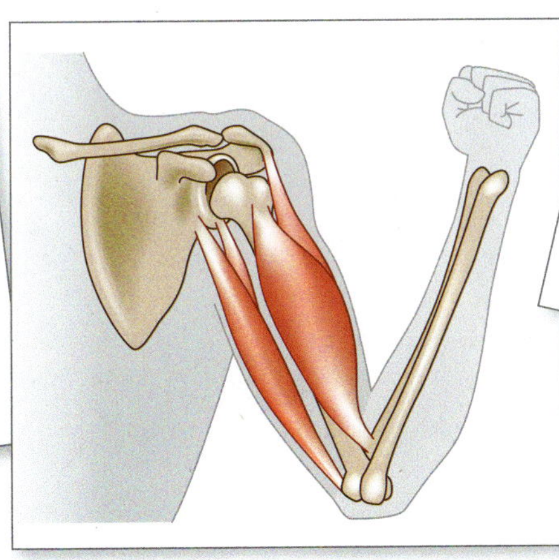

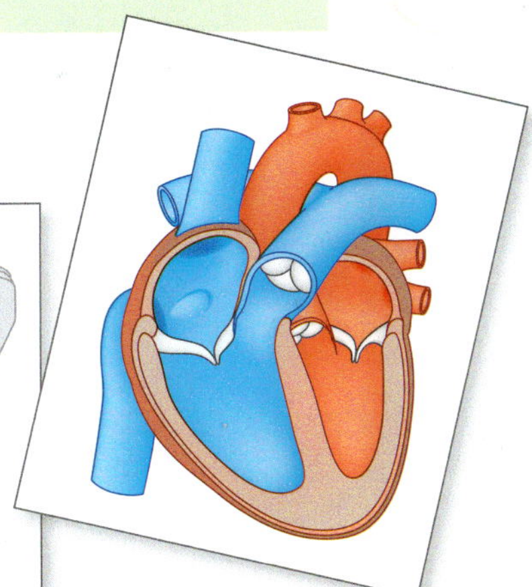

1 Grundlagen der Ökologie

Lebensräume und ihre Bewohner gesucht
Achtet bei einer Wanderung einmal genau auf die Landschaft. Beschreibt, was ihr seht. Vergleicht die unterschiedlichen Landschaftsformen miteinander.
Könnt ihr die jeweiligen Bewohner entdecken?

Einer hier, der andere nur dort
Warum gibt es Eisbären, Orang-Utans und Palmen nicht auch in Deutschland? Stellt Vermutungen an.

Fressen und gefressen werden
Nennt Tiere und Pflanzen und stellt mit ihnen eine Nahrungskette auf.
Wo beginnt eine Nahrungskette? Wo endet sie?
Wer findet die Nahrungskette mit den meisten Gliedern?

Mensch, benimm dich!
Wir haben nur eine Erde. Der Mensch rodet Wälder, verschmutzt Gewässer, betoniert ganze Landschaften. Dabei geht Umweltschutz jeden an.
Was könnt ihr in diesem Zusammenhang tun?
Notiert eure Ideen und stellt sie der Klasse vor.

Der Lebensraum – ein Rahmen zum Überleben

Ökosysteme im Blick

Zeigt die Abbildung ein Ökosystem?
Notiere deine Meinung und begründe sie.

Die Abbildung zeigt eine spezielle Lebensgemeinschaft in der Stadt. Besonders auffallend sind die Pflanzen. Das Rispengras, der Löwenzahn und der Breit-Wegerich. Diese Pflanzen können die extremen Lebensbedingungen in Pflasterritzen ertragen, die stark schwankenden Temperaturen und eine gewisse Trittbelastung. Es handelt sich um ein Ökosystem im Kleinformat.

Bei einem Spaziergang kommst du an Wiesen, Wäldern, Hecken, Teichen, aber auch an einer Fläche aus Gehwegplatten vorbei.

Das sind jeweils verschiedene **Lebensräume (Biotope).** Sie werden vom Klima beeinflusst und sind durch ganz bestimmte **Umweltfaktoren** gekennzeichnet.

So findest du in den verschiedenen Lebensräumen auch immer ganz bestimmte Lebewesen. Diese beeinflussen sich gegenseitig und bilden eine **Lebensgemeinschaft (Biozönose).**

- Biotop und Biozönose bilden eine Einheit mit vielen Wechselbeziehungen: ein Ökosystem.

Finde jeweils eine Abbildungsunterschrift.

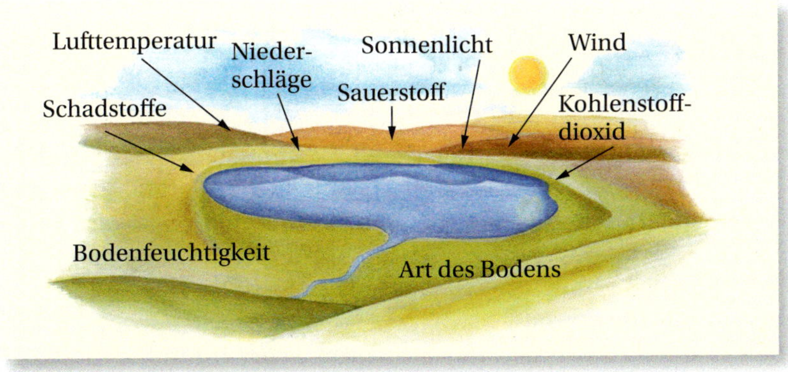

Lebensraum (Biotop)

Lebensstätte der Organismen, gekennzeichnet durch Umweltfaktoren (unbelebte Natur)

Ökosystem

Einheit von Lebensraum und Lebensgemeinschaft

Lebensgemeinschaft (Biozönose)

bestehend aus verschiedenen Lebewesen und den Beziehungen zwischen ihnen (belebte Natur)

Aufgaben

1 Erläutere die Abbildungen.

2 Gib drei Beispiele für Wechselbeziehungen zwischen unterschiedlichen Lebewesen an. Erläutere deine Beispiele.

3 Nenne und beschreibe unterschiedliche Lebensräume.

4 Lebewesen können nur unter bestimmten Bedingungen leben. Finde zwei Beispiele, die die Richtigkeit dieser Aussage belegen.

Wusstest du schon ...

Ökosystem Getreidefeld

Getreidefelder sind Ökosysteme mit besonderen Bedingungen.
Menschen haben sie **künstlich geschaffen.** Dafür veränderten sie unsere natürlichen Landschaften durch Rodung, Bodenbearbeitung, Düngung, Schädlingsbekämpfung usw.
Die Maßnahmen zielten darauf ab, für die Getreidepflanzen günstige Bedingungen zu schaffen.

Der Bauer beeinflusst jedoch nicht nur den Lebensraum. Er wirkt auch entscheidend auf die Zusammensetzung der Lebensgemeinschaft in diesem Lebensraum ein.
Im Allgemeinen baut er auf einem Feld nur eine Getreideart an: Mais, Gerste, Weizen oder Hafer.
Die Getreidearten sind durch Züchtung entstanden und wurden so an die Bedürfnisse des Menschen angepasst.

Infolge der ständigen Beeinflussung durch ackerbauliche Maßnahmen können sich hier nur wenige andere Lebewesen ansiedeln. Dadurch ist die Artenvielfalt stark eingeschränkt.

So wachsen vorwiegend kurzlebige Ackerwildkräuter wie Kornblume, Mohn, Ackersenf, Vogelmiere usw.
Von diesem Nahrungsüberfluss werden Wildschweine und Rehe aus nahe gelegenen Wäldern angelockt und können erheblichen Schaden anrichten.
Auch Mäuse und Hamster fressen die Getreidekörner. Allerdings ist der Feldhamster durch häufiges Pflügen bedroht.

Natürlich leben im Getreidefeld auch einige Wirbellose, z. B. Feldgrillen, Steinläufer und Regenwürmer. Nicht zuletzt gehören verschiedene Vögel zu dieser Lebensgemeinschaft, u. a. Goldammer und Mäusebussard.

Leben in der Wüste

Bei **Wüsten** denken wir zuerst an die Wüste **Sahara** in Afrika. Sie ist die größte Wüste der Welt (8 700 000 km^2), aber nicht die einzige. Auf allen Kontinenten gibt es Wüsten, in Europa die Wüste von Tabernas.
Regenmangel ist die Voraussetzung und wichtiges Merkmal von Wüsten. Die Araber nennen die Wüste deshalb auch „Meer ohne Wasser". Wenn es nach langer Zeit regnet, fällt der Regen wolkenbruchartig vom Himmel.

Aufgrund der **extremen Lebensbedingungen** gibt es in den trockenen Wüsten relativ **wenig Pflanzen.** Vorhandene Pflanzen sind an die Trockenheit angepasste Sträucher, Gräser und bestimmte tief wurzelnde Bäume, z. B. Akazien. Diese Pflanzen sind u. a. in der Lage, Wasser zu sparen oder zu speichern. Sie können unterirdisch überleben oder innerhalb ganz kurzer Zeit blühen, Samen und Früchte ausbilden.

Obwohl die Bedingungen in vielen Wüsten der Welt nicht gerade zum Leben einladen, leben dort **verschiedene Tierarten.**
Neben einigen Säugetieren sind dort Kriechtiere und sehr anpassungsfähige Insekten und andere Wirbellose, z. B. Skorpione, zu finden.
Die in heißen Sandwüsten lebenden Tiere sind an die hohen Oberflächentemperaturen des Sandes besonders angepasst.
Insekten, die tagsüber auf dem Sand laufen, haben meist außergewöhnlich lange Stelzbeine. Die Temperatur nimmt nämlich schon wenige Zentimeter über dem Sand deutlich ab. Die Tiere können sich mit ihren langen Beinen schnell fortbewegen und sind vor Überhitzung geschützt.

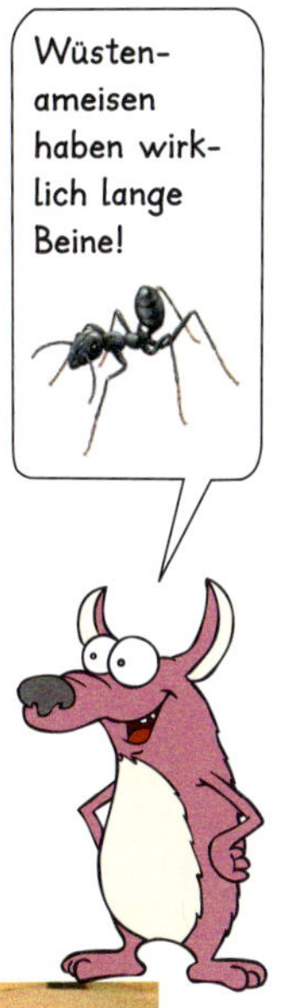

Der Lebensraum – ein Rahmen zum Überleben

Umwelt – was ist denn das?

Diskutiert die Frage in der Gruppe.

Team 1: Wald

Uhrzeit: 9.00 Uhr
Lufttemperatur: 12 °C (im Schatten)
Luftfeuchtigkeit: 95 %
Wind: 0 m/s

Beobachtete Lebewesen bzw. Spuren:
- Buche, Eiche, Kräuter
- Eichhörnchen
- Kreuzspinne
- Wildschweinspuren

Team 2: Wiese

Uhrzeit: 9.00 Uhr
Lufttemperatur: 15 °C (Sonne)
Luftfeuchtigkeit: 70 %
Wind: 5 m/s

Beobachtete Lebewesen bzw. Spuren:
- Süßgräser, Klee
- Storch
- Eidechse
- Schmetterlinge

Vergleichst du verschiedene Lebensräume miteinander, stellst du fest, dass die **Umweltbedingungen (Umweltfaktoren)** sehr unterschiedlich sind.

Ausschlaggebend für die Besiedlung eines Lebensraums sind die dort herrschenden **abiotischen Umweltfaktoren.** Dazu zählen u. a. Licht, Temperatur, Luftbewegung (Wind), aber auch die Schadstoffbelastung der Luft. Für Pflanzen spielt auch der Wasser- und Mineralstoffgehalt des Bodens eine wesentliche Rolle. Abiotische Umweltfaktoren gehen von der **unbelebten Natur** aus.

Jedes Lebewesen wird jedoch nicht nur von abiotischen Umweltbedingungen beeinflusst. Es tritt auch mit anderen Lebewesen in vielfältige Wechselbeziehungen. Dazu gehören z. B. Nahrungsbeziehungen. Solche **biotischen Umweltfaktoren** gehen von der **belebten Natur aus.**

Umwelt ist die Gesamtheit aller abiotischen und biotischen Umweltfaktoren, die auf ein Lebewesen einwirken.

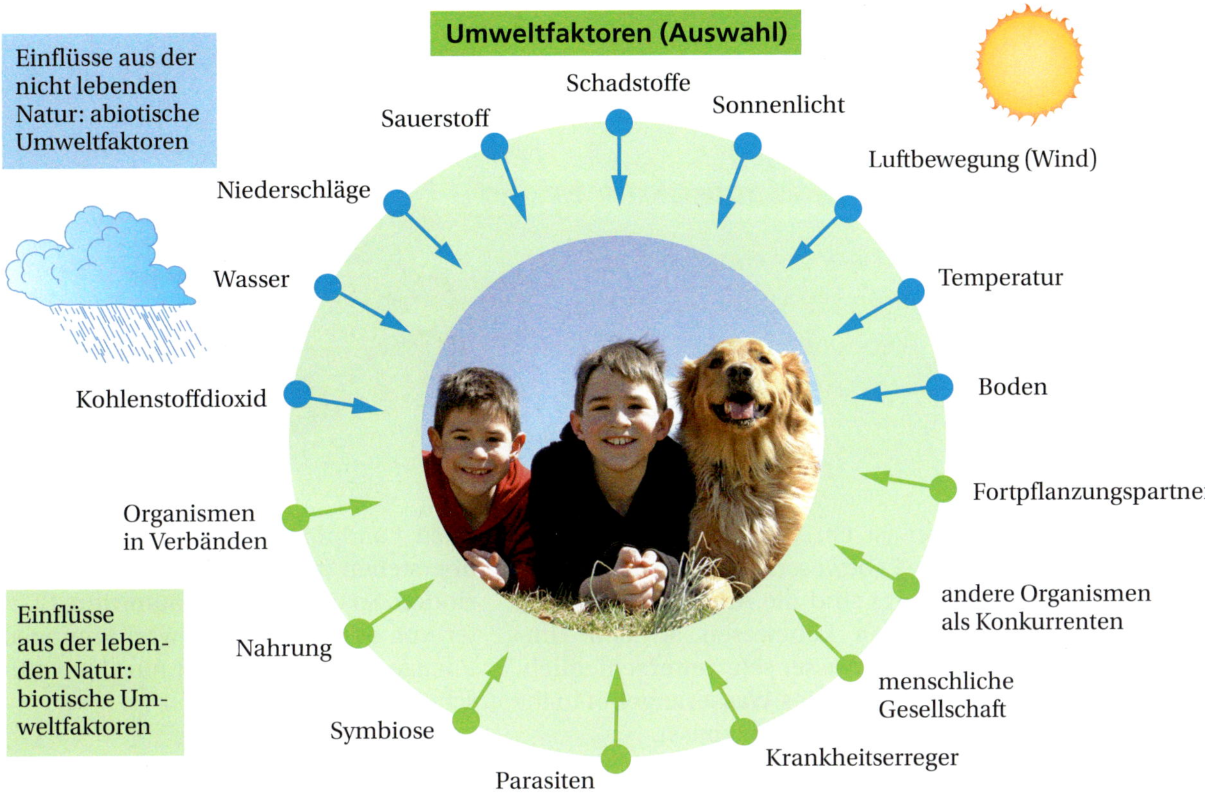

▌ Erläutere die Grafik.

Aufgaben

1_ Erläutere den Unterschied zwischen biotischen und abiotischen Umweltfaktoren.

2_ Wähle aus deiner Umgebung eine Pflanze und ein Tier aus. Zähle jeweils abiotische und biotische Umweltfaktoren für das Lebewesen auf und erläutere ihre Wirkung.

3_ Susanne und Marion unterhalten sich. Marion berichtet: „Ich habe einfach keinen grünen Daumen. Meine Pflanzen sehen immer sehr kümmerlich aus.“ Susanne hat sofort eine Vermutung, woran das liegen könnte. Formuliere eine mögliche Antwort. Betrachte dazu das Foto rechts.

Der Lebensraum – ein Rahmen zum Überleben

Ohne Wasser kein Leben

Schau dir das Foto an. Fällt dir etwas auf? Wo könnte es aufgenommen worden sein?

Wasser ist ein wichtiger Umweltfaktor für alle Lebewesen auf der Erde.
Allerdings sind die **Ansprüche** der verschiedenen Lebewesen an den Umweltfaktor Wasser sehr **unterschiedlich.** Diese sind **an das Wasserangebot** in ihrem Lebensraum **angepasst.**
Pflanzen können ihre Wasserabgabe regulieren. Außerdem sind sie durch einen speziellen Bau an trockene oder feuchte Standorte bzw. an das Leben im Wasser angepasst.
Daher wirst du Schilf auch nicht auf einem derart trockenen Standort wie auf dem Foto oben finden.

- Beschreibe den Lebensraum von Feuersalamander und Zauneidechse.

Viele Landpflanzen in unserer Region überstehen **jahreszeitliche Trockenperioden.** So werfen Laubbäume ihre Blätter vor dem Winter ab. Von krautigen Pflanzen überwintern oft nur unterirdische Speicherorgane.

Auch Tiere sind mehr oder weniger vom Wasser abhängig. Das wird bei einem Vergleich der Wirbeltierklassen deutlich. Fische nutzen das Wasser dauerhaft als Lebensraum. Lurche laichen im Wasser und ihre Larven (Kaulquappen) entwickeln sich dort. Ausgewachsene Lurche leben entweder im Wasser oder benötigen einen feuchten Lebensraum. Sie haben eine schleimig-feuchte Haut und sind kaum vor Verdunstung geschützt. Vertreter anderer Wirbeltierklassen können auch trockene Lebensräume besiedeln. Oft vermindern Schuppen, Fell oder Federn eine zu starke Wasserabgabe.

- Finde Beispiele für die Anpassung an den Umweltfaktor Wasser.

Der Umweltfaktor Wasser bedingt wesentlich die Zusammensetzung der Lebensgemeinschaft in einem Ökosystem.

Nenne Folgen für die Pflanzen am Ufer, wenn der Fluss austrocknen würde.

Aufgaben

1 Recherchiere in geeigneten Quellen über die Anpassungen verschiedener Lebewesen an den Umweltfaktor Wasser (z. B. Kamel, Sumpfdotterblume, Königskerze, Sommerlinde, Dickblattgewächse, Seerose). Fertige Lernplakate zum Thema an.

2 Eier und Puppen von Insekten, in Trockenstarre verharrende Lurche, verholzte Pflanzenteile und Samen mit harten Schalen können sehr lange Trockenheiten überstehen. Erkläre, warum das so ist. ↗ S. 37

3 Bei Pflanzen gibt es Trockenpflanzen, Feuchtpflanzen und Wasserpflanzen. Recherchiere Beispiele und gib entsprechende Merkmale an.

4 Bei Tieren lassen sich Trockenlufttiere und Feuchtlufttiere unterscheiden. Recherchiere Beispiele und gib entsprechende Merkmale an. ↗ S. 169

Wusstest du schon …

Umweltfaktor Wasser bei Tieren …

Der Laubfrosch – ein Feuchtlufttier

Der Laubfrosch hat eine drüsenreiche, feuchte und schleimige Haut. Die Schleimdrüsen sind über die gesamte Oberfläche verteilt. Der Schleim dient der Befeuchtung der Haut und schützt in feuchter Umgebung vor Austrocknung. Ein Teil der Atmung erfolgt über die Haut. Daher muss sie dünn und feucht sein.

Das Weibchen legt die befruchteten Eier in einem Gewässer ab. Der Laich ist nur von einer Gallerthülle umgeben. Aus den Eiern schlüpfen die Larven (Kaulquappen). Erst nach Abschluss der Metamorphose gehen die Jungfrösche an Land.

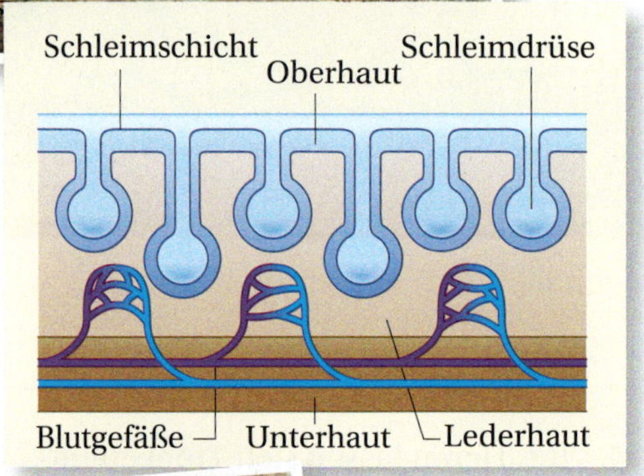

Lebensräume
Randzonen von Kleinstgewässern, Feuchtwiesen, Auwälder

Die Zauneidechse – ein Trockenlufttier

Die Haut der Zauneidechse ist von Hornschuppen bedeckt. Diese wachsen nicht mit dem Körper mit. Daher häutet sich die Eidechse in Abständen.

Die Hornschuppen bilden einen wirksamen Verdunstungsschutz. So kann sich das Tier in der Sonne aufwärmen.

Das Weibchen legt pergamentschalige Eier. Die Schale bietet ebenfalls Schutz vor Verdunstung. So können die Eier im Sandboden abgelegt werden. Dort werden sie durch die Sonne ausgebrütet.

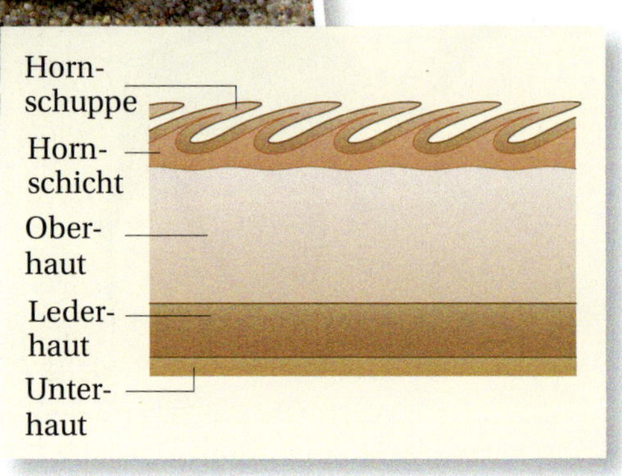

Lebensräume
trockene Waldränder, Trockenrasen, Kiesgruben, Dünen

... und bei Pflanzen

Die Seerose – eine Wasserpflanze

Die Schwimmblätter der Seerose liegen auf der Wasseroberfläche. Die Blattunterseite ist durch eine Wachsschicht (Kutikula) geschützt. Die Spaltöffnungen für den Gasaustausch liegen auf der Blattoberseite. So kann kein Wasser in das Blattinnere eindringen.
Das Gewebe im Innern des Blatts (besonders das Schwammgewebe) ist von großen, luftgefüllten Räumen (Interzellularen) unterbrochen. Auch der Stängel und die Wurzeln sind von Luftgewebe durchzogen. So erhält die Pflanze Auftrieb und die Luft gelangt bis in die Wurzeln.

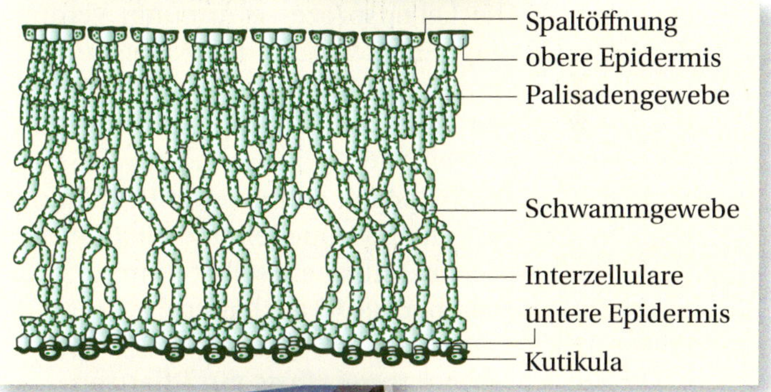

Lebensräume
stehende bzw. träge fließende Gewässer wie Buchten von Seen und Teichen

Die Königskerze – eine Trockenpflanze

Die Königskerze besitzt derbe, ledrige Blätter. Der obere Blattabschluss (Epidermis) ist zusätzlich von einer Wachsschicht (Kutikula) überzogen. Dadurch wird die Verdunstung stark eingeschränkt.
Die Spaltöffungen für den Gasaustausch befinden sich an der Blattunterseite. Sie sind eingesenkt und von toten Blatthaaren umgeben. In diesen Vertiefungen wird eine höhere Luftfeuchtigkeit als in der Umgebung aufrechterhalten. Das mindert die Verdunstung.

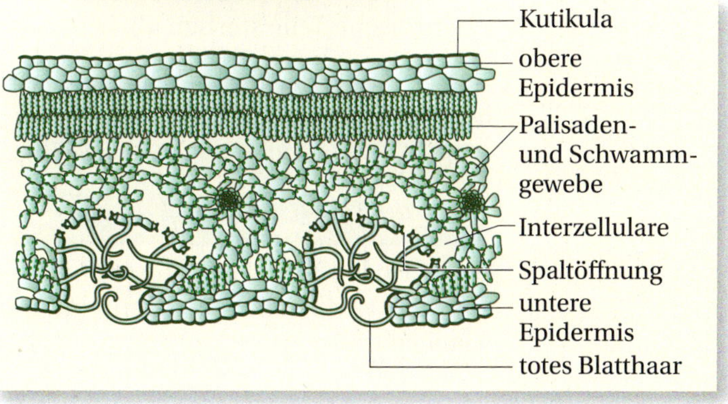

Lebensräume
trockene Wegränder, Schuttplätze, Böschungen, Trockenwiesen

Der Lebensraum – ein Rahmen zum Überleben

Temperatur – mehr als Kälte und Wärme

Die Temperatur beeinflusst fast alle Lebensprozesse.
Zähle einige auf.

Die Lebensprozesse Atmung, Verdunstung, Entwicklung und Wachstum sind temperaturabhängig. Viele Lebewesen benötigen eine Temperatur zwischen einigen Minusgraden und etwa 45 °C. Es gibt jedoch auch hitzestabile Bakterien, die in heißen Quellen und an untermeerischen Vulkanen selbst Temperaturen von über 100 °C aushalten.

Temperatureinfluss auf Pflanzen

Der Wechsel der Temperatur im Jahresverlauf hat Einfluss auf die Lebewesen. Werden die Tage kürzer, sinkt auch die Temperatur.
Pflanzen bilden Reservestoffe zur Überwinterung, Laubbäume werfen ihre Blätter ab. Bei einigen Pflanzen überwintern nur die unterirdischen Teile, oberirdische Teile sterben ab.

Wurzelstock des Busch-Windröschens

- Wie ist das Busch-Windröschen an die kalten, winterlichen Temperaturen angepasst?

Frühblüher, z. B. Busch-Windröschen und Schneeglöckchen, überwintern mithilfe der im Erdboden liegenden Erneuerungsknospen an Wurzelstöcken oder mithilfe von Überdauerungsorganen wie Zwiebeln. Bei einer bestimmten Temperatur beginnen diese auszutreiben.

Bei einjährigen Pflanzen überdauern die Samen die kalte Zeit.
Nicht zuletzt beeinflusst die Temperatur auch die Keimung der Samen. Viele keimen nur, wenn eine bestimmte Temperatur gegeben ist.

Heimische Pflanzen sind an jahreszeitliche Temperaturveränderungen angepasst.

Optimale Keimtemperaturen der Samen einiger Samenpflanzen	
Rettich, Lupine, Erbse, Karotte, Zwiebel	20 °C
Blumenkohl, Löwenzahn, Tomate, Tabak, Bohne	20 bis 30 °C
Mais	15 °C

- Leite aus den Daten in der Tabelle Schlussfolgerungen für die Aussaat ab.

Temperatureinfluss auf Tiere

Das Verhalten der Tiere wird auch von der **Temperatur** beeinflusst.

Bei **wechselwarmen Tieren** ist die Körpertemperatur von der Umgebungstemperatur abhängig. Viele müssen die kalte Jahreszeit in geschützten Verstecken in **Winterstarre (Kältestarre)** überdauern. Dabei ist ihr Stoffwechsel stark herabgesetzt und die Körpertemperatur niedrig. In diesem Zustand sind wechselwarme Tiere bewegungsunfähig.

- Was passiert wohl, wenn die Temperatur wieder ansteigt?

Bei Säugetieren und Vögeln wird die Körpertemperatur reguliert und relativ konstant gehalten. Die Körperbedeckung (z. B. Fell, Federn) schützt diese **gleichwarmen Tiere** vor Wärmeabgabe.

- Erläutere die Begriffe wechselwarm und gleichwarm.

Gleichwarme Tiere haben unterschiedliche Überwinterungsstrategien. Sie legen sich Fettreserven zu und bilden ein dichtes Winterfell bzw. ein dichtes Federkleid aus.
Viele Säugetiere sparen durch **Winterruhe** oder **Winterschlaf** Energie.
Bei der Winterruhe bleibt die Körpertemperatur konstant. Die Tiere wachen häufig auf, ihre Aktivitäten sind aber eingeschränkt.
Beim Winterschlaf wird die Körpertemperatur abgesenkt, der Herzschlag verlangsamt und es kommt zu einer deutlichen Minderung des Stoffwechsels.
Einige Vögel ziehen in den Süden, um den Kälte- und Nahrungsmangel zu meiden.

Die Temperatur ist für Lebewesen ein wichtiger abiotischer Faktor.
An Temperaturveränderungen im Jahresverlauf sind die Tiere durch unterschiedliche Überwinterungsstrategien angepasst.

Aufgaben

1. Nenne je 2 Tiere, die in Winterstarre fallen, Winterschlaf bzw. Winterruhe halten. Fertige von einem Tier einen Steckbrief an.
2. Vergleiche Winterruhe und Winterschlaf miteinander.
   Erläutere, inwiefern beide Formen Anpassungen an die kalte Jahreszeit sind. ↗ S. 67
3. Notiere Überwinterungsstrategien von Pflanzen unserer Region.

Der Lebensraum – ein Rahmen zum Überleben

Licht – Taktgeber und Überlebensfaktor

Auf dem Foto zeigen die Blüten der Sonnenblumen alle in dieselbe Richtung. Finde eine Erklärung.

Erforsche es

Einfluss des Lichts auf Pflanzen

Der Wald-Ziest ist in Wäldern, vor allem in Laubmischwäldern, zu finden. An dieser Pflanze kann man den Einfluss von Licht auf die Entwicklung der Pflanzen sehr gut erkennen.

1. Erstelle einen Steckbrief des Wald-Ziests.
2. Interpretiere das untere Diagramm. Leite daraus Schlussfolgerungen ab.

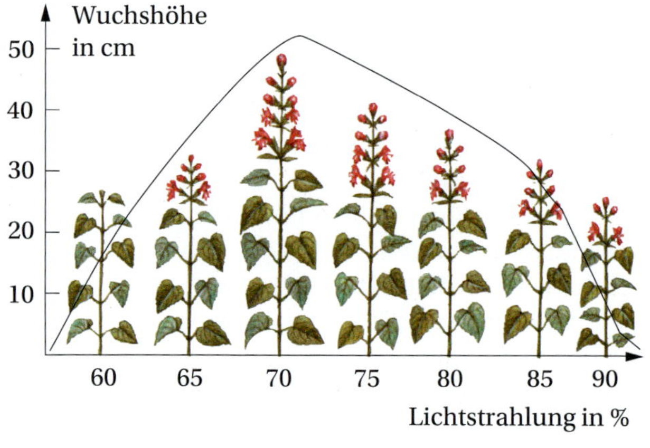

Licht als Überlebensfaktor

Pflanzen benötigen für die Fotosynthese Licht. Daher können sie nicht im Dunkeln wachsen.
An verschiedenen Standorten herrschen jedoch unterschiedliche Lichtverhältnisse. Die Pflanzen sind an diese Verhältnisse angepasst. Wir unterscheiden Licht- und Schattenpflanzen. **Schattenpflanzen** kommen im Waldesinnern vor, **Lichtpflanzen** an Waldrändern, auf Lichtungen und außerhalb des Waldes, wo der Lichteinfall stärker ist.
Sogar an den Blättern ein und derselben Pflanze kann man feststellen, wo das Lichtangebot höher ist. Beispielsweise sind an der Rot-Buche auf der Außenseite des Kronendachs **Lichtblätter** und im Innern der Krone **Schattenblätter** ausgebildet.
Nicht zuletzt ändern sich Lichtverhältnisse im Jahresverlauf. Nur im Frühjahr gelangt ausreichend Licht zum Waldboden, damit Pflanzen wie das Busch-Windröschen dort blühen können.

Licht ist ein wichtiger Standortfaktor für Pflanzen.

Licht als Taktgeber für viele Tiere

Wenn es dunkel wird, stellt sich bei uns die Müdigkeit ein. Hauskatzen werden dann erst aktiv. Genauso verhalten sich Eulen, Igel oder Waldmäuse im Wald. Sie gehören zu den **nachtaktiven Tieren.**

In der **Dämmerung** ist das Schwärmen von Mücken auffällig. Fledermäuse fliegen zwischen den Baumwipfeln. **Tagsüber** sind Sing- und Greifvögel aktiv. Eidechsen huschen zwischen Gesteinen und in der Luft schwirren Käfer und Libellen.

Aufgrund ihrer Aktivitätszeiten unterscheidet man **tagaktive, nachtaktive** und **dämmerungsaktive** Tiere.

Vom Licht beeinflusst wird auch der morgendliche **Sangesbeginn der Vögel.** Jede Art hat eine bestimmte Helligkeitsstufe, bei der sie munter wird und zu singen beginnt. „Frühaufsteher" bei den Singvögeln sind z. B. der Gartenrotschwanz, das Rotkehlchen und die Amsel. „Langschläfer" sind Haussperling und Star.

Diese zeitliche Abfolge, die **„Vogeluhr"**, lässt gewisse Regelmäßigkeiten erkennen. Sie ist aber nicht ganz zuverlässig, weil sich wegen der Jahreszeiten der Zeitpunkt des Sonnenaufgangs verschiebt.

Der abiotische Umweltfaktor Licht beeinflusst die Tag- und Nachtaktivität sowie andere Verhaltensweisen von Tieren.

Gartenrotschwanz

Rotkehlchen

Amsel

Haussperling

Star

Aufgaben

1 Untersuche Licht- und Schattenblätter.

Lichtblatt

Schattenblatt

a) Lege je ein Lichtblatt und ein Schattenblatt auf Millimeterpapier und zeichne den Umriss auf. Vergleiche die Umrisse. Betrachte und befühle die Blätter. ↗ S. 67

b) Vergleiche den Aufbau von Licht- und Schattenblättern. Ziehe eine Schlussfolgerung bezüglich der Angepasstheit. ↗ S. 67

c) Mikroskopiere einen Laubblattquerschnitt (Dauerpräparat) und beschreibe den Aufbau eines Laubblatts.

d) Zeichne das mikroskopische Bild und vergleiche mit der Abbildung auf Seite 19. ↗ S. 67

2 Gestalte eine „Vogeluhr" für 10 Vogelarten. Führe darin genau auf, wann welche Vögel in der Regel mit ihrem morgendlichen Gesang beginnen.

3 Finde heraus, was unter Dämmerung verstanden wird. Nutze dazu Literatur und Internet. Suche 5 Beispiele für dämmerungsaktive Tiere. ↗ S. 169

Der Lebensraum – ein Rahmen zum Überleben

Toleranz und Zeigerpflanzen

Die Waldheidelbeere findest du besonders in Kiefernwäldern. Finde heraus, warum das so ist.

Pflanzen wachsen und entwickeln sich am besten, wenn die Umweltfaktoren an ihrem Standort ihren Ansprüchen entsprechen, sich im **Optimum** befinden. Aber sie wachsen und entwickeln sich oft auch dann noch, wenn die Bedingungen nicht optimal sind. Wenn der Boden z. B. etwas zu wenig Wasser oder auch etwas zu viel Wasser enthält, bleibt die Pflanze trotzdem am Leben. Sind die Bedingungen zu schlecht, kann sie sich aber nicht mehr fortpflanzen.

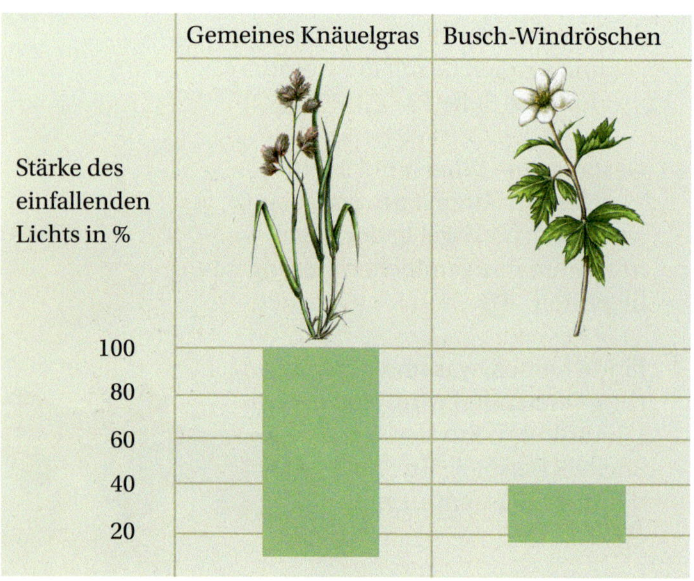

Das funktioniert jedoch nur in einem bestimmten Bereich.
Wird jedoch das **Minimum** (unterste Grenze) unterschritten oder das **Maximum** (oberste Grenze) überschritten, geht die Pflanze ein.

Die Fähigkeit, Schwankungen von Umweltbedingungen in bestimmten Grenzen (von Minimum bis Maximum) zu ertragen, wird **Toleranz** genannt. Der Bereich zwischen Minimum und Maximum heißt daher **Toleranzbereich.**

Es gibt Pflanzen, die in Bezug auf einen Umweltfaktor einen **engen Toleranzbereich** aufweisen. Sie kommen nur dort vor, wo solche Bedingungen gegeben sind. So wächst die Waldheidelbeere auf sauren Böden und der Besenginster nur an trockenen Standorten.
Diese Pflanzenarten kann man als **Zeigerarten** (Indikatorpflanzen) für diesen Umweltfaktor nutzen.

Zeigerpflanzen sind Pflanzen, die durch ihr gehäuftes Auftreten die Ausprägung bestimmter abiotischer Faktoren anzeigen.

Aufgaben

1 Erläutere den Begriff Toleranz an einem selbst gewählten Beispiel.

2 Recherchiere Beispiele für Säureanzeiger, Kalkanzeiger, Trockenheitsanzeiger, Nässeanzeiger, Lichtanzeiger usw. Nutze das Internet. ↗ S. 169

3 Finde heraus, ob es auch Tiere gibt, die als Zeigerarten bezeichnet werden können.

4 In einem Garten wachsen viele Acker-Veilchen. Welche Empfehlung würdest du dem Gärtner geben?

Spickzettel

Toleranz: Fähigkeit eines Lebewesens, Schwankungen eines Umweltfaktors in einem bestimmten Bereich zu ertragen

Optimum: günstigster Wert. Alle Lebensprozesse laufen am besten ab.

Maximum/Minimum: oberste bzw. unterste Grenze des Toleranzbereichs. Das Lebewesen kann gerade noch existieren.

Das hast du gelernt

Der Lebensraum – ein Rahmen zum Überleben

Das Ökosystem ist die Einheit aus Lebensraum und Lebensgemeinschaft. Die Zusammensetzung der Lebensgemeinschaft hängt von den herrschenden Umweltbedingungen im Lebensraum ab.

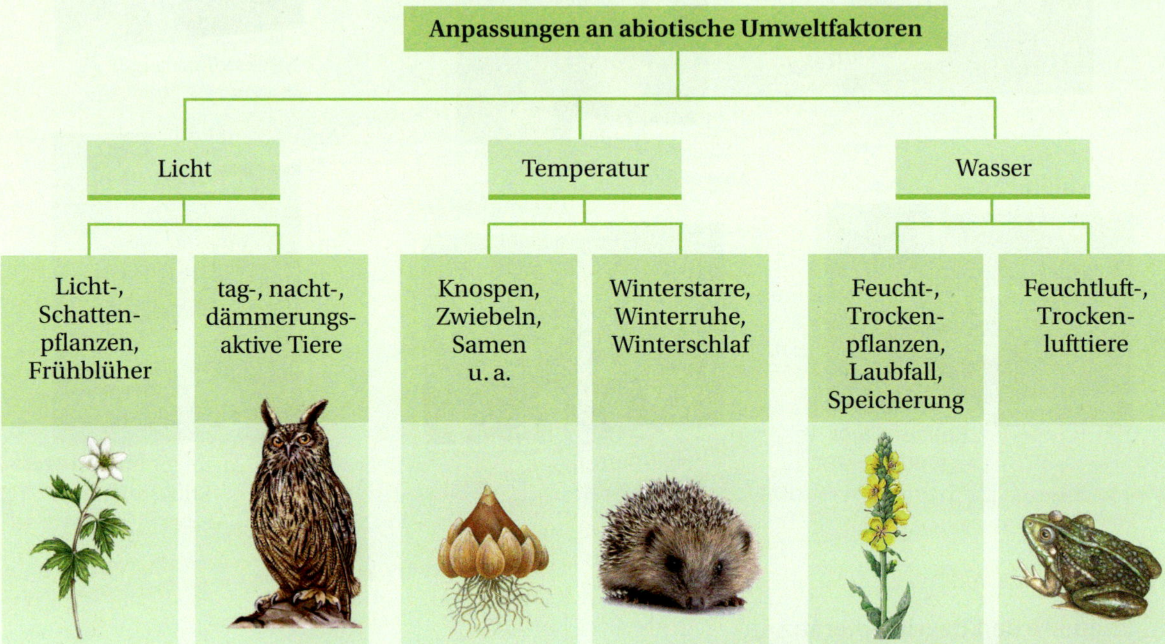

Die einzelnen Arten stellen bestimmte Ansprüche an die Umweltfaktoren. Sie können Änderungen nur in einem bestimmten Toleranzbereich ertragen. Zeigerpflanzen weisen einen engen Toleranzbereich gegenüber einem Faktor auf.

Löse mit Köpfchen

1. Besonders gebaut
Erkläre den Zusammenhang von Bau und Funktion am Beispiel der Laubblätter einer Feucht- und einer Trockenpflanze. Nimm auch die Abbildung zu Hilfe. ↗ S. 37

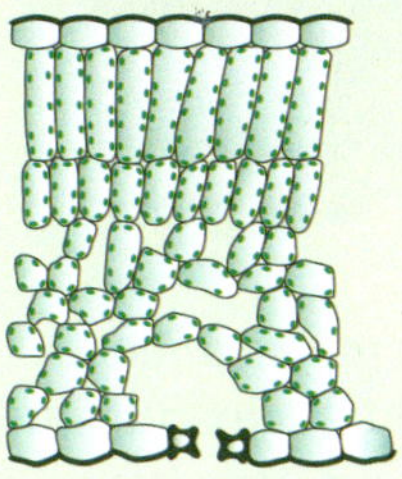

2. Verschiedene Lebensräume
Der Faktor Wasser ist in einem Ökosystem ein bestimmender Faktor.

a) Erläutere die Bedeutung von Wasser für die Lebewesen.

b) Die Sumpfdotterblume ist an feuchte Standorte angepasst. Begründe. ↗ S. 125

c) Ordne Tiere bestimmten Lebensräumen zu. Erkläre ihre Angepasstheit an den Umweltfaktor Wasser. ↗ S. 37

3. Eine gute Frage
Warum wachsen bei uns keine Palmen? Stelle Vermutungen darüber an. Nutze dazu das Schülerbuch bzw. das Internet.

4. Licht oder Schatten?
Diskutiert, welche Ansprüche folgende Pflanzen an den Standortfaktor Licht stellen:

5. Warm oder kalt
a) Erläutere die Wirkung des Umweltfaktors Temperatur auf Pflanzen an selbst gewählten Beispielen. Nutze dazu Literatur und Internet.

b) Erläutere die Wirkung des Umweltfaktors Temperatur auf Tiere. Stelle eine Übersicht zusammen.

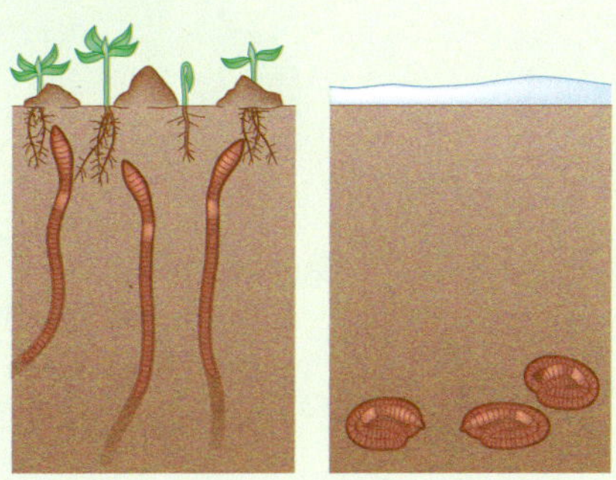

Die Lebensgemeinschaft – Beziehungen sind alles

Zusammenleben von Lebewesen

Betrachte die Fotos.
Leite mögliche Beziehungen zwischen den Organismen ab.

Erforsche es

In welcher Beziehung stehen sie?

Aufgabe:

Betrachte die Abbildung. Finde heraus, in welcher Beziehung diese verschiedenen Lebewesen zueinander stehen.

Auswertung:

Beschreibe die Beziehungen. Können diese Lebewesen jeweils ohne die anderen überleben?

Lebewesen, die sich gemeinsamen Lebensraum teilen, stehen zueinander in Konkurrenz um Nahrung, um Wohn-, Brut- und Lagerstätten oder um Fortpflanzungspartner.

Der Nadelbaum bietet für die Vogeljungen Wohnstätte und Schutz (Tarnung). Vogeleltern füttern die Jungtiere. Sie betreiben Brutpflege. Die Jungtiere stehen zueinander in Konkurrenz um die Nahrung.
Damit es überhaupt zu Nachwuchs kommt, müssen sich die entsprechenden Fortpflanzungspartner finden.

Zwischen Lebewesen in einem Ökosystem existieren vielfältige Beziehungen. Zu den **innerartlichen Beziehungen** gehören u. a. innerartliche Konkurrenz und das Zusammenleben in unterschiedlichen Verbänden (z. B. Herden). Ein ganz besonderer Verband ist der Tierstaat.
Zu den **zwischenartlichen Beziehungen** gehören u. a. Konkurrenz zwischen Lebewesen verschiedener Arten, Nahrungsbeziehungen, aber auch solche Besonderheiten wie Symbiose und Parasitismus.

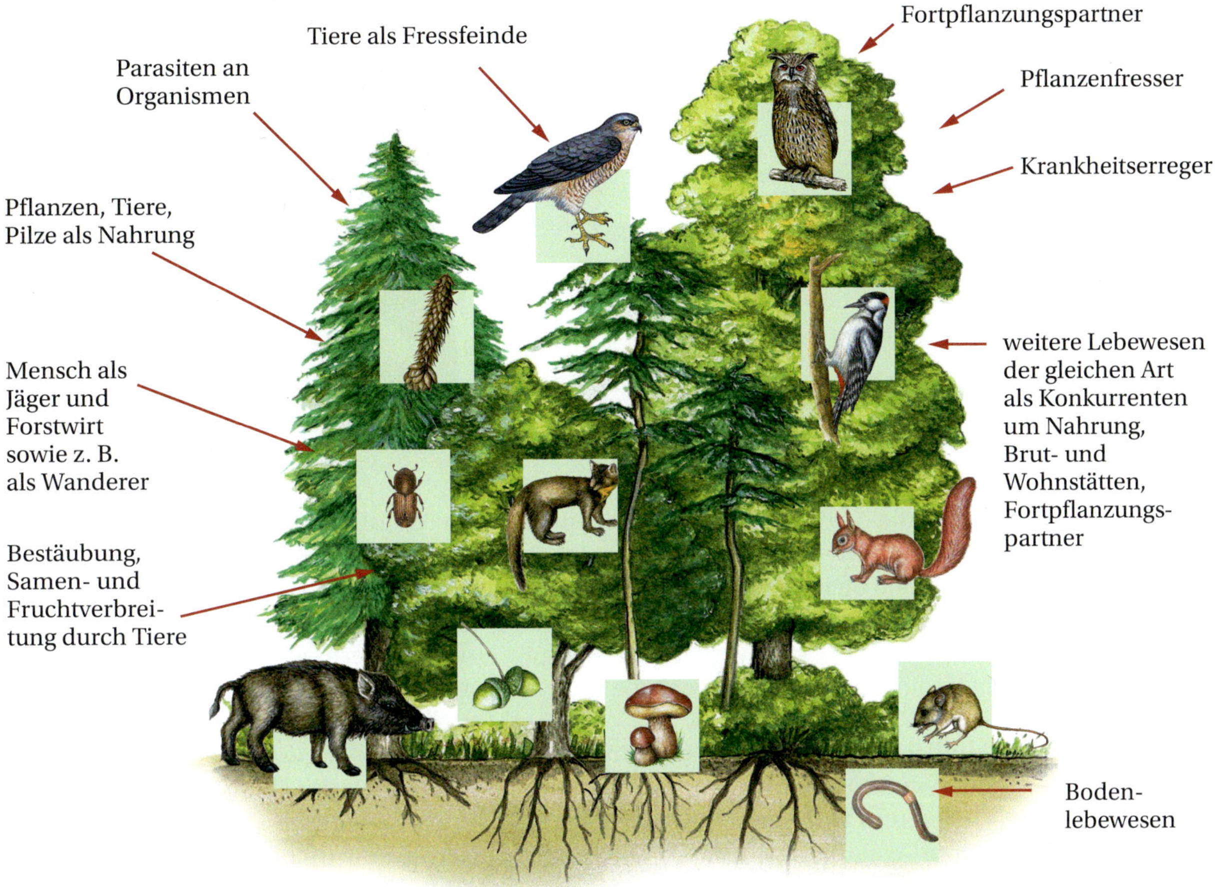

Erläutere mithilfe der Abbildung innerartliche und zwischenartliche Beziehungen zwischen den Lebewesen.

Aufgaben

1_ Das Charaktermerkmal des Lebensraums Wald sind Bäume.
   a) Wiederhole die Bedeutung des Waldes für den Menschen.
   b) Recherchiere, welche Bedeutung der Wald für die dort lebenden Tiere hat. ↗ S. 169

2_ Stelle biotische Umweltfaktoren für ein Waldtier, eine Sonnenblume auf dem Feld sowie für den Menschen grafisch dar. Nutze die obere Abbildung als Hilfe.

3_ a) Erläutere den Begriff Art. ⊕
   b) Sind folgende Beziehungen zwischen Lebewesen innerartlich oder zwischenartlich?
   - In einem Wurf Katzen verdrängen die stärkeren Kätzchen die schwächeren.
   - Der Kuckuck legt seine Eier in fremde Nester.
   - In einem Ameisenhaufen leben unzählige Ameisen zusammen.

Die Lebensgemeinschaft – Beziehungen sind alles

Konkurrenz als Überlebensfaktor

Der Kampf ums Überleben begleitet Tiere und Pflanzen ein Leben lang. Interpretiere dazu das Foto.

Wenn die Anzahl der Welpen bei einem Wurf zu groß ist, bleibt der schwächste von ihnen oft in der Entwicklung zurück. Den Kampf um den besten Platz an den mütterlichen Zitzen verliert er meist gegen seine größeren Geschwister.

Ähnlich ist es in einem **Lebensraum,** in dem viele Arten zusammenleben. Im **Ökosystem Wald** beispielsweise konkurrieren Waldbäume um die Nährstoffe im Waldboden, um Wasser, Licht und Raum. Eiche, Buche und Ahorn beschatten mit ihren dichten Kronen die unteren Stockwerke. Lichtliebende Birken und Kiefern weichen der Konkurrenz aus. Dabei handelt es sich um **zwischenartliche Konkurrenz.**

Beschreibe das Bild.

Aber auch in einem dicht stehenden Buchenjungwald setzen sich aufgrund der **innerartlichen Konkurrenz** nur die kräftigsten und am schnellsten wachsenden Bäume durch.

Tiere sind miteinander im Wettstreit um pflanzliche Nahrung, Beutetiere, Brutplätze und Raum.
Der Wettbewerb ist umso größer, je ähnlicher die Ansprüche der Arten an die Umweltfaktoren sind, z. B. bei Lebewesen einer **Population.**
Oft begrenzt dieser Wettbewerb die Größe der Population.

Konkurrenz ist ein Wettbewerb zwischen Organismen um die Nutzung begrenzt verfügbarer Faktoren im Lebensraum, z. B. um Raum, Nahrung und Fortpflanzungspartner.

Wusstest du schon …

Nahrungskonkurrenz

Rötelmäuse leben in lichten Wäldern mit einer reichen Strauchschicht. Sie sind gute Kletterer. Bei langfristigen Beobachtungen stellte man fest, dass die Anzahl der Rötelmäuse bereits im Frühjahr sehr angewachsen war.
Im Januar des folgenden Jahres wurden nur noch wenige Tiere in ihrem Lebensraum vorgefunden. Im Lebensraum fiel ein starker Rindenfraß auf, der als Zeichen von großem Nahrungsmangel und starker **Nahrungskonkurrenz** gedeutet wurde.
Die Wipfel der Sträucher bis nahezu vier Meter Höhe waren erklettert und benagt worden, obwohl in den unteren Teilen die Rinde noch wenig angefressen war. Dies wurde als ein Zeichen dafür gedeutet, dass die Tiere sich offensichtlich nicht mehr in Ruhe ließen, sich ständig vertrieben und ins hohe Astwerk flüchteten, um einigermaßen ungestört fressen zu können.
Fraßspuren im Lebensraum zeigten: Die Rötelmäuse waren sogar bis zu zehn Metern über freies, keinen Schutz bietendes Gelände zu Büschen in einen Kiefernhochwald gelaufen, der sonst von ihnen gemieden wird.

Erstelle einen Steckbrief der Rötelmaus.

Aufgaben

1. Grillen, Hunde, Nachtigall und viele andere Tierarten grenzen durch ein bestimmtes Verhalten ihr Revier ab. Eindringlinge in ihr Revier werden bekämpft.
   a) Erläutere, warum Hunderüden häufig Harn abgeben.

   b) Welche Folgen hat es für eine Tierart, z. B. Grillen, wenn zu viele Tiere der gleichen Art in einem Lebensraum leben? Informiere dich über das Verhalten von Grillenmännchen, wenn ein anderes in ihr Revier eindringen will. ↗ S. 169

2. Ein Baum wird häufig von mehreren Vogelarten bewohnt (Star, Buntspecht).
   Erkläre diese Erscheinung.

Hast du den Überblick?

Angepasstheit

Die Angepasstheit beschreibt die vielfältigen Merkmale im Bau und bei den Verhaltensweisen, die es Lebewesen ermöglichen, in ihrem Lebensraum zu leben und sich fortzupflanzen.

Spechtart	Merkmal	Verhaltensweise
	- Körperhöhe ca. 23 cm - Gewicht 60 bis 90 g - Schnabellänge ca. 3 cm	- Anlegen der Bruthöhlen vorwiegend am Stamm - Nahrungssuche vorwiegend am Stamm und an dicken Seitenästen (Insekten und ihre Larven) - in der Winterzeit Nahrungsumstellung möglich (Nüsse, Beeren, Samen)
	- Körperhöhe 14 bis 16 cm - Gewicht 20 bis 25 g - Schnabellänge knapp 2 cm	- Anlegen der Bruthöhlen in einem Seitenast - Nahrungssuche auch an dünnen Zweigen (Insekten und ihre Larven)

Konkurrenz in einem Ökosystem führt oft zum Verdrängen von Arten aus einem Lebensraum.
Bei heimischen Spechtarten wird die Konkurrenz jedoch vermindert. Aufgrund körperlicher Unterschiede (u. a. Größe, Schnabellänge) und verschiedener Lebens- und Verhaltensweisen nutzen sie denselben Lebensraum unterschiedlich. Durch diese verschiedene Angepasstheit der beiden Arten an ihren Lebensraum besetzen die beiden Spechte unterschiedliche ökologische Nischen im selben Lebensraum.

Erläutere an einem selbst gewählten Beispiel die Angepasstheit eines Lebewesens an seinen Lebensraum.

Wusstest du schon …

Besondere Formen des Zusammenlebens

Zwischen den Tier- und Pflanzenarten in einem Lebensraum gibt es vielfältige Formen des Zusammenlebens. Einige dieser Vergesellschaftungsformen sind besonders interessant.
Eine recht bekannte Vergesellschaftung von Tieren einer Art stellt der **Tierstaat** dar. Verschiedene Insekten wie Ameisen, Termiten oder Bienen bilden Tierstaaten. Diese Form des Zusammenlebens basiert auf der Arbeitsteilung. Die Gemeinschaft ist dadurch sehr leistungsfähig.

Tierstaat bei Ameisen

Eine Form des Zusammenlebens zwischen Lebewesen verschiedener Arten mit beiderseitigem Nutzen bezeichnet man als **Symbiose.** Die Symbiose zwischen zwei Individuen kann so eng sein, dass die Symbiosepartner dem Betrachter als ein Organismus erscheinen. Ein bekanntes Beispiel für Symbiose stellt die Wechselbeziehung zwischen Einsiedlerkrebs und Seeanemone dar. Der Krebs lebt in Schneckengehäusen auf dem Meeresgrund. Das Gehäuse wird oft von einer Seeanemone besetzt. Der Vorteil für den Einsiedlerkrebs liegt im Schutz vor Feinden, die durch die Nesselkapseln der Anemone abgewehrt werden. Die Anemone profitiert, indem sie Reste der Nahrung des Krebses sowie Frischwasser bezieht.

In der afrikanischen Savanne weiden große **Herden** von Pflanzenfressern. Am Beispiel eines Zebras wird deutlich, welche Vor- und Nachteile dem einzelnen Zebra in einer derartigen Tiergesellschaft entstehen. In der großen Herde findet das einzelne Tier Schutz. Allerdings steht es mit anderen Zebras in permanenter Konkurrenz um Nahrung, Raum und Fortpflanzungspartner.

Zebras bilden u. a. die Nahrungsgrundlage für Löwenrudel und die Clans der Hyänen.
Im **Rudel** bzw. im **Clan** herrschen besondere soziale Beziehungen zwischen Tieren der gleichen Art.
Es existieren jedoch auch Beziehungen zwischen den beiden genannten Arten. Bei den Resten der Nahrung von Löwen finden sich häufig Hyänen ein, um diese zu verspeisen. Dies bezeichnet der Biologe als **Tischgenossenschaft.**

Die Lebensgemeinschaft –
Beziehungen sind alles

Von der Nahrungskette zum Stoffkreislauf

„Übersetze" die Fotos in eine Nahrungskette. Vergleiche die Ernährung der beteiligten Organismen.

Pflanzen nehmen körperfremde anorganische Stoffe (Kohlenstoffdioxid, Wasser und Mineralsalz-Ionen) auf. Durch die Fotosynthese und nachfolgende Prozesse werden diese Stoffe in körpereigene organische Stoffe umgewandelt. Pflanzen ernähren sich **autotroph.** Sie sind **Produzenten.**

Die Blätter der Kapuzinerkresse werden von den Raupen des Kohlweißlings gefressen, diese wiederum von der Blaumeise. Sie gehören zu den **Konsumenten:** zu den Pflanzenfressern (Konsumenten 1. Ordnung) und zu den Fleischfressern (in diesem Fall Konsumenten 2. Ordnung).
Die Stoffe der Pflanze bilden die Grundlage für die Ernährung aller Konsumenten. Diese ernähren sich **heterotroph.**

Heterotrophe Ernährung heißt, die Lebewesen nehmen körperfremde organische Stoffe auf und wandeln diese in körpereigene organische Stoffe um.

Die organischen Stoffe, die von der Pflanze aufgebaut werden, bilden auch die Grundlage für die **Ernährung der Destruenten.** Diese bauen Abfallstoffe – tote organische Substanz – ab. Diese Substanz kann von Produzenten oder von Konsumenten stammen. Bei den Abbauprozessen entstehen letztendlich wieder anorganische Stoffe. Diese stehen den Pflanzen dann wieder zur Verfügung.

Die unterschiedlichen Ernährungsweisen der Organismen in einem Ökosystem bewirken einen Stoffkreislauf.

Eiche (Produzent) → Assel (Konsument 1. Ordnung) → Buntspecht (Konsument 2. Ordnung) → Baummarder (Konsument 3. Ordnung)

- Gib jeweils an, ob sich die Organismen dieser Nahrungskette autotroph oder heterotroph ernähren. Begründe deine Entscheidung.

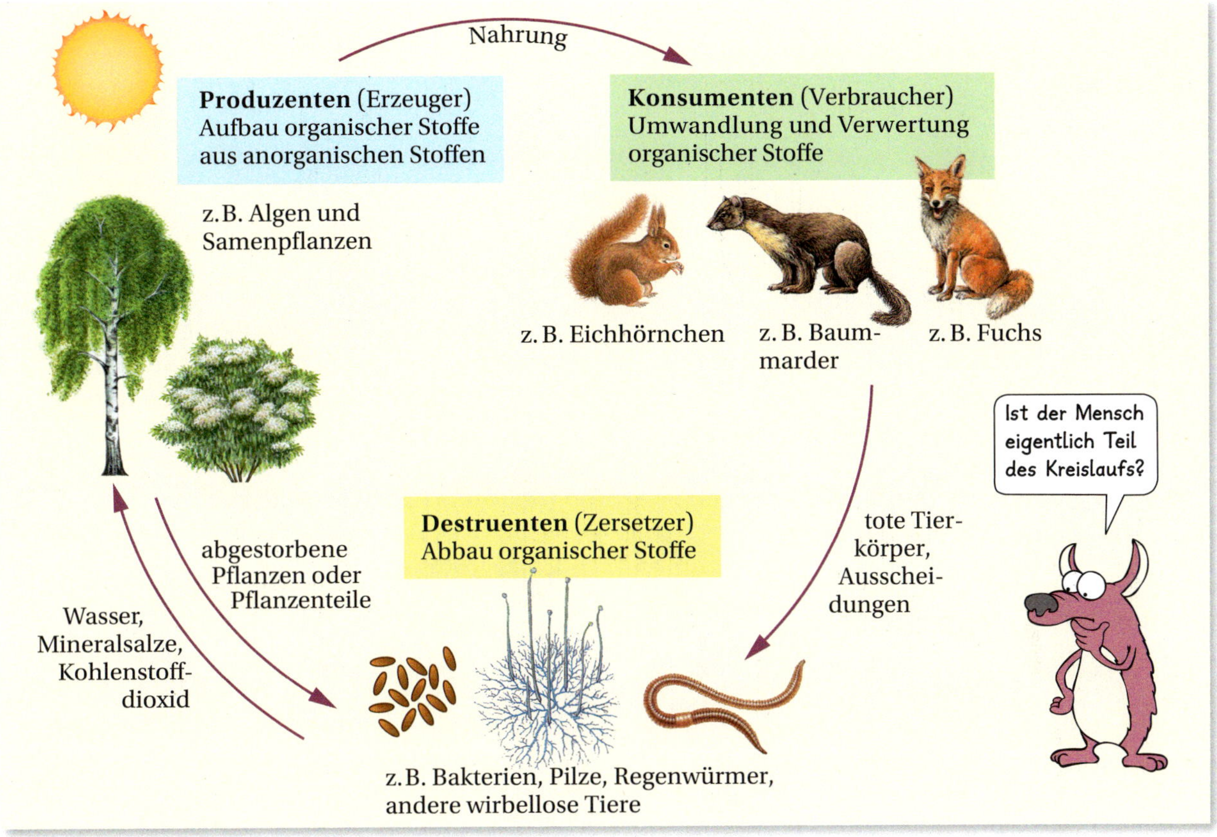

Erläutere mithilfe der Abbildung den Stoffkreislauf in der Natur.

Aufgaben

1 Man unterscheidet bei den Lebewesen heterotrophe und autotrophe Ernährung.
Vergleiche beide Formen tabellarisch miteinander. ↗ S. 67
Ordne beiden Ernährungsformen jeweils mindestens drei Beispiele zu. Nutze dazu auch die Abbildung auf Seite 34 unten.

2 Wiederhole, was ein Nahrungsnetz ist. Entwickle ein Schema für ein Beispiel.

3 Der Mensch greift oft in die Stoffkreisläufe der Natur ein.
Schildere zwei Beispiele. Überlege, welche Folgen das hat, und bewerte die Eingriffe. ↗ S. 87

Hast du den Überblick?

Wechselwirkung

Wechselwirkung beschreibt die gegenseitige Beeinflussung bzw. Abhängigkeit von Lebewesen, Prozessen oder Erscheinungen.

Zu den zwischenartlichen Beziehungen gehört die Räuber-Beute-Beziehung. Räuber sind in so einer Beziehung Lebewesen, die andere fressen. Beutetiere sind die Lebewesen, die gefressen werden. Die Anzahl der Räuber und Beutetiere beeinflusst sich wechselseitig.

Wechselbeziehungen zwischen Karpfen (Beutetier) und Hecht (Räuber)

1. Je mehr Karpfen, desto mehr Hechte

2. Je mehr Hechte, desto weniger Karpfen

3. Je weniger Karpfen, desto weniger Hechte

4. Je weniger Hechte, desto mehr Karpfen

Durch die Nahrungsbeziehung zwischen Räubern und Beutetieren ergeben sich Schwankungen in der Anzahl der Tiere. Im Allgemeinen kommt es dabei jedoch nicht zur Vernichtung aller Beutetiere durch die Räuber. Räuber und Beutetiere sind durch einen langen Entwicklungsprozess in ihrem Verhalten aneinander angepasst. Über einen längeren Zeitraum gesehen sind daher die Zahlenverhältnisse zwischen Räuber und Beute innerhalb einer Lebensgemeinschaft relativ ausgeglichen. Es herrscht ein dynamisches biologisches Gleichgewicht. Das Gleichgewicht kann durch äußere Faktoren gestört werden.

Erläutere an einem Beispiel Wechselwirkungen zwischen Organismen in einem Landökosystem.

So kannst du vorgehen

Erklären

Häufig erhältst du komplizierte Aufgabenstellungen:

Wenn durch eine Naturkatastrophe oder durch Schädlingsbefall in einem Lebensraum viele Pflanzenfresser vernichtet werden, hat das zur Folge, dass auch die Fleischfresser in Gefahr sind. Erkläre, warum das so ist.

▶ Schritt 1

Stelle den Sachverhalt dar, der erklärt werden soll.

Begrenze dich auf wesentliche Punkte. Beantworte die Frage nach dem „Warum?" und dem „Wie?".

Es soll geklärt werden, warum bei Rückgang der Pflanzenfresser auch die Zahl der Fleischfresser abnimmt.

▶ Schritt 2

Suche Gesetze und Modelle auf.

Suche Gesetzmäßigkeiten, Gesetze und Modelle, die mit dem Sachverhalt im Zusammenhang stehen.

- *In einem Ökosystem bestehen Nahrungsbeziehungen.*
- *In einer Nahrungskette stehen Pflanzenfresser an zweiter Stelle (Konsumenten erster Ordnung). Sie ernähren sich hauptsächlich von Pflanzen (Produzenten).*
- *Fleischfresser sind Konsumenten zweiter Ordnung. Sie ernähren sich von Pflanzenfressern.*
- *Es besteht eine starke Abhängigkeit zwischen den Gliedern einer Nahrungskette.*
- *Die Anzahl der Fleischfresser und die Anzahl der Beutetiere befinden sich in einem dynamischen Gleichgewicht.*

▶ Schritt 3

Führe die Erscheinung auf die Gesetze und Modelle zurück.

Formuliere deine Aussagen zusammenhängend und geordnet. Stelle den Zusammenhang zwischen den Gesetzen und Modellen und dem Sachverhalt dar.

In einem Ökosystem bestehen Nahrungsbeziehungen. An erster Stelle stehen Pflanzen. Sie bilden die Nahrungsgrundlage für alle anderen Lebewesen. Pflanzenfresser folgen in diesem Beziehungsgefüge.
Ist z. B. durch eine Seuche ein Rückgang der Pflanzenfresser zu verzeichnen, fehlt die Nahrungsgrundlage für die Fleischfresser. In der Folge geht die Zahl der Fleischfresser zurück. Sie verhungern oder wandern aus diesem Gebiet ab.

Die Lebensgemeinschaft – Beziehungen sind alles

Das Leben hängt am Sonnenstrahl

Deute die Überschrift.

Als Biomasse wird die Masse der lebenden Organismen in jeder Ernährungsstufe bezeichnet. Sie wird z.B. in kg pro Fläche angegeben.

Chlorophyllhaltige Organismen sind **Energielieferanten** für nahezu alle anderen Organismen, für Konsumenten und Destruenten. Sie wandeln die Strahlungsenergie der Sonne im Verlauf der **Fotosynthese** in chemische Energie um. Nun können andere Lebewesen sie nutzen.

Die chemische Energie ist in den gebildeten organischen Stoffen (z.B. im Traubenzucker) enthalten. Über Nahrungsketten wird die enthaltene Energie weitergegeben.

Alle Lebewesen benötigen Energie. Zur Energiegewinnung werden organische Stoffe genutzt. Bei der **Zellatmung** wird Traubenzucker (organische Substanz) unter Sauerstoffverbrauch abgebaut.

Nur ein Teil der gewonnenen Energie ist für die Aufrechterhaltung der Lebensprozesse nutzbar. Der andere Teil der Energie wird in Form von Wärme an die Umgebung abgegeben. Sie kann nicht mehr in chemische Energie „zurückverwandelt“ werden. Diese steht den Lebewesen der folgenden Ernährungsstufe also nicht mehr zur Verfügung.

So kommt es zu großen Verlusten. Dies verdeutlicht eine **Nahrungspyramide.** In ihr wird die Biomasse (Gesamtmasse der Lebewesen pro Ernährungsstufe) dargestellt. Die **Biomasse nimmt** von Stufe zu Stufe um ca. 90 % **ab.**

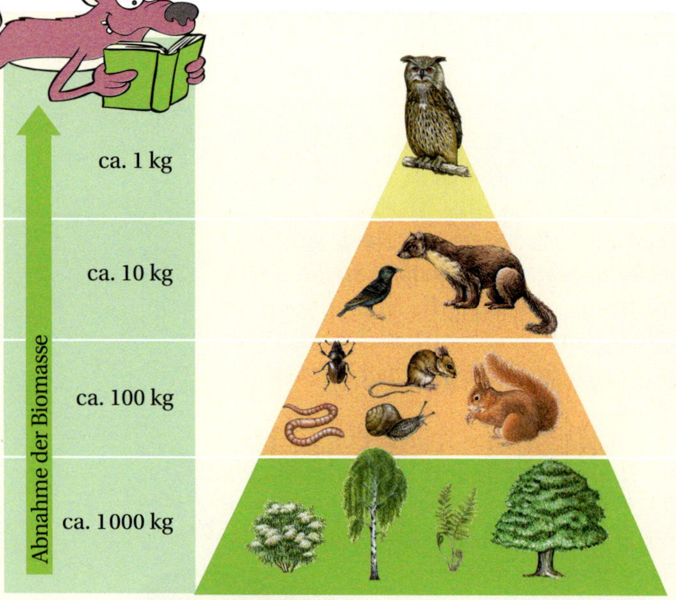

■ Erläutere diese Nahrungspyramide.

> In einem Ökosystem gibt es einen Energiefluss. Von Ernährungsstufe zu Ernährungsstufe verringern sich die Nahrungsmenge und die darin enthaltene Energie.

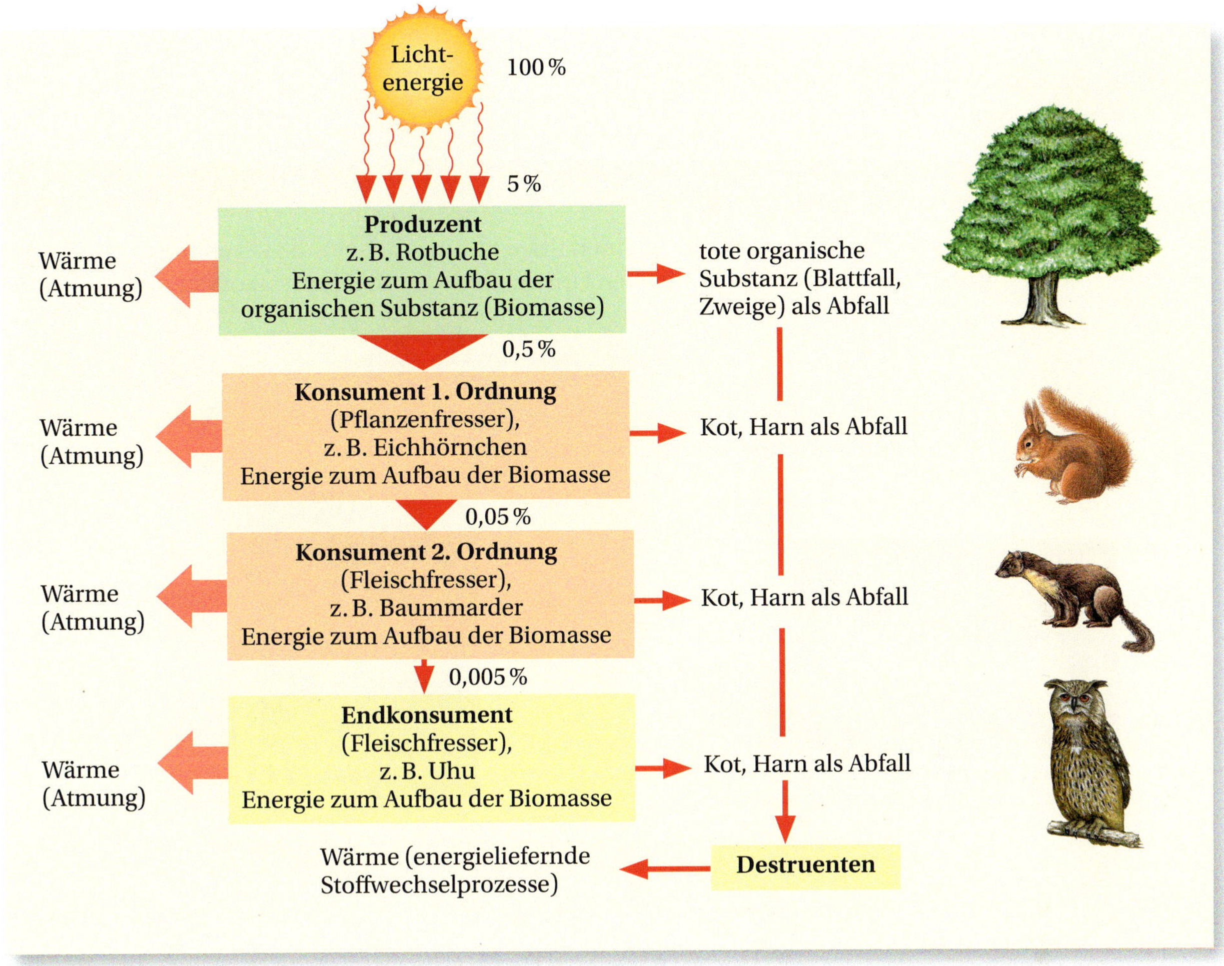

Aufgaben

1 Beschreibe die Energieumwandlung innerhalb von Nahrungsketten.

2 Im Ökosystem gibt es einen Stoffkreislauf, aber keinen Energiekreislauf. Es gibt nur einen Energiefluss. Erläutere diese Aussage mithilfe der obigen Abbildung.

3 Erläutere mithilfe der Nahrungspyramide, welche Auswirkungen ein hoher Fleischkonsum hat.

4 Blauwale – unsere größten Meeressäuger – ernähren sich von Krill. Sie jagen keine größeren Fische oder andere Meeressäuger. Erläutere einen möglichen Zusammenhang zwischen der Größe und der Art der Ernährung.

Das hast du gelernt

Die Lebensgemeinschaft – Beziehungen sind alles

In einem Ökosystem existieren vielfältige innerartliche und zwischenartliche Beziehungen. Sie bilden die biotischen Umweltfaktoren in einem Ökosystem.

Konkurrenz im Ökosystem

Lebewesen in einem Ökosystem beeinflussen sich gegenseitig, indem sie um die Ressourcen im Lebensraum konkurrieren.

innerartliche Konkurrenz
z. B. Wettbewerb um Lebensraum, Partner, Nahrung

zwischenartliche Konkurrenz
z. B. Wettbewerb um Nahrung, Licht, Lebensraum

Nahrungsbeziehungen im Ökosystem

In einem Ökosystem existieren vielfältige Nahrungsbeziehungen. Dadurch kommt es im Ökosystem zum Stoffkreislauf und zum Energiefluss.

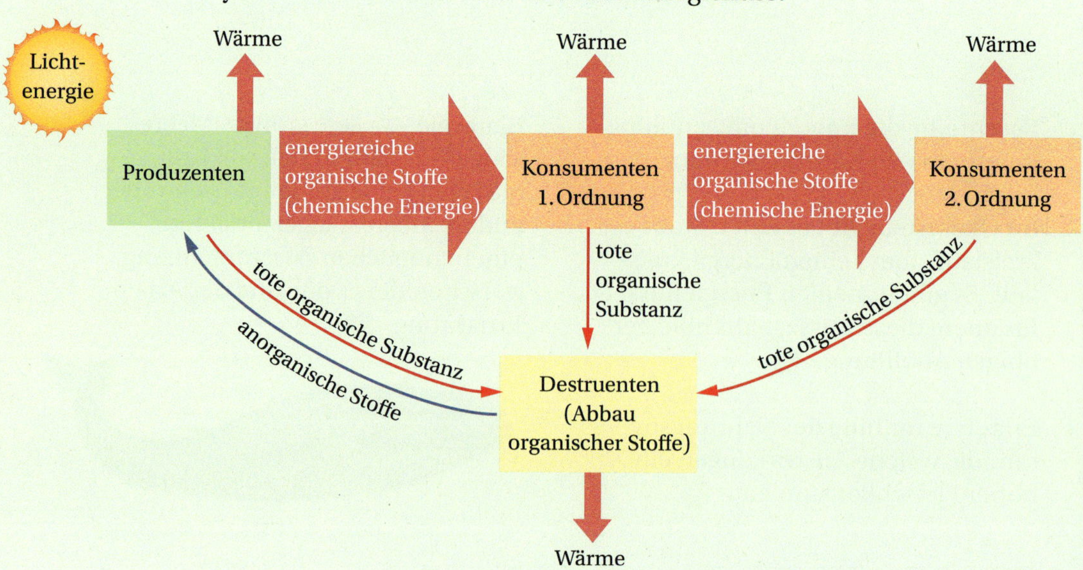

Löse mit Köpfchen

1. Beziehungen im Ökosystem

Organismen können nur dort leben, wo sie günstige Umweltbedingungen vorfinden. Neben den abiotischen zählen auch die biotischen Umweltfaktoren dazu.

a) Erläutere an einem selbst gewählten Beispiel den Einfluss von abiotischen und biotischen Umweltfaktoren auf ein Einzellebewesen.

b) Stelle deine Ergebnisse auf einem Plakat zusammen.

2. Wettbewerb in der Natur

Konkurrenz ist ein Wettbewerb, der sowohl zwischen Lebewesen gleicher als auch verschiedener Arten stattfinden kann.

Begründe diese Tatsache. Nutze dazu die beiden Abbildungen in dieser Spalte. Belege diese Aussage mit weiteren Beispielen. ↗ S. 125

3. Eklige Raupen?

Tina findet Raupen eklig. Sie meint, diese Schädlinge könnten ausgerottet werden. Nehmt zu dieser Ansicht Stellung. Was würdet ihr Tina sagen? Erarbeitet eure Argumente in Partnerarbeit und tragt sie der Klasse vor. ↗ S. 87

4. Wer steht auf welcher Stufe?

Zeichne eine Nahrungspyramide. Ordne die folgenden Organismen den einzelnen Stufen zu: Busch-Windröschen, Igel, Eichhörnchen, Regenwurm, Kellerassel, Reh, Rotbuche, Wald-Sauerklee, Waldmaus, Mäusebussard, Mistkäfer. Begründe deine Zuordnung.

5. Räuber-Beute-Beziehung

Stelle die Räuber-Beute-Beziehung zwischen Buntspecht und Borkenkäfer in einem Schema dar. Beschreibe die wechselseitigen Beziehungen.

6. Begriffsklärung

Definiere die Begriffe Produzent, Konsument 1. und 2. Ordnung, Endkonsument, Destruent.

Erforsche es

Ein Ökosystem im Blick

Ihr möchtet ein Ökosystem erforschen? Dann müsst ihr wichtige Einflussgrößen untersuchen. Dazu gibt es viele unterschiedliche Methoden und Verfahren. Einige lassen sich ganz einfach durchführen. Bei der Vielfalt der Möglichkeiten ist es jedoch besser, in Gruppen zu arbeiten.

Wählt ein Ökosystem aus. Das kann beispielsweise eine Hecke oder ein Wald sein, natürlich auch eine Wiese oder ein Gewässer. Meist ist es sinnvoll, einen Ausschnitt aus dem Ökosystem zu betrachten, um genauere Untersuchungen vornehmen zu können. Das gesamte Ökosystem ist oft zu groß.

Verschafft euch einen Überblick. Dazu könnt ihr eine Skizze anlegen:

- Wie groß ist das gewählte Gebiet?
- Was gehört nicht mehr dazu?
- Welche Strukturen begrenzen das Gebiet?
- Gibt es Besonderheiten?

So kannst du vorgehen

Planen und Durchführen einer Exkursion

Um eine Exkursion gezielt durchführen und die Ergebnisse sinnvoll auswerten zu können, sind einige Vorüberlegungen notwendig.

Tipp: Besprecht bei der Planung auch mögliche Gefahren und geeignete Kleidung.

► Schritt 1

Plant die Exkursion und bereitet sie vor.
Sammelt Fakten und Informationen zum Untersuchungsgebiet:
- Lage und Nutzung des Gebiets
- auffallende Abgrenzungspunkte
- Informationen zur Pflanzen- und Tierwelt
- Gibt es bereits Kartenmaterial oder muss erst eine Skizze angefertigt werden?
- Welche Arbeitsmittel werden benötigt, um das Untersuchungsgebiet ergründen zu können?

Es ist wichtig, dass ihr vorher genau festlegt, wer welche Aufgaben in einem vorgegebenen Zeitrahmen in der Gruppe erledigt.

► Schritt 2

Führt die Exkursion durch.
- Messt Einflussgrößen wie Temperatur oder Feuchtigkeit an verschiedenen Standorten im Exkursionsgebiet.
- Führt Bodenuntersuchungen durch.
- Beobachtet Tiere.
- Bestimmt Pflanzen.

► Schritt 3

Wertet die Exkursion aus.
- Erstellt Listen der beobachteten Tiere und festgestellten Pflanzen.
- Fertigt euer Fotoherbarium an.
- Führt weitere Untersuchungen durch, z. B. an mitgebrachten Bodenproben.
- Vervollständigt die Protokolle und erarbeitet den Exkursionsbericht.

Erforsche es

Wer lebt denn da?

Ihr wisst, dass zu einem Ökosystem charakteristische Lebewesen gehören.

Aufgabe:
Dokumentiert die Artenvielfalt in eurem Exkursionsgebiet.

Materialien:
Fotoapparat oder Handy mit Fotofunktion

Durchführung und Beobachtung:
Fertigt so viele Fotos wie möglich an. Nutzt dazu gegebenenfalls auch die Makrofunktion, um Details genauer zu fotografieren.
Dokumentiert Pflanzen und Tiere, wenn möglich auch Pilze und Flechten bzw. Algen.
Notiert Datum, Fundort und Besonderheiten des Gebiets.

Auswertung:
Bestimmt die fotografierten Lebewesen. (Nutzt einen dichotomen Bestimmungsschlüssel.) Erstellt die Blätter für eure Dokumentation.

Scharbockskraut

Blütenfarbe	Gelb
Blütezeit	März bis April
Pflanzengröße	5 bis 15 cm
Lebensdauer	mehrjährige Pflanze
Besonderheiten	In den Blattachseln stehen kleine Brutknöllchen, die durch Gewitterregen ausgeschwemmt werden und zu neuen Pflanzen heranwachsen.
Standort	Krautschicht, bedeckt großflächig die Böden feuchter Auwälder und lichter Mischwälder
Fundort	Leipziger Auenwald
Aufnahmedatum	15.04.2013/08:49
Name	P. Mustermann

Licht, Temperatur und Feuchtigkeit

Messt die Temperatur, die Lichtintensität und die Luftfeuchtigkeit an verschiedenen Standorten.

Vorbereitung:
Legt bereit:
mehrere Thermometer, Luxmeter und Hygrometer.

Durchführung:
a) Wählt geeignete Standorte, z. B. Baumgruppe, Freifläche (Wiese), Waldrand, Stelle im Wald.
b) Messt zu verschiedenen Tageszeiten.
Ermittelt jeweils an jedem Standort Temperatur, Lichtintensität und Luftfeuchtigkeit.

Standort	Zeit	Temperatur	Lichtintensität	Luftfeuchtigkeit
Baumgruppe				
Freifläche (Wiese)				
Waldrand				
Stelle im Wald				

Auswertung:
Vergleicht die Messwerte, die ihr zur gleichen Tageszeit, aber an verschiedenen Standorten gewonnen habt. Erläutert mögliche Beziehungen.

■ Bei frei stehenden Bäumen ist besonders eine Seite von Algen bedeckt. Finde heraus, um welche Seite es sich handelt, und erkläre das Phänomen.

Bewohner gesucht

Wo würdet ihr Asseln suchen? Die besten Aussichten hättet ihr an einem feuchten, dunklen Standort. Dreht ihr beispielsweise größere Steine um, könnt ihr sie sicher entdecken.
Wollt ihr Wein pflanzen, solltet ihr die Südseite eines Hangs oder eines Gebäudes als Standort wählen. Der Wein wird dort besser gedeihen.
Pflanzen entwickeln sich an einigen Standorten besser als an anderen. Tiere halten sich nur an bestimmten Standorten auf. Das hängt mit den dort herrschenden Bedingungen zusammen. Licht, Temperatur, Luft- und Bodenfeuchtigkeit, aber auch die Art des Bodens sind wichtige Umweltfaktoren des Standorts.

Erforsche es

Bodenuntersuchungen

1. Schätze den Kalkgehalt verschiedener Bodenproben ab.

Materialien:
verdünnte Salzsäure (GHS07, E2), Bodenproben verschiedener Standorte, Porzellanschalen (oder Petrischalen), Pipette

Durchführung:
Gib die Bodenproben verschiedener Standorte in Schalen und tropfe mit einer Pipette jeweils 10 Tropfen Salzsäure hinzu.
Achtung: Säuren sind ätzend; vermeide Hautkontakt!

Beobachtung und Auswertung:
1. Notiere deine Beobachtung.
2. Schätze den Kalkgehalt ab und fertige ein Protokoll an.
3. Pflanzen besitzen spezielle Ansprüche an den Kalkgehalt des Bodens. Informiere dich, welche Pflanzenarten auf deiner Bodenprobe hervorragend gedeihen würden.

2. Untersuche den pH-Wert einiger Bodenproben.

Materialien:
Bodenproben, Testpapier bzw. Indikatorstäbchen, pH-Messgerät, Trichter, Reagenzgläser, destilliertes Wasser, Filterpapier

Durchführung:
1. Entnimm Bodenproben verschiedener Standorte und trockne diese.
2. Gib die Proben jeweils in ein Reagenzglas, etwa 2 bis 3 cm hoch. Fülle nun die Gläser mit destilliertem Wasser auf. Schüttle gut durch und filtriere die entstandene Lösung.
3. Ermittle den pH-Wert der jeweiligen Lösung.

Beobachtung und Auswertung:
1. Notiere die ermittelten Werte in einer Tabelle.
2. Recherchiere Pflanzen, die auf den Böden optimale Bedingungen finden.

Trifft die Säure auf Kalk, so schäumt das Gemisch je nach Kalkgehalt unterschiedlich stark auf. So kannst du den Kalkgehalt abschätzen:

- kein Aufbrausen: unter 1 % Calciumcarbonat
- schwaches, nicht anhaltendes Aufbrausen: 1 bis 2 % Calciumcarbonat
- deutliches, aber nicht anhaltendes Aufbrausen: 3 bis 4 % Calciumcarbonat
- starkes, lang anhaltendes Aufbrausen: über 5 % Calciumcarbonat

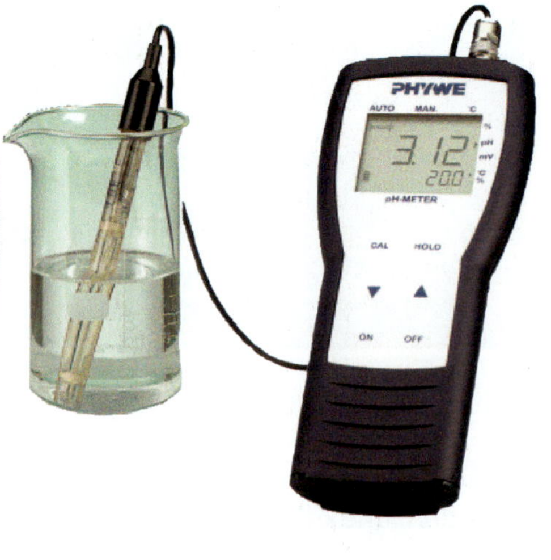

Wusstest du schon …

pH-Wert als abiotischer Faktor für Pflanzen

Der pH-Wert ist ein abiotischer Umweltfaktor. Die Ansprüche der Pflanzenarten an den pH-Wert des Bodens sind unterschiedlich. Manche Arten können verschiedene pH-Werte tolerieren, andere sind auf eng begrenzte Reaktionsbereiche angewiesen.
Mithilfe des pH-Werts kann man entscheiden, ob eine Bodenprobe sauer, basisch oder neutral ist:

pH < 7: sauer
pH > 7: basisch
pH = 7: neutral

Die Berberitze benötigt basischen Boden.

Je nach Anspruch der Pflanzen an den Erdboden kann der Landwirt reagieren und den pH-Wert beeinflussen. Um den Säuregrad zu senken, muss der Landwirt den Boden kalken. Damit kann man den pH-Wert von sauer zu neutral oder von neutral zu basisch hin verändern.

Typische Haus- und Kleingartenpflanzen
und deren Ansprüche an den pH-Wert des Bodens

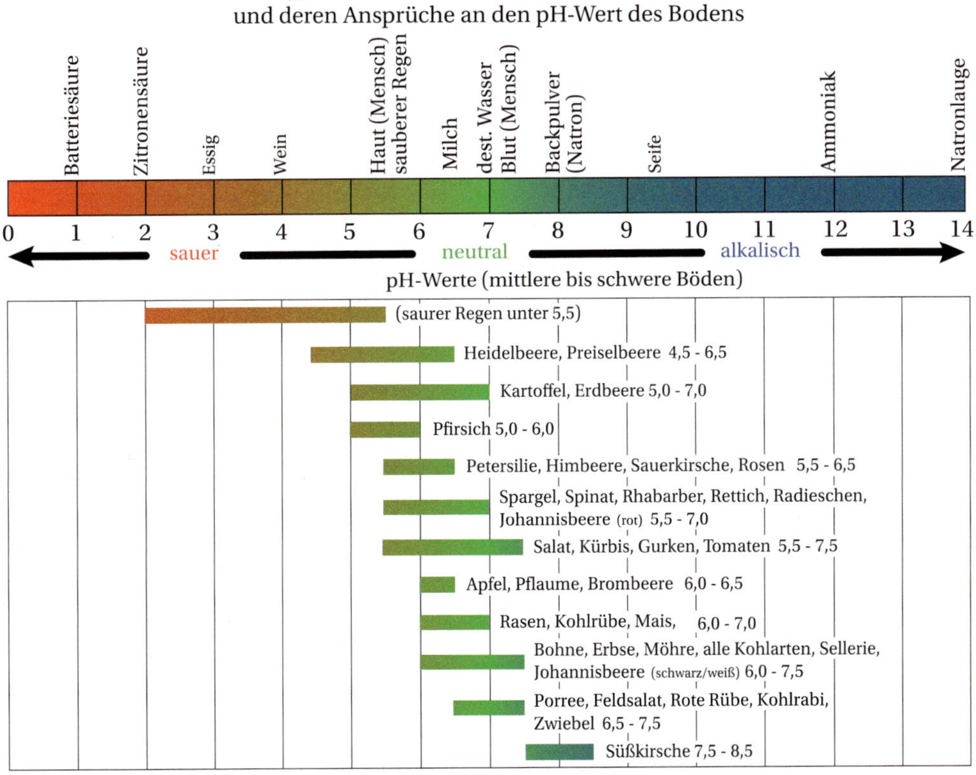

Der Mensch – Teil der Biosphäre

Die Biosphäre der Erde

„Wir haben die Erde nicht von unseren Vorfahren geerbt, wir haben sie von unseren Kindern geliehen."
Deute diesen Satz von Sitting Bull.

Erforsche es

Neue Vertreter in Flora und Fauna

1. Heuschnupfen ist unangenehm und kann sich bis zum Asthma entwickeln. In letzter Zeit wird häufig vor einer Pflanze gewarnt, deren Pollen besonders allergieauslösend sind. Sie heißt Beifuß-Ambrosia bzw. Aufrechtes Traubenkraut *(Ambrosia artemisiifolia)*.
   Diese Pflanze wurde im 19. Jahrhundert nach Europa eingeschleppt und breitet sich nun aus. Erstelle einen Steckbrief von dieser Pflanze.

2. Recherchiere weitere Beispiele für Tiere oder Pflanzen, die aus anderen Regionen der Erde stammen. Du wirst erstaunt sein!

Wir Menschen sind ein Teil der Umwelt und gehören zur Biosphäre der Erde. Die Biosphäre umfasst den gesamte Raum eines Planeten, der mit Leben erfüllt ist, und die darin existierenden Lebewesen.

Durch unsere Tätigkeit greifen wir allerdings massiv in unsere Biosphäre ein. Einige Beispiele verdeutlichen diese Tatsache:
- Durch Landwirtschaft, Flussbegradigungen, Straßen- und Städtebau verändern wir Landschaften, zerstören Ökosysteme und schaffen an ihrer Stelle andere.
- Durch die Zerstörung von Lebensräumen sterben Arten aus. Die Artenvielfalt in der Natur sinkt.
- Durch Züchtung entstehen neue Tier- und Pflanzenarten.
- Durch Düngung und Schädlingsbekämpfung gelangen Stoffe in die Umwelt, die es vorher dort nicht gab.
- Durch globalen Handel schleppen wir Pflanzen und Tiere aus anderen Gebieten in unsere Regionen ein bzw. umgekehrt.
- Die Nutzung von fossilen Energieträgern beeinflusst die Zusammensetzung unserer Atmosphäre.

Betrachte die Abbildungen. Erzähle zu jedem Bild eine Geschichte. Beziehe dabei Gründe und Auswirkungen der vorgenommenen Veränderungen mit ein.

Viele Veränderungen in einem Gebiet der Erde haben langfristig **Auswirkungen auf die gesamte Biosphäre.**
Damit betreffen Veränderungen in unserer Region nicht nur uns, sondern auch Menschen in anderen Regionen und sogar zukünftige Generationen.
Bei unseren Aktivitäten darf es also nicht nur darum gehen, die grundlegenden Bedürfnisse der gegenwärtig lebenden Menschen zu befriedigen.
Genauso wichtig ist es, die Lebensgrundlagen für künftige Generationen zu erhalten (nachhaltige Entwicklung).

Die Tätigkeit des Menschen hat Auswirkungen auf die Umwelt. Lokale Eingriffe können globale Auswirkungen haben.

Aufgaben

1 Einige Umweltschützer fordern, den Flugverkehr einzuschränken und ein Fahrverbot für Autos an bestimmten Tagen einzuführen.
Führt eine Pro-und-Kontra-Debatte zum Thema. ↗ S. 50/51

2 Erläutere den Ausspruch „Global denken, lokal handeln“.

3 Schreibe einen Brief, in dem du deine Vorstellungen über das Leben der Menschen im Jahre 2100 darstellst: Wie werden die Menschen leben, wovon sich ernähren?
Wie haben sie ihre Energie- und Umweltprobleme gelöst?

So kannst du vorgehen

Führen einer Pro-und-Kontra-Debatte

Bei einer Pro-und-Kontra-Debatte geht es darum, unterschiedliche Sichtweisen darzulegen und gegeneinander abzuwägen.
Diese Darlegung der unterschiedlichen Argumente dient einer Entscheidungsfindung.

Vorbereitungsphase

► Schritt 1

Wählt die Fragestellung aus.
Achtet darauf, dass das Thema viele interessiert und Diskussionsstoff bietet.
Wird der Treibhauseffekt vom Menschen verstärkt? Setzt euch mit den unterschiedlichen Ansichten zum Thema auseinander.

Der Treibhauseffekt

Beim Wort Treibhauseffekt denken viele an die vorausgesagte Klimakatastrophe, an sengende Hitze, schmelzende Gletscher, Überflutungen und Verschiebung der Klimazonen.
Aber gerade der natürliche Treibhauseffekt ist die Ursache dafür, dass sich auf unserer Erde Leben entwickeln konnte. Ohne ihn würde eine Durchschnittstemperatur von –18 °C herrschen. Das ist für Lebensformen, wie wir sie kennen, zu kalt. Tatsächlich hat unsere Erde eine Durchschnittstemperatur von 15 °C.

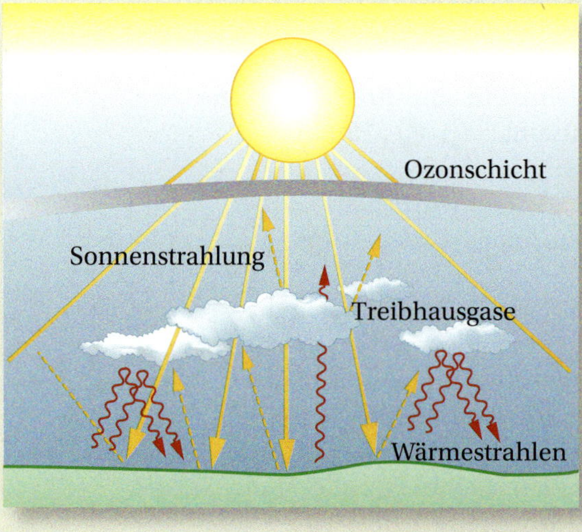

Der Unterschied kommt zustande, weil die Erde eine Atmosphäre hat. Gase wie Kohlenstoffdioxid, Stickstoffdioxid, Methan und Wasserdampf verhindern, dass die Wärmestrahlung von der Erdoberfläche zu rasch in das Weltall entweicht.

Am Wasserdampf kann man die Wirkung am besten erklären. An wolkenverhangenen Tagen ist es z. B. im Sommer kälter als an sonnigen und in klaren Nächten kühlt es sich schneller ab als in Nächten mit einem Wolkenhimmel. Der Wasserdampf wirkt wie eine „Daunendecke“. Die anderen Treibhausgase, besonders das Kohlenstoffdioxid, haben eine ähnliche Wirkung.

Dieser natürliche Treibhauseffekt soll durch einen vom Menschen verursachten verstärkt werden. Dabei wird ein Ansteigen der Kohlenstoffdioxidkonzentration in der Atmosphäre als Ursache angesehen. Diese steigt (1890: 280 ppm, 2010: 388 ppm; ppm = Anteil pro 1 Mio. Volumenanteile), weil Menschen Holz, Öl, Gas und Kohle verbrennen. Schlimme Folgen werden befürchtet.

► **Schritt 2**

Arbeitet Pro-Argumente aus.
Tragt Informationen und Fakten zusammen, die die gegebene Darstellung unterstützen.
Nutzt verschiedene Medien.

Kohlenstoffdioxid wirkt in der Atmosphäre als Treibhausgas. Durch die Erhöhung des Kohlenstoffdioxidanteils in der Atmosphäre könnte sich die Durchschnittstemperatur auf der Erde in den nächsten 40 Jahren um bis zu 3 °C erhöhen.
Tritt diese Erwärmung ein, wären weltweite Klimaänderungen die Folge. Niederschlagsverteilung und nachfolgend Vegetationszonen würden sich verändern. Durch Abschmelzung des Eises der Pole und Gletscher käme ein Anstieg des Meeresspiegels zustande.
Dies alles würde zur Vernichtung zahlreicher Lebensräume und ihrer Arten führen. Erste Veränderungen sind schon messbar.

► **Schritt 3**

Arbeitet Kontra-Argumente aus.
Sammelt nun Informationen und Fakten, die eine entgegengesetzte Position unterstützen.

Weltmeere als natürliche Kohlenstoffdioxidspeicher werden auch in der Zukunft Kohlenstoffdioxid binden.
Das Gas ist ein wichtiger Ausgangsstoff der Fotosynthese, deshalb kann davon ausgegangen werden, dass Pflanzen schneller wachsen. Das überschüssige Kohlenstoffdioxid würde so der Atmosphäre wieder entzogen werden.
Klima wiederholt sich in langen Abständen. Innerhalb dieser Zeiten gab es immer Perioden, in denen es mal wärmer bzw. mal kälter war.

Ablauf der Debatte

► **Schritt 1**

Stellt das Thema vor.
Ein Moderator gibt zur Einführung allgemeine und grundlegende Informationen zum Thema.

► **Schritt 2**

Legt gegenteilige Positionen dar.
Je ein Sprecher stellt die Argumente seiner Gruppe vor.

► **Schritt 3**

Argumentiert in der Fragerunde.
Zuschauer und Gruppenmitglieder haben die Möglichkeit, Fragen zu den Argumenten zu stellen. Die jeweiligen Vertreter der Gruppen antworten.

► **Schritt 4**

Fasst das Wesentliche zusammen.
Der Moderator fasst noch einmal die wichtigsten Fakten (Pro und Kontra) zusammen.

► **Schritt 5**

Stimmt ab.
Das Abstimmungsergebnis zeigt, wie überzeugend die Vertreter der gegensätzlichen Positionen waren.

Der Mensch – Teil der Biosphäre

Schutz der Biosphäre

Kann wirklich jeder etwas tun?

Die Menschen können nicht alle Eingriffe in ihre Umwelt vermeiden. Allerdings müssen wir unsere Umwelt nachhaltig nutzen.

Nachhaltigkeit bedeutet:

- die weitere **Zerstörung von Lebensräumen und damit von Ökosystemen zu verringern.** So ist geplant, die Bodenfläche in Deutschland, die in Siedlungs- und Verkehrsfläche umgewandelt wird, von derzeit 120 ha bis zum Jahr 2020 auf 30 ha pro Tag zu reduzieren. Das soll durch das Bundes-Bodenschutzgesetz gefördert werden.

- die **Abgabe von Schadstoffen an die Umwelt zu verringern** bzw. zu vermeiden. Dadurch sollen die natürlichen Lebensbedingungen erhalten bzw. nicht weiter verschlechtert werden. Regelungen dazu sind in entsprechenden Gesetzen enthalten.

- Vorgehensweisen zur **Erhaltung der Artenvielfalt** festzulegen. Denn die Artenvielfalt ist eine maßgebliche Voraussetzung für die Stabilität von Ökosystemen und damit für die Existenz von Leben auf der Erde. Deshalb werden Arten und ihre Gefährdung in jedem Bundesland, in der EU und weltweit erfasst (Rote Listen der gefährdeten Arten).

- **Erhalt von Lebensräumen.** Artenschutz ist eng verbunden mit dem Schutz von Lebensräumen.
  Als besonders wirksam hat sich die Einrichtung von Großschutzgebieten erwiesen. Dazu gehören verschiedene Naturschutzkategorien, z. B. Nationalparks, Biosphärenreservate, Landschaftsschutzgebiete, Naturparks und Naturschutzgebiete.

- zu erreichen, dass jeder **Einzelne sich für den Schutz der Umwelt** einsetzt.

Wusstest du schon …

Natur- und Umweltschutz in Sachsen

In ganz Deutschland und auch in Sachsen wurden wichtige Lebensräume unter Schutz gestellt, um bedrohte Tier- und Pflanzenarten zu erhalten.
Als besonders wirksam haben sich **Großschutzgebiete** erwiesen. Sie haben mindestens eine Größe von 10 km^2. Diese Gebiete wurden u.a. wegen der dort lebenden Tiere und Pflanzen ausgewählt. Durch die Schönheit der Landschaft haben sie jedoch auch große Bedeutung als Erholungsgebiete.
Wir unterscheiden Naturparke, Nationalparke und Biosphärenreservate.

Die **Naturparke** bestehen hauptsächlich aus Landschaftsschutzgebieten (LSG) und Naturschutzgebieten (NSG). In Landschafts- und Naturschutzgebieten dürfen die Menschen keine Änderungen vornehmen.

In einem **Nationalpark** dürfen außer in Kernzonen regulierende Eingriffe erfolgen.

Biosphärenreservate sind großflächiger. Sie umfassen Gebiete mit unterschiedlichem Schutzstatus. In ihren Kerngebieten dürfen ebenfalls keine Eingriffe erfolgen.

Großschutzgebiete in Sachsen sind:
- *Nationalpark Sächsische Schweiz*
- *Biosphärenreservat Oberlausitzer Heide- und Teichlandschaft*
- *Naturpark Erzgebirge/Vogtland, Naturpark Dübener Heide, Naturpark Zittauer Gebirge*

Aufgaben

1 Die Bundesartenschutzverordnung stellt viele Arten unter besonderen Schutz. Für diese Arten gelten strenge Vorschriften. Informiert euch über diese Vorschriften. Bewertet sie. ↗ S. 87

2 Auch in der Schule sollte der Natur- und Umweltschutz nicht vergessen werden.
Findet heraus, was bei euch getan wird.
Unterbreitet mögliche Verbesserungsvorschläge.

3 Erläutere folgende Naturschutzkategorien: Naturpark, Nationalpark, Biosphärenreservat. Nenne wenn möglich Beispiele aus deinem Bundesland.

4 Jeder Einzelne von uns kann helfen, die Umwelt zu schützen. Stimmt diese Aussage wirklich? Führt zu diesem Thema eine Pro-und-Kontra-Debatte. ↗ S. 50/51

5 Nenne gefährdete Arten in deiner Region.

Wusstest du schon …

Zauberwort Rekultivierung

Die Braunkohleregionen von Sachsen und Sachsen-Anhalt zählten in der vergangenen Zeit mit einer jährlichen Fördermenge von 310 Mio. Tonnen zu den bedeutendsten der Welt. Zurzeit werden pro Jahr noch ca. 80 Mio. Tonnen gefördert.

Nach Beendigung der Förderung bleiben stark veränderte Landschaften zurück: Um die Braunkohlenförderung zu ermöglichen, wurde der Grundwasserspiegel unter die Kohleflöze abgesenkt. Die Erde, die die Kohle bedeckte, wurde abgebaggert und auf Halden befördert (Abraumhalden).
Die neue Landschaft zeichnet sich also durch die Grube und die Halden aus. Auf den Halden sind zudem tiefere mit den höheren Erdschichten vermischt. Dies ist für eine Nutzung durch Land- und Forstwirtschaft problematisch.

Durch Rekultivierung sollen die Lebensräume von Pflanzen und Tieren wiederhergestellt bzw. neue Lebensräume geschaffen werden.
Auf rekultivierten Abraumflächen werden oft Busch- oder Grasflächen angelegt.
Die Nutzung der Kohlengruben für eine Neuanlage von Seen ist erst nach aufwendigen Maßnahmen möglich. Die Böschungen (Ufer) der ehemaligen Gruben werden gegen Rutschungen gesichert. Bei der Flutung der Gruben wird die Wasserqualität des neuen Sees überwacht und wenn notwendig reguliert.
Solche neuen Seen können als Erholungsgebiete dienen. Jedoch nicht alle Seen stehen einer touristischen Nutzung zur Verfügung. Einige werden als Naturschutzgebiete ausgewiesen. Das ist dann der Fall, wenn sich die Artenvielfalt durch die Rekultivierung wieder erhöht hat oder sich seltene Arten angesiedelt haben.

Braunkohletagebau

Rekultivierte Halde von Klettwitz

Erforsche es

Schützenswerte Ökosysteme

Es gibt tolle Filme über unsere Erde. Die Natur- und Tierfilmer zeigen, wie einmalig schön unser Planet ist. Wir sehen aber auch, dass einmalige Ökosysteme (Polargebiete, tropische Regenwälder) gefährdet sind und damit auch die dort lebenden Pflanzen und Tiere.

1. Ermittelt, wodurch die tropischen Regenwälder und die Weltmeere gefährdet sind.

2. Es gibt auch in unserem Land viele schützenswerte Ökosysteme mit typischen Pilz-, Pflanzen- und Tierarten, z.B. das Wattenmeer oder die Elbelandschaft.
   Umweltschutz ist Artenschutz und geht jeden an. Überlegt, wie ihr selbst einen aktiven Beitrag zum Naturschutz leisten könnt.
   Diskutiert in der Klasse das Für und Wider der von euch vorgeschlagenen Aktivitäten.

Rote Listen sind Verzeichnisse über alle bekannten ausgestorbenen, verschollenen oder gefährdeten Pflanzen-, Pilz- und Tierarten, Pflanzengesellschaften, Biotoptypen und Landschaften einer Region. Die Listen werden regelmäßig aktualisiert.

3. Informiert euch, welche Tier- und Pflanzenarten in Sachsen auf der Roten Liste stehen.
   Erkundet bei ausgewählten Arten, ob sie in eurer unmittelbaren Umgebung vorkommen.

Die Veränderung oder Zerstörung eines Lebensraums bewirkt oft den Rückgang der Artenvielfalt in diesem Gebiet.
Solche Veränderungen kommen z.B. durch Städte- und Straßenbau zustande. Veränderungen lassen sich nicht immer vermeiden. Es geht darum, Alternativen zu schaffen, um die Artenvielfalt zu erhalten.
Auch ihr könnt etwas dafür tun.

4. Schafft neue Lebensräume auf dem Schulgelände: Hängt Nistkästen auf, baut ein Insektenhotel, häuft Laub- und Reisig- oder Steinhaufen auf oder legt sogar einen Schulteich an. Sicher findet ihr selbst weitere Möglichkeiten.
   Dokumentiert mit einer Fotoserie, wie die Artenvielfalt auf dem Schulgelände durch eure Maßnahmen zunimmt.

Das hast du gelernt

Der Mensch – Teil der Biosphäre

Die Tätigkeit des Menschen hat Auswirkungen auf die Umwelt. Lokale Eingriffe können globale Folgen haben.

Veränderungen und Folgen

- Zerstörung bzw. Umwandlung natürlicher Lebensräume z. B. durch Waldrodung und Bebauung
- Eintrag von Schadstoffen in die Umwelt und damit Veränderung der Lebensbedingungen
- Einschleppen von Arten aus anderen Gebieten, die heimische Arten verdrängen
- Anbau von Monokulturen, die reichhaltige Nahrungsgrundlage für Schädlinge bilden

Maßnahmen zum Schutz der Umwelt

- Lebensräume erhalten und schaffen
- Abgabe von Schadstoffen verringern
- Gefährdete Arten unter Schutz stellen

Die Erhaltung der Lebensräume und der darin lebenden Organismen erfordert eine internationale Zusammenarbeit und die Mitwirkung jedes Einzelnen.

Löse mit Köpfchen

1. Mensch und Umwelt

a) Die Kreisläufe in der Natur werden durch natürliche Vorgänge und derzeit vor allem durch Auswirkungen der menschlichen Tätigkeit bedrohlich belastet. Erläutere die Aussage. Nutze dazu das Internet.

b) Vergleiche die Eingriffe des Menschen in seine Umwelt früher und heute. Recherchiere dazu auch im Internet.

2. Gefährdete Arten

a) Ermittle im Umfeld deines Wohnorts stark gefährdete und gesetzlich geschützte Arten. Erkundige dich in einer Umweltbehörde.

b) Naturschutzverbände zeichnen jedes Jahr die Pflanze des Jahres und verschiedene Tiere des Jahres aus. So war die Schlingnatter das Reptil des Jahres 2013.

Erläutere die Bedeutung der Auszeichnung für den Schutz der jeweiligen Tier- oder Pflanzenart.

c) Recherchiere Tiere und Pflanzen diesen Jahres.
Wähle eine Art aus und erstelle einen Steckbrief. Beachte dabei auch die Gründe für die Auswahl der jeweiligen Art. ↗ S. 169

3. Nützlich oder nicht

Die große Brennnessel, die häufig auch als „Unkraut“ bezeichnet wird, ist Nahrungsgrundlage für die Raupen vieler Tagfalter.
Benenne mögliche Auswirkungen, die das Fehlen der Brennnessel auf das gesamte Ökosystem haben würde.
Begründe deine Aussage. ↗ S. 125

4. Sinnvolle Hilfe?

Um die Kohlenstoffdioxidbelastung der Luft dauerhaft und entscheidend senken zu können, schlägt die „Initiative deutscher Wald“ ein großflächiges Aufforstungsprogramm vor. Begründe den Sinn dieser Maßnahme. ↗ S. 125

5. Nachhaltig – was bedeutet das?

a) Erläutere den Begriff „nachhaltige Entwicklung“.

b) „Erst wenn der letzte Baum gefällt, der letzte Fluss vergiftet und der letzte Fisch gefangen ist, werdet ihr herausfinden, dass man Geld nicht essen kann.“
Bewerte diese Indianerweisheit unter dem Aspekt der Nachhaltigkeit.
↗ S. 87

Teste dich selbst

Wähle aus.

1 Welche der folgenden Behauptungen sind richtig?
- A Ohne Pflanzen würden die meisten Lebewesen verhungern.
- B Der Sauerstoffvorrat der Luft würde ohne Pflanzen nicht erneuert werden.
- C Pflanzen sind genau solche Lebewesen wie alle anderen.

2 Einfache Nahrungsbeziehungen in Ökosystemen werden durch Nahrungsketten dargestellt. Wähle die richtige Reihenfolge der Glieder einer Nahrungskette im Wald aus.
- A Eichhörnchen, Eichel, Marder, Uhu
- B Eichel, Eichhörnchen, Marder, Uhu
- C Eichel, Eichhörnchen, Uhu, Marder

3 Gib an, welche Ökosysteme relativ naturnah sind.
- A Moor, Urwald, Gebirgssee
- B Parkanlage, Zuchtteich, Forst

4 In welcher Gruppe steckt ein Fehler? Zu den abiotischen Umweltfaktoren gehören:
- A Licht, Luft, Niederschlag, Mikroorganismen, Wasser
- B Niederschlagsmenge, Atmosphäre, Sonnenlicht, Temperatur
- C Wasser (auch Bodenwasser), Licht, Flechten, Temperatur

5 Welche Definition ist richtig?
- A Symbiose ist eine Wechselbeziehung zwischen artverschiedenen Organismen mit einseitigem Nutzen.
- B Symbiose ist eine Wechselbeziehung zwischen artverschiedenen Organismen mit gegenseitiger Abhängigkeit und beiderseitigem Nutzen.
- C Symbiose ist eine Wechselbeziehung zwischen artverschiedenen Organismen zum einseitigen Schaden eines der beiden Lebewesen.

6 Welche Darstellung gibt die Verhältnisse in einem Ökosystem wieder?
- A Produzenten (z. B. Pflanzen) ⟶ Konsumenten (z. B. Tiere) ⟶ Destruenten (z. B. Bakterien, Pilze)
- B Produzenten (Tiere, Pilze) ⟶ Konsumenten (z. B. Pflanzen) ⟶ Destruenten (z. B. Bakterien)
- C Destruenten (Algen, Pflanzen) ⟶ Konsumenten (Tiere, Mensch) ⟶ Produzenten (z. B. Pilze)

Beantworte ausführlich.

1 Pflanzen nehmen unter den Lebewesen in einem Ökosystem eine zentrale Stellung ein.
a) Pflanzen oder Teile von Pflanzen stehen in einer Nahrungskette immer am Anfang. Begründe diese Tatsache.
b) Erläutere eine weitere Bedeutung der grünen Pflanzen für den Stoffkreislauf der Biosphäre.
c) Erläutere an einem selbst gewählten Beispiel die Angepasstheit der Pflanzen an unterschiedliche Standorte.

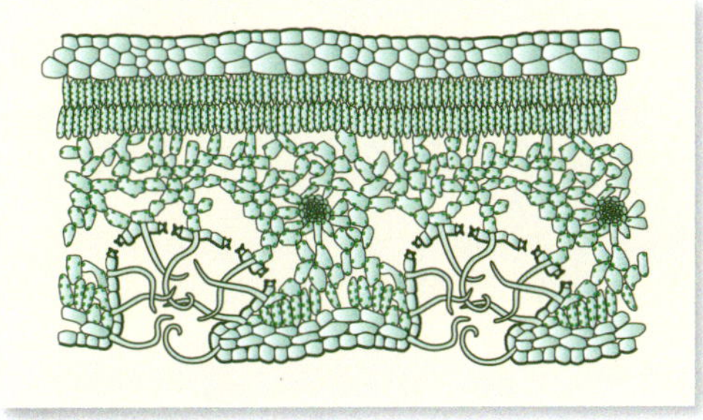

2 Wähle ein konkretes Ökosystem.
a) Triff Aussagen zu folgenden Aspekten:
- Aufbau des Ökosystems
- Pflanzen- und Tierwelt
- Einfluss von Umweltfaktoren auf mindestens ein selbst gewähltes Lebewesen
- Stoffkreislauf und Energiefluss
- Nahrungsbeziehungen
- Schutz des Ökosystems

b) Stelle deine Ergebnisse in einer geeigneten Präsentationsform dar.

3 a) Vergleiche die beiden abgebildeten Fließgewässer.

b) In welchem Gewässer vermutest du einen höheren Artenreichtum. Begründe deine Vermutung.
c) Erläutere Maßnahmen, die zum Schutz von Lurchen, gefährdeten Wasservögeln (z. B. Eisvogel), Libellen u. a. beitragen.

4 Ermittelt im Umfeld eures Wohnorts Maßnahmen (Vorgänge), die Umweltbelastungen mitverursachen könnten.
Geht auf Konflikte ein, die in diesem Zusammenhang auftreten können. Gestaltet ein Rollenspiel.

5 Im Frühjahr wachsen in der Krautschicht des Laubwaldes einige Pflanzen sehr schnell. Diese Frühblüher blühen und fruchten, bevor die Bäume Blätter tragen.
a) Finde Beispiele für Frühblüher.
b) Begründe, warum die Lebensweise der Frühblüher eine Anpassung an die Jahreszeiten ist.

2 Bau und Funktion des menschlichen Körpers

Der Mensch, ohne Rast und Ruh
Beschreibe die Bewegungen der Menschen auf dieser Seite. Notiere, welche Teile des Körpers die Bewegungen ermöglichen.

Der lange Weg durchs Leben
Wann beginnt unser Leben? Welche Entwicklungsetappen durchlaufen wir während unseres Lebens?

Pumpen wie ein Maikäfer …
Wenn du schnell gelaufen bist, atmest du viel schneller als sonst. Informiere dich, warum das so ist und welche Stoffe du beim Atmen aufnimmst.

Ein unendliches Transportsystem
Unsere Blutgefäße bilden ein riesiges Netz. Finde heraus, wozu dieses Netz von Blutgefäßen benötigt wird.

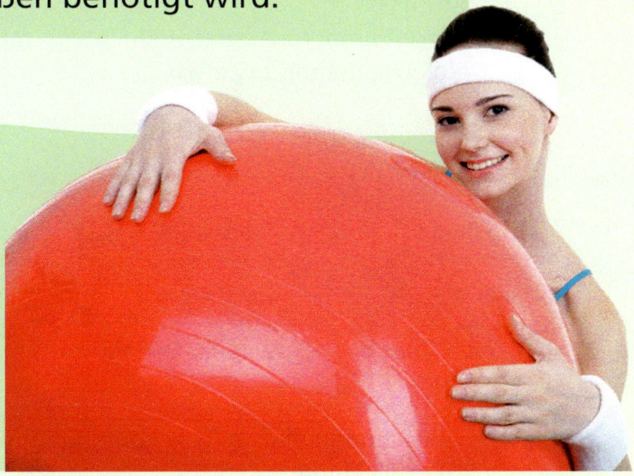

Der Weg zur Traumfigur?!
Früher arbeiteten fast alle Menschen körperlich schwer. Das ist lange vorbei, aber die Essgewohnheiten sind fast so geblieben. Überlege, welche Folgen das haben könnte.

Der Mensch – ein Säugetier

Von der Zelle zum Organismus

Eine menschliche Eizelle ist nur ca. 0,1 mm groß. Trotzdem entwickelt sich aus ihr eines der komplexesten Lebewesen. Wie kann das sein?

Die Entwicklung aller Menschen beginnt mit der Verschmelzung zweier kleiner Zellen: einer Samenzelle mit einer Eizelle. Beide Zellen sind so klein, dass sie nur mit leistungsfähigen Mikroskopen sichtbar gemacht werden können.

Nach der Befruchtung beginnt sich die **Zygote** (befruchtete Eizelle) mehrfach zu teilen. Nach wenigen Tagen ist eine vielzellige Kugel entstanden.

Im Verlauf der nächsten 5 Wochen entwickelt sich aus dieser Kugel durch weitere Zellteilungen ein 2 bis 3 cm großer **Embryo.**
Dieser Embryo besitzt nicht mehr nur gleich aussehende Zellen.

Während der Entwicklung im Mutterleib differenzieren sich die Zellen. Das bedeutet, die neu gebildeten Zellen entwickeln sich z. B. zu Herzzellen, Blutzellen oder Hautzellen. Diese unterscheiden sich in ihrem Bau und können dadurch spezielle Funktionen erfüllen.
Sind alle Organe ausgebildet, heißt der sich entwickelnde Mensch **Fetus.** Nach 9 Monaten wird er geboren.

- Die Zelldifferenzierung ist ein entscheidender Vorgang bei der Entwicklung vielzelliger, komplexer Organismen.

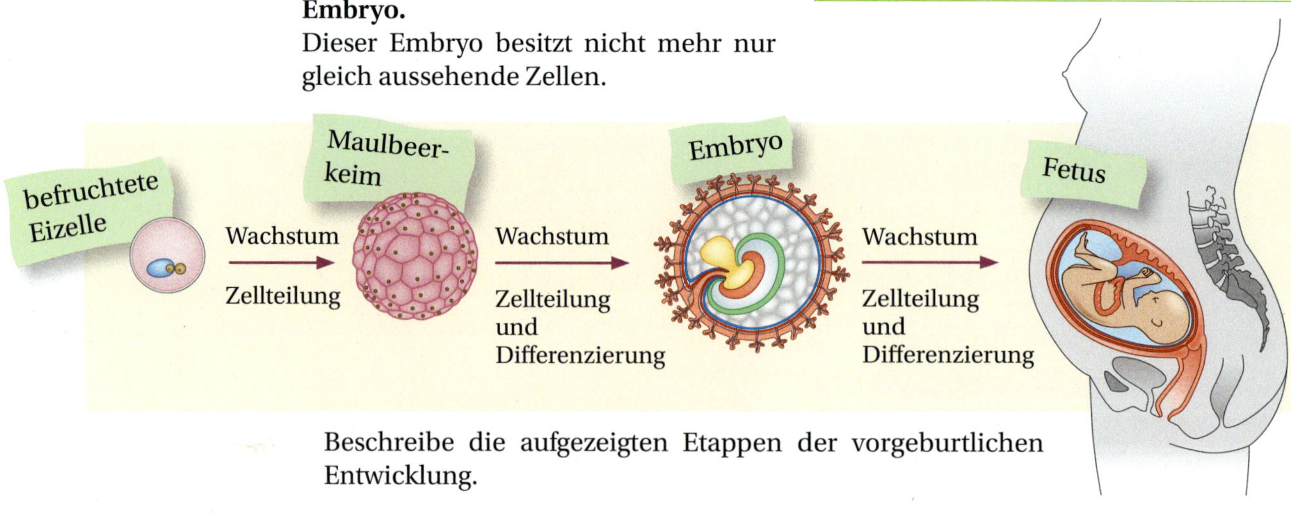

Beschreibe die aufgezeigten Etappen der vorgeburtlichen Entwicklung.

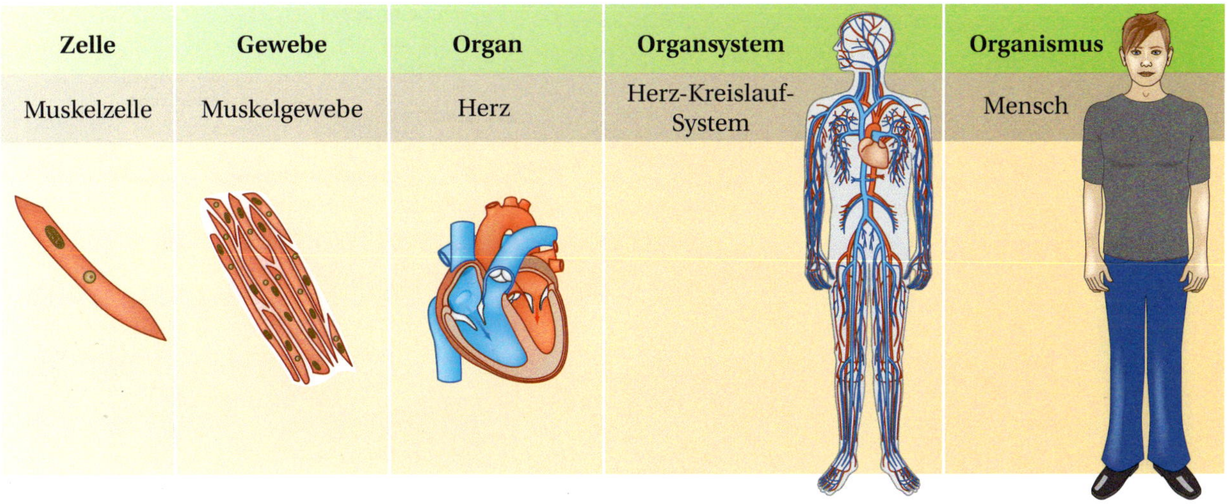

Viele gleichartige Zellen bilden ein **Gewebe.** Gewebe erfüllen in unserem Körper jeweils ganz spezielle Aufgaben. Beispielsweise dient das Nervengewebe der Informationsleitung, das Muskelgewebe der Bewegung.

Organe bestehen aus verschiedenen Geweben und können daher komplexe Aufgaben erfüllen. So wird das Muskelgewebe im menschlichen Herzen über Nervengewebe aktiviert, sodass das Herz regelmäßig schlägt. Die Herzklappen bestehen aus elastischem Bindegewebe. Durch diese Klappen wird der Blutstrom im Herzen reguliert.

Mehrere Organe, die gemeinsame übergeordnete Funktionen erfüllen, bilden zusammen ein **Organsystem.** Zu unserem Herz-Kreislauf-System gehören das Herz zusammen mit den Blutgefäßen und dem Blut.

Durch die Spezialisierung der Organe und Organsysteme wird die Leistungsfähigkeit des gesamten Organismus gewährleistet.

Aufgaben

1 Erläutere die obige Abbildung mit eigenen Worten.

2 Mikroskopiere Dauerpräparate unterschiedlicher Gewebe verschiedener Lebewesen. Fertige dazu mikroskopische Zeichnungen an. Gib an, zu welchen Organen die Gewebe gehören.

3 Informiere dich über Stammzellen. Erkläre, warum diese Zellen für die medizinische Forschung so bedeutsam sind. ↗ S. 37

4 Spezialisierte Gewebe und Organe gibt es auch bei Pflanzen. Stelle in einer Tabelle die Organe von Samenpflanzen, ihre Gewebearten und die jeweiligen Aufgaben zusammen.

Querschnitt durch ein Laubblatt

Der Mensch – ein Säugetier

Typisch Säugetier?

Es geht um ein uraltes Streitthema: Ist der Mensch ein Säugetier? Was meinst du zu dieser Diskussion?

Entscheidend für die biologische Einordnung von Lebewesen sind ihre Merkmale.

Schaust du dir die Merkmale von Menschen genauer an, wird deutlich: Die Menschen zeigen sowohl im Körperbau als auch im Verhalten zahlreiche Gemeinsamkeiten mit den Säugetieren.

Körperbedeckung

Der Körper der Säugetiere ist in der Regel von einem Fell bedeckt. Das Fell hilft, die Körpertemperatur gleichwarm zu halten. Die Fellzeichnung dient oft der Tarnung.

Auch beim Menschen ist die Haut von Haaren bedeckt. Allerdings besitzen wir nur noch an einigen Stellen des Körpers (z. B. auf dem Kopf) ein dichtes, deutlich sichtbares Haarkleid. An den meisten Stellen sind die Haare im Vergleich zu vielen Säugetieren klein und unscheinbar. Deshalb sieht es so aus, als sei der größte Teil der menschlichen Haut nackt.

Diese „nackte" Hautoberfläche des Menschen unterscheidet sich von der Körperbedeckung der meisten landlebenden Säugetiere. Als Schutz vor Kälte nutzen wir Kleidung.

Körperbau

Alle Säugetiere besitzen den gleichen Grundaufbau. Ihr Körper gliedert sich in Kopf, Rumpf, Schwanz und Gliedmaßen. Die Säugetiere besitzen ein Innenskelett mit einer Wirbelsäule. Die Knochen und Gelenke des Skeletts stützen den Körper, geben ihm die Form und ermöglichen zusammen mit den Muskeln die Bewegungen.

Das Besondere an der Wirbelsäule des Menschen ist ihre Doppel-S-Form. Diese Form ermöglicht uns den aufrechten Gang. Dadurch haben wir die Hände frei. So können wir sie als Werkzeuge gebrauchen.

Innere Organe

Die inneren Organe aller Säugetiere weisen große Gemeinsamkeiten auf. Die Atmung erfolgt z. B. durch Lungen, deren Oberflächen durch Lungenbläschen stark vergrößert sind. Dadurch hat die Säugerlunge eine größere Leistungsfähigkeit als die von Lurchen und Kriechtieren. Auch deshalb bewohnen Säugetiere Lebensräume, in denen Lurche und Kriechtiere nicht existieren können. Der Mensch atmet ebenfalls durch derartige Lungen.

Merkmale der Säugetiere

Gleicher Grundbau des Skeletts

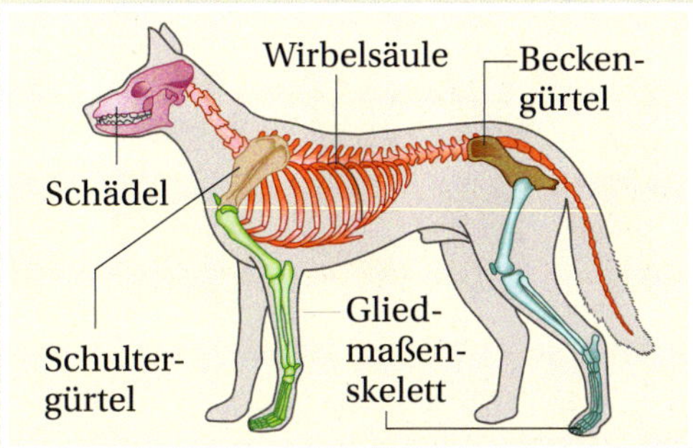

Atmung
- erfolgt mithilfe von Lungen
- Lungenbläschen vergrößern die innere Oberfläche; Sauerstoff wird aufgenommen, Kohlenstoffdioxid abgegeben.

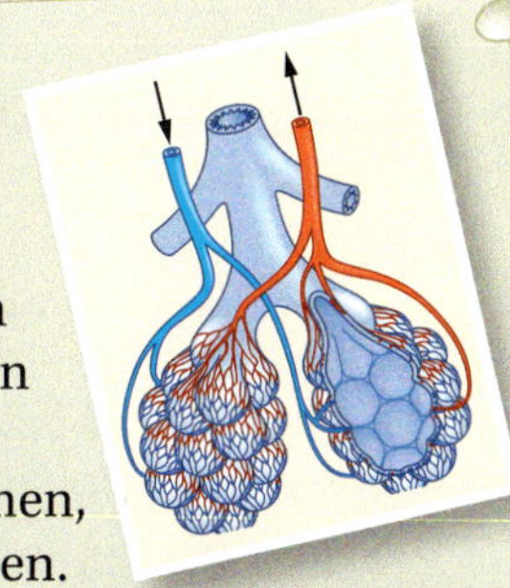

Körperbedeckung
- trockene Haut mit Haaren

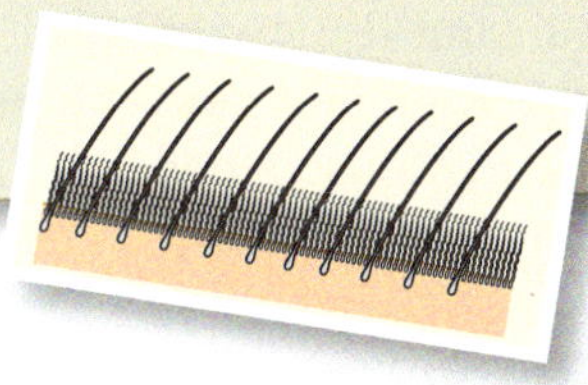

Körpertemperatur
- gleichwarm

Fortpflanzung und Entwicklung
- innere Befruchtung
- Entwicklung des Embryos im Körper des Muttertiers
- Jungtiere werden gesäugt.

Fortpflanzung

Wie alle Säugetiere pflanzen sich Menschen geschlechtlich fort. Nach der inneren Befruchtung entwickeln sich die Nachkommen im Mutterleib.
Ein weiteres für Säugetiere typisches Merkmal hat dieser Wirbeltierklasse den Namen gegeben: Nach der Geburt werden die Jungtiere in der ersten Zeit mit Muttermilch gesäugt. Diese Milch ist besonders nährstoffreich, was dazu führt, dass die Jungtiere schnell an Körpergewicht zulegen.

Verhalten

Die Menschen zeigen viele Verhaltensweisen der Säugetiere. Alle Jungtiere sind neugierig, spielen gern und erkunden ihre Umwelt. Wie die meisten Säugetiere drücken wir durch eine differenzierte Körpersprache Stimmungen und Absichten aus. Wir Menschen kommunizieren darüber hinaus durch Wort- und Schriftsprache.

Aufgaben

1. Vergleiche den Körperbau des größten landlebenden mit dem des größten wasserlebenden Säugetiers. Gib je drei Gemeinsamkeiten und drei Unterschiede an. Beschreibe die Angepasstheit beider Tiere an ihre Lebensräume. ↗ S. 67

2. a) Beobachte das Verhalten von Menschenaffen (z. B. im Zoo oder in Tierfilmen). Fertige dazu ein Protokoll an.
   b) Beobachte das Verhalten von Mitschülern in den Pausen.
   c) Vergleiche beide Beobachtungen. Welche Schlussfolgerungen ziehst du aus dem Vergleich? ⊕

3. Charles Darwin nahm schon im 19. Jahrhundert an, dass der Mensch mit den Menschenaffen verwandt ist. Beurteile diese Annahme.

Wusstest du schon …

Enge Verwandtschaft?

Die beiden unten auf dem Foto gleichen sich in ihrer Haltung und der Mimik. Das lässt schon auf eine Verwandtschaft schließen.

Menschenaffen sind wie wir in der Lage, Stimmungen und Gefühle zu zeigen. Sie kommunizieren durch Gestik und Körperhaltung sowie durch Lautäußerungen. Viele unserer Verhaltensweisen können auch bei Menschenaffen beobachtet werden.
Jedoch haben diese keine so komplexe Sprache wie wir. Zudem werden unsere Verhaltensweisen von unserer Erziehung und unserem bewussten Handeln beeinflusst.

- Schau das Bild an. Notiere, was dir dabei einfällt.

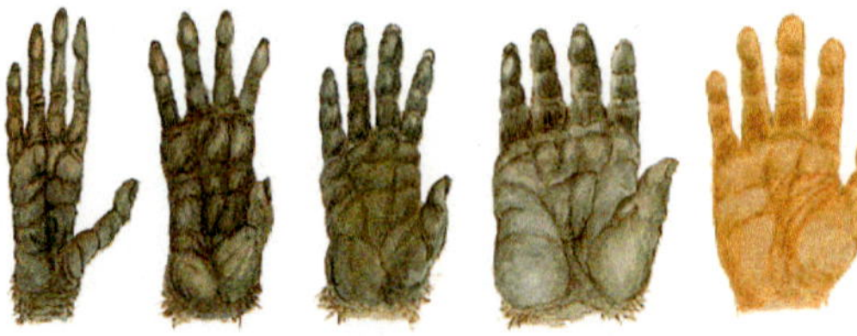

- Vergleiche die Hände von Gibbon, Orang-Utan, Schimpanse, Gorilla und Mensch (von links nach rechts).

Mensch und Schimpanse weisen auch gemeinsame körperliche Merkmale auf. So sind die Anzahl und die Anordnung der Knochen beim Menschenaffen und beim Menschen gleich. Das betrifft auch das Handskelett.
Unterschiede gibt es jedoch in der Form der Wirbelsäule und im Längenverhältnis von Arm- und Beinskelett. Die Art der Fortbewegung unterscheidet sich daher.
Die Schädel und Gebisse sehen sich zwar ähnlich, unterscheiden sich jedoch in ihrer Form und Ausprägung.

Genetische Untersuchungen zur Verwandtschaft von Mensch und Menschenaffen ergaben, dass Menschen und Schimpansen etwa zu 98,3 % gleiche Erbanlagen haben. Die Erbanlagen von Menschen und Orang-Utans gleichen sich „nur“ in 96,7 %. Unterschiedliche Menschen weisen eine Übereinstimmung der Erbanlagen von mindestens 99,9 % auf. Wir sind also am engsten mit Menschenaffen, besonders mit Schimpansen, verwandt. Das bedeutet aber nicht, dass wir von Schimpansen abstammen. Aus der Übereinstimmung vieler Erbanlagen kann geschlossen werden, dass wir mit ihnen **gemeinsame Vorfahren** haben.

So kannst du vorgehen

Vergleichen

Beim Vergleichen werden zwei oder mehrere Objekte bzw. Vorgänge einander gegenübergestellt, um Gemeinsamkeiten oder Unterschiede herauszufinden.
Vergleiche die Skelette von Mensch und Gorilla. Leite eine Schlussfolgerung ab.

► Schritt 1

Lege die Objekte fest, die verglichen werden sollen.

Skelett Mensch und Skelett Gorilla

► Schritt 2

Wähle geeignete Merkmale für den Vergleich aus.

Anzahl und Anordnung der Knochen des Skeletts, Form der Knochen

► Schritt 3

Führe den Vergleich durch.

Ermittle Gemeinsamkeiten und Unterschiede.

Gemeinsamkeiten		
Anzahl und Anordnung der Knochen sind bei Mensch und Gorilla gleich.		
Unterschiede		
Form der Knochen	*Mensch*	*Gorilla*
Wirbelsäule	*doppelt S-förmig gekrümmt*	*einfache Krümmung*
Beckenknochen	*schaufelförmig*	*brettartig*
Schädel	*kleiner Kiefer, großer Hirnschädel*	*großer Kiefer, kleiner Hirnschädel*

► Schritt 4

Leite eine weiterführende Erkenntnis (Schlussfolgerung) ab.

Die Skelette sind sich sehr ähnlich. Mensch und Gorilla sind nahe miteinander verwandt. Unterschiede ergeben sich u. a. aus dem aufrechten Gang des Menschen. Sein größerer Hirnschädel (größeres Volumen) weist auf eine höhere Leistungsfähigkeit des Gehirns des Menschen hin.

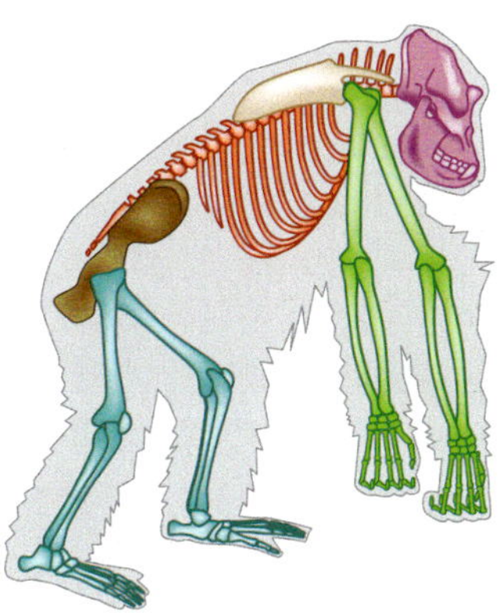

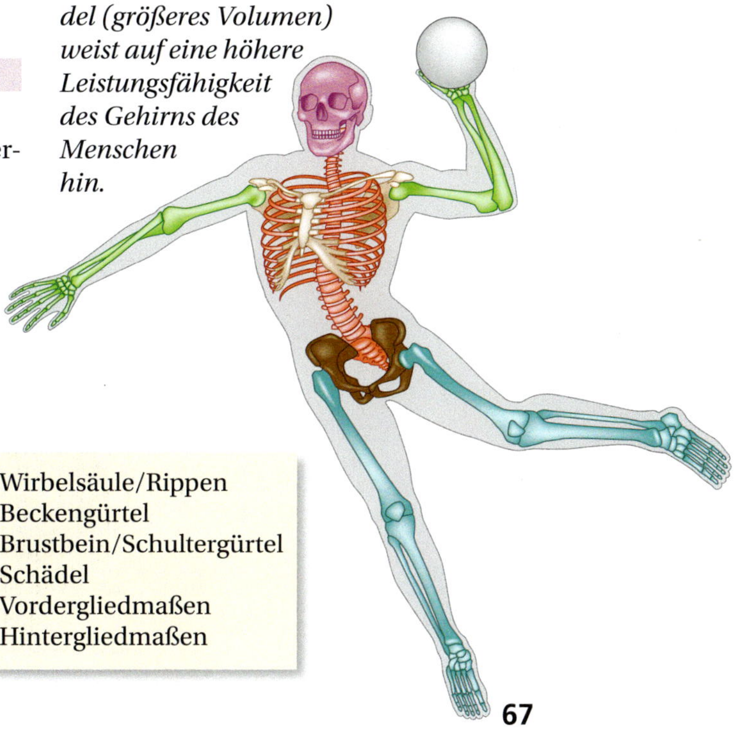

Das hast du gelernt

Der Mensch – ein Säugetier

Die Menschen zeigen sowohl im Körperbau als auch im Verhalten zahlreiche Gemeinsamkeiten mit den Säugetieren. Sie besitzen eine trockene Haut mit Haaren, ihre Körpertemperatur ist gleichwarm. Sie atmen durch Lungen. Die Nachkommen werden lebend geboren und nach der Geburt eine Zeit lang mit Muttermilch gesäugt.

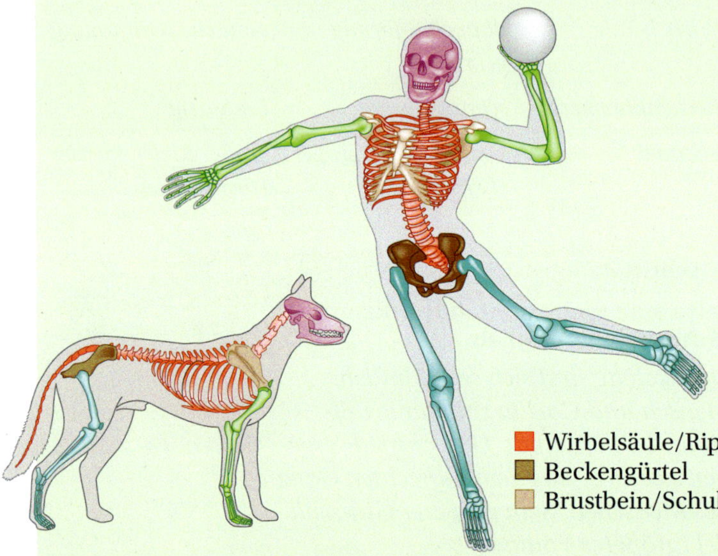

Lebewesen, auch Menschen, bestehen aus Zellen. Bei mehrzelligen Lebewesen spezialisieren sich die Zellen in Bau und Funktion. Diesen Vorgang nennt man **Differenzierung.** Das Zusammenwirken aller Zellen, Gewebe, Organe und Organsysteme gewährleistet das Leben des **Organismus.**

Bewegungssystem

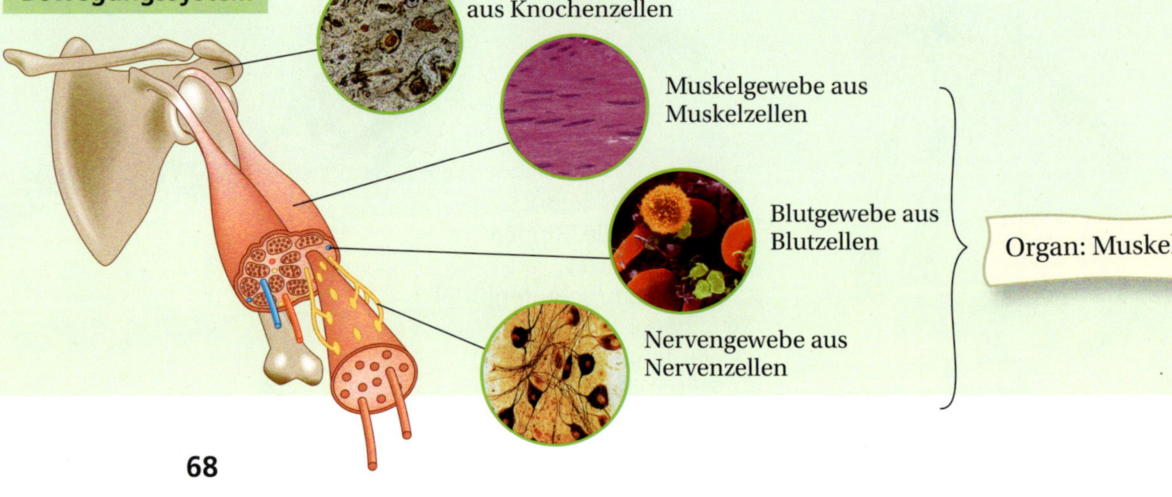

Löse mit Köpfchen

1. Zellen – Bausteine von Organismen

a) Skizziere eine pflanzliche und eine tierische Zelle. Beschrifte die Zellbestandteile.
b) Stelle in einer Übersicht Gemeinsamkeiten und Unterschiede von tierischen und pflanzlichen Zellen zusammen.

2. Gewebe unterm Mikroskop

Mikroskopiere verschiedene Dauerpräparate von pflanzlichen und tierischen Geweben.
Notiere jeweils, aus welchen Zellen die Gewebe bestehen.

3. Organe von Tieren

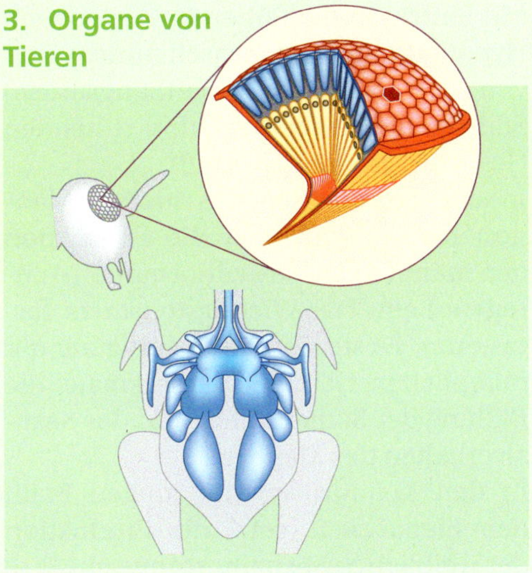

a) Benenne die abgebildeten Organe.
b) Gib jeweils die Funktion der Organe an.

4. Organsysteme

Ordne den Merkmalen der Lebewesen jeweils ein Organsystem zu, welches diese Lebensfunktion unterstützt.

5. Verschiedene Organismen

a) Alle in der Abbildung dargestellten Tiere sind Säugetiere. Begründe diese Aussage. ↗ S. 125
b) Vergleiche die abgebildeten Tiere. Stelle Gemeinsamkeiten und Unterschiede in einer Tabelle zusammen. ↗ S. 67
c) Ordne die abgebildeten Tiere den jeweiligen Säugetierfamilien zu.
d) Recherchiere, in welchen Lebensräumen diese Tiere jeweils leben. Erläutere für eines der Tiere die Angepasstheit an den Lebensraum.
e) Formuliere einen Merksatz zur Stellung des Menschen unter den Säugetieren.

„Menschen sind …"

Von Pubertät, Liebe und Sexualität

Zeit der Veränderung

Die Pubertät ist ein aufregender Entwicklungsabschnitt für jeden Menschen.
Befrage deine Eltern, wie sie die Zeit erlebt haben.

Erwachsen werden

Der Beginn der Pubertät macht sich äußerlich durch einen starken Wachstumsschub bemerkbar. Im weiteren Verlauf entwickeln sich dann die für Frau und Mann typischen körperlichen Merkmale.
In den **weiblichen Keimdrüsen,** den **Eierstöcken,** werden **reife Eizellen** gebildet und die ersten Menstruationsblutungen treten ein.
In den **männlichen Keimdrüsen,** den **Hoden,** werden reife **Samenzellen** (Spermien) produziert, es kommt zu ersten Samenergüssen.

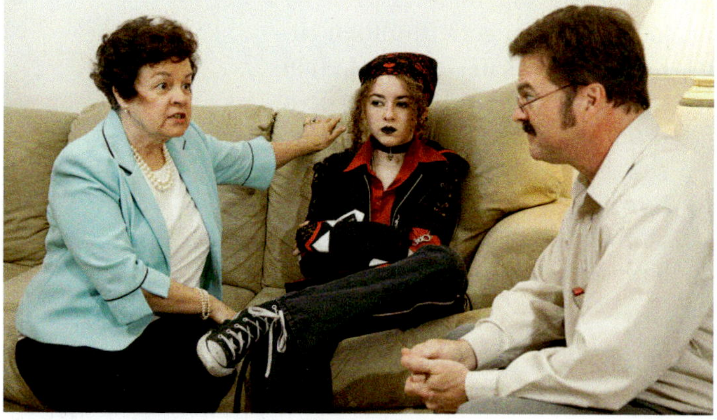

■ Deute das Foto.

Parallel dazu verändert sich der Körper auch äußerlich.
Diese körperlichen Umgestaltungs- und Reifungsprozesse werden **von Hormonen ausgelöst** und gesteuert.

Mit Eintritt in die Pubertät werden vom Hypothalamus (im Zwischenhirn) und von der Hypophyse (Hirnanhangsdrüse) Startsignale an die bis dahin ruhenden Geschlechtsorgane gesandt.
In den Keimdrüsen des jungen Mannes, den Hoden, setzt die Produktion der männlichen Sexualhormone (Androgene) ein. Das Wichtigste ist das Testosteron. Es steuert die Ausprägung der männlichen Geschlechtsmerkmale, die Bildung der Samenzellen und das Sexualverhalten des Mannes.
In den Keimdrüsen der jungen Frau, den Eierstöcken, setzt die Produktion der weiblichen Sexualhormone ein.
Davon gibt es zwei Gruppen: Östrogene und Gestagene. Sie steuern und regeln u. a. den Menstruationszyklus der Frau.

Nicht zuletzt kommt es natürlich bei all den körperlichen Veränderungen auch zu veränderten Empfindungen, Einstellungen und Verhaltensweisen.

Die Pubertät – der Körper verändert sich

Vom Jungen zum Mann

- Muskelwachstum
- Stimmbruch
- Verbreiterung der Schultern
- Bartwuchs
- Achsel- und Schambehaarung
- Wachstum der Geschlechtsorgane
- Bildung von Samenzellen (Spermien)

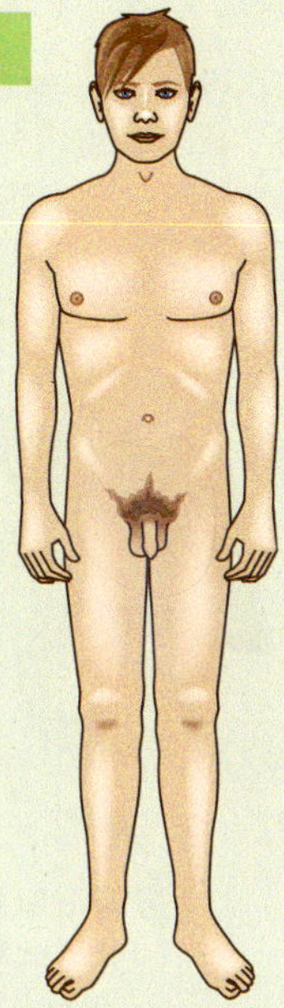

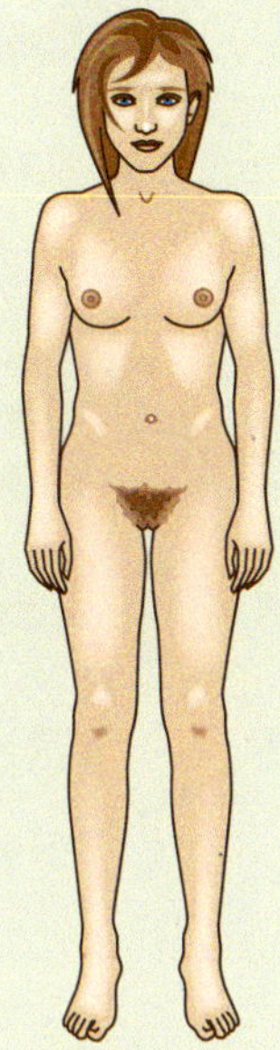

Vom Mädchen zur Frau

- Abrundung der Körperformen
- Verbreiterung des Beckens
- Entwicklung der Brüste
- Achsel- und Schambehaarung
- Wachstum der Geschlechtsorgane
- Reifung von Eizellen

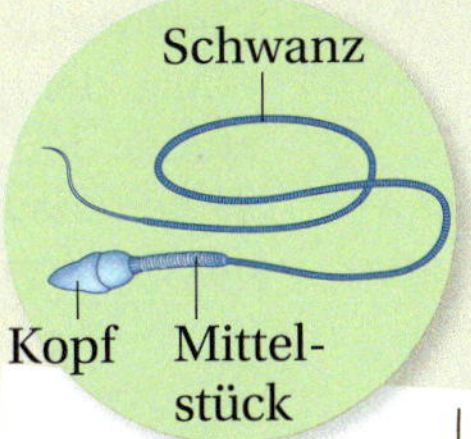

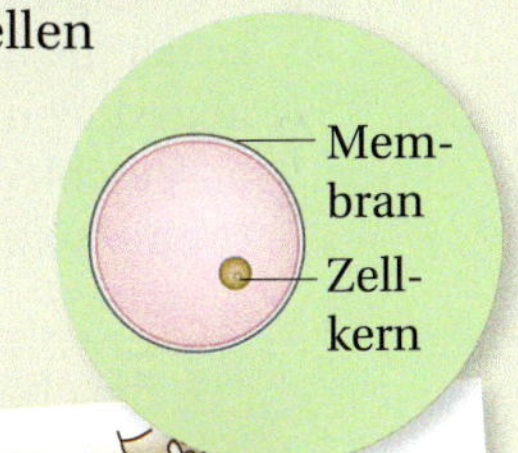

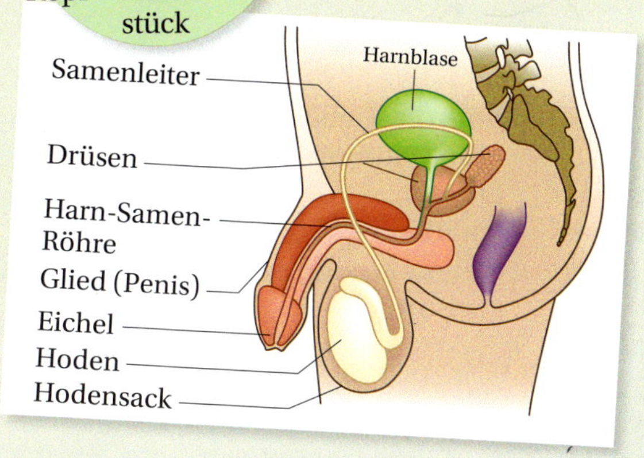

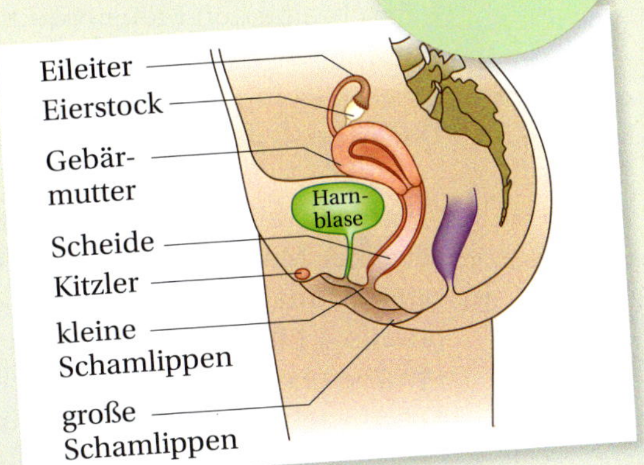

Aufgaben

1 Formuliere für den Text auf Seite 70 einen Merksatz.

2 Beschreibe die seelischen Veränderungen während der Pubertät. Diskutiere mit deinen Mitschülern darüber.

3 Die Einnahme von Testosteronpräparaten zur Muskelförderung und Leistungssteigerung gilt als Doping. Nimm dazu Stellung. Wie würdest du reagieren, wenn du feststellen würdest, dass ein Kumpel solche Präparate nimmt? ↗ S. 87

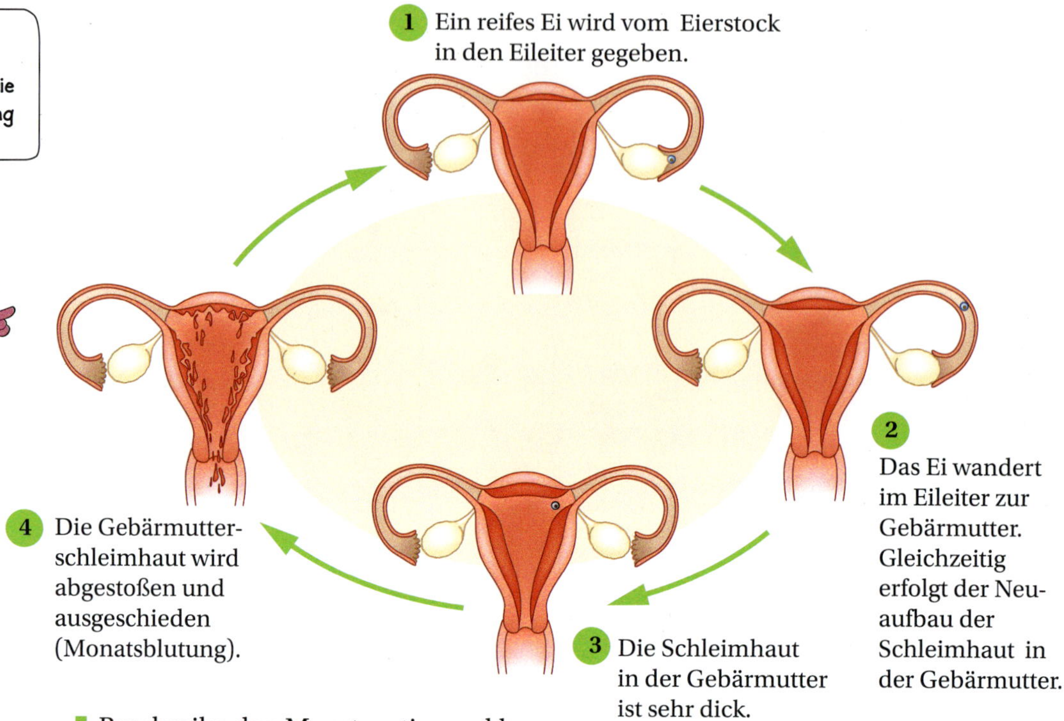

■ Beschreibe den Menstruationszyklus.

Der Menstruationszyklus

Zwischen dem 11. und 14. Lebensjahr setzt bei Mädchen die **Menstruations-** oder **Monatsblutung** ein. Sie dauert jeweils 4 bis 5 Tage und dabei werden etwa 65 bis 150 ml Blut abgegeben.
Die Ursache für diese regelmäßige Blutung (deshalb auch **Regelblutung** oder **Periode** genannt) liegt in der Veränderung der Gebärmutter. Diese bereitet sich alle 4 Wochen darauf vor, eine befruchtete Eizelle aufzunehmen. Ihre Schleimhaut verändert sich. Wird die Eizelle nicht befruchtet, stirbt sie ab und die Gebärmutterschleimhaut wird unter Blutungen ausgeschieden.

Der ganze Vorgang wird auch als **Menstruationszyklus** bezeichnet. Für die Steuerung sind die **Sexualhormone** verantwortlich.

Aufgaben

1 Gib die Funktion der männlichen und der weiblichen Geschlechtsorgane an.

2 Diskutiert in der Lerngruppe, warum es wichtig ist, sowohl den weiblichen als auch den männlichen Körper zu kennen.

3 Denkt euch zu nebenstehendem Foto eine Geschichte aus.

Hygiene ist wichtig

Zur täglichen Körperpflege gehört auch die Reinigung der männlichen und weiblichen Geschlechtsorgane.

Unter der Vorhaut des männlichen Glieds liegen Talgdrüsen. Diese sondern fettende Stoffe ab. Zusammen mit Urinresten sammeln sie sich am Rand der Eichel. Sie können unangenehmen Körpergeruch oder sogar Entzündungen verursachen. Zur Reinigung wird die Vorhaut des Glieds zurückgeschoben und die äußeren Geschlechtsteile werden mit Wasser und milder Seife gewaschen. Ist die Vorhaut zu eng, muss ein Arzt beurteilen, ob die Verengung durch einen kleinen ärztlichen Eingriff beseitigt wird.

Die äußeren weiblichen Geschlechtsteile sollten täglich mit Wasser gereinigt werden.
Dabei muss darauf geachtet werden, dass immer von der Scheide zum After hin gewaschen wird, damit keine Keime in die Scheide gelangen und Entzündungen verursachen.

Während der Monatsblutungen sind noch zusätzliche Hygienevorkehrungen wichtig.
Um die Blutungen aufzufangen, gibt es verschiedene Möglichkeiten.
Binden werden vor den Scheidenausgang gelegt. Tampons hingegen werden in die Scheide geschoben.
Je nach Stärke der Monatsblutung gibt es unterschiedlich starke Vorlagen und Tampons.

Wichtig ist, dass diese Hygieneartikel täglich mehrmals gewechselt werden und die Schamregion sauber gehalten wird.

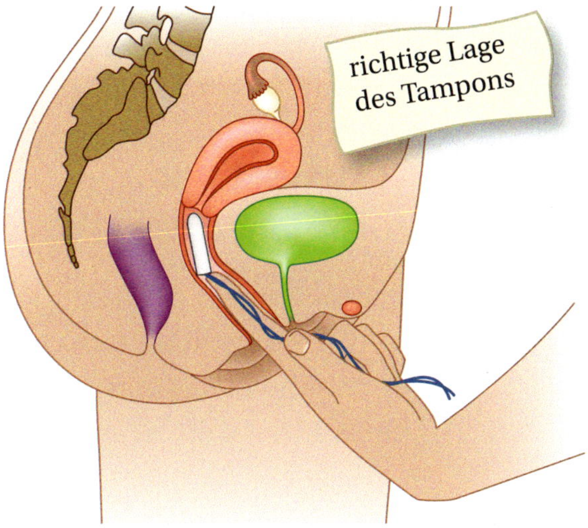

Aufgaben

1 Nenne und begründe Maßnahmen zur Hygiene der weiblichen und der männlichen Geschlechtsorgane. ↗ S. 125

2 Im Biologieunterricht wird über Hygieneartikel gesprochen. Klaus meint: „Das geht mich ja nun wirklich nichts an.“ Nimm zu seiner Ansicht Stellung. ↗ S. 87

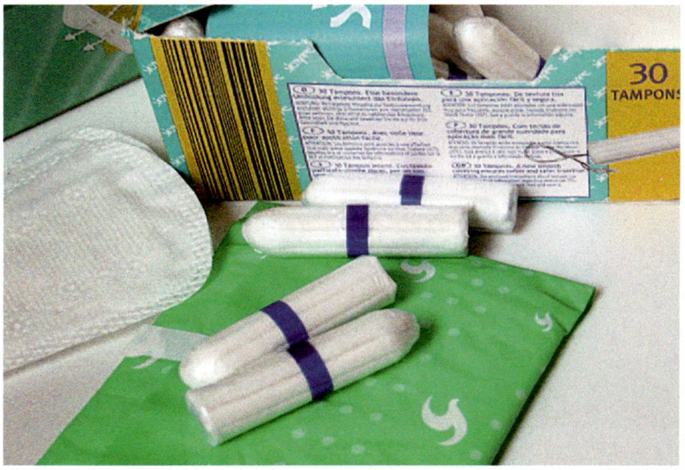

Von Pubertät, Liebe und Sexualität

Sexualität und Fortpflanzung

Nachkommen zu erzeugen ist die eigentliche Funktion der Sexualität. Aber ist das beim Menschen wirklich alles?

Sexualität und sexuelle Orientierung

Sexualität ist ein **Wesensmerkmal** und **Grundbedürfnis** des Menschen. Bei jedem Einzelnen ist die Sexualität in einer persönlichen Art und Weise ausgeprägt. Sie beeinflusst auch seine Gefühle, Bedürfnisse und Einstellungen.

Sexualität ist die Gesamtheit der Gefühle und Handlungen, die mit der „Geschlechtlichkeit“ verbunden sind.

Erarbeitet in der Lerngruppe einen Standpunkt zum Thema Homosexualität.

Für Sexualität gibt es keine festgeschriebenen Normen, an die sich alle Menschen halten müssen. Sie wird von vielen Dingen beeinflusst, u. a. von
- gesellschaftlichen Leitbildern,
- sozialen Lebensumständen wie Beruf, Familie, Freundeskreis,
- der Erziehung.

Jeder ist auch in sexueller Hinsicht eine Persönlichkeit. Die meisten Menschen sind sexuell auf Partner des anderen Geschlechts orientiert. Sie sind **heterosexuell.** Daneben gibt es etwa 5 bis 10 % der Erwachsenen, die sexuelle Kontakte zu Partnern des gleichen Geschlechts bevorzugen. Sie sind **homosexuell.**

Für eine Partnerschaft sind bestimmte Persönlichkeitseigenschaften und ethische Werte entscheidend. Dazu gehört neben Liebe, Zärtlichkeit, Einfühlungsvermögen und Rücksichtnahme auch gegenseitige Achtung.
Wichtig ist im Zusammenhang mit menschlicher Sexualität u. a.,
- jegliche Form von Nötigung und Gewaltanwendung abzulehnen,
- Toleranz gegenüber Homosexuellen zu üben.

Geschlechtsverkehr und Befruchtung

Wenn Menschen sich lieben, dann möchten sie auch sexuell zusammen sein. Sie sind zärtlich zueinander und haben **Geschlechtsverkehr.** Der Geschlechtsverkehr von Mann und Frau ist Voraussetzung für die Zeugung neuen Lebens.

Beim Geschlechtsverkehr wird das versteifte Glied in die Scheide eingeführt. In der Phase der höchsten Erregung (Orgasmus) erfolgt der **Samenerguss.** Dabei werden die Samenzellen in die Scheide abgegeben.

Die Übertragung von Samenzellen in den weiblichen Körper wird Begattung genannt.

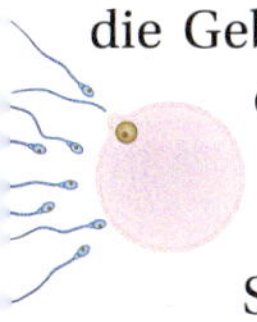

Viele Millionen Spermien wandern über die Gebärmutter in den Eileiter. Befindet sich zu diesem Zeitpunkt eine reife Eizelle im Eileiter, dann kann es zum Eindringen eines Spermiums und damit zur **Befruchtung** kommen. Die Kerne beider Keimzellen verschmelzen. Eine **Zygote** ist entstanden. Aus der befruchteten Eizelle kann sich der Keimling (Embryo) entwickeln. Die Frau ist schwanger.

Bei einer Befruchtung kann immer nur **ein** Spermium in die Eizelle eindringen.

Befruchtung ist die Verschmelzung von Ei- und Samenzelle.

Wird die Eizelle nicht befruchtet, dann stirbt sie und wird zusammen mit Teilen der Gebärmutterschleimhaut ausgeschieden. Dieser Vorgang heißt **Menstruation** (Regelblutung).

Aufgaben

1_ Sexualität ist ein Grundbedürfnis des Menschen.
Informiere dich bei deinen Eltern und Großeltern, wie mit Sexualität umgegangen wurde.
An wen haben sie sich bei Problemen gewandt? Vergleiche den Umgang mit Sexualität von heute mit früher. ↗ S. 67

2_ In den Medien wird heute viel Rummel rund um die Sexualität gemacht (Filme, Talkshows, Aktfotos). Was hältst du davon?

3_ Sammelt Fragen zu Sex und Liebe. Besprecht sie in der Gruppe.

Wusstest du schon …

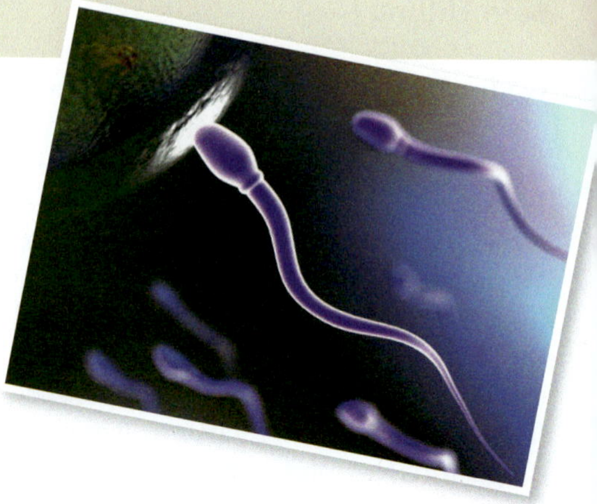

Geschlechtszellen – Winzlinge und Riesen

Samenzellen (Spermien) sind die kleinsten Zellen im menschlichen Körper.

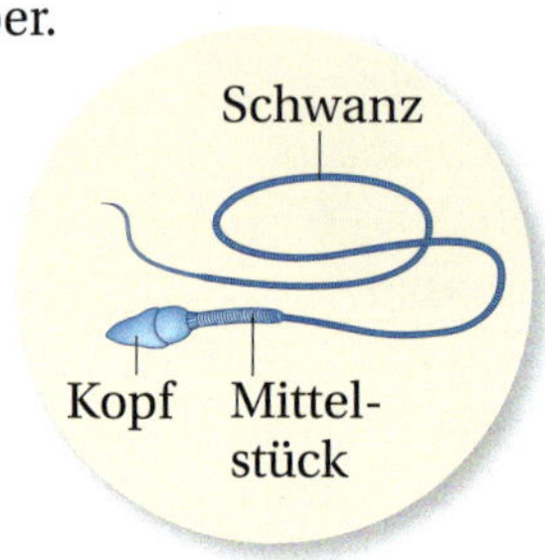

Nachdem die Hoden in der Pubertät voll entwickelt sind, produzieren sie täglich Millionen von Samenzellen. Die Entwicklung der Samenzellen im Hoden dauert etwa 7 Wochen.
Durch Zellteilung gehen sie aus Ursamenzellen hervor. Die Produktion von Samenzellen erfolgt ein Leben lang.

Bei einem Samenerguss (Ejakulation) werden etwa 350 bis 500 Mio. Samenzellen abgegeben. Außerhalb des Körpers überleben Spermien nicht lange: Bei Trockenheit sterben sie nach wenigen Minuten.
Im weiblichen Körper können sie in der Gebärmutter und in den Eileitern 3 bis 5 Tage, in seltenen Fällen sogar bis zu 7 Tage befruchtungsfähig sein.

Übrigens wird das Geschlecht des Embryos durch die Erbinformation bestimmt, die in der Samenzelle enthalten ist. Entscheidend ist, ob sie neben anderen Trägern der Erbinformation ein X-Chromosom (für weiblich) oder ein Y-Chromosom (für männlich) enthält.

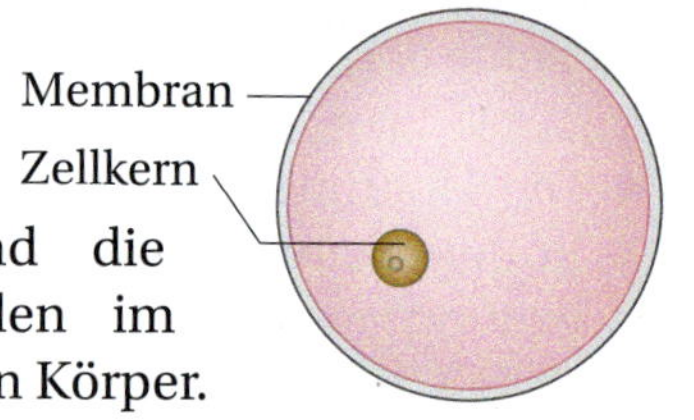

Eizellen sind die größten Zellen im menschlichen Körper.

In den Eierstöcken befinden sich von Geburt an ungefähr eine Million Eizellenanlagen. Aus diesen können sich im Laufe eines Lebens ungefähr 400 bis 500 fruchtbare Eizellen entwickeln. Diese Eizellen entstehen ebenfalls durch eine besondere Zellteilung.

Wenn die Eierstöcke in der Pubertät voll entwickelt sind, produzieren sie in der Regel jeden Monat eine Eizelle. Die reife Eizelle gelangt in den Eileiter und bleibt ca. 24 Stunden befruchtungsfähig. In dieser Zeit kann sie mit einer Samenzelle verschmelzen.
Nicht befruchtete Eizellen sterben ab und werden während der Menstruation mit der Gebärmutterschleimhaut ausgeschieden.

In den Wechseljahren der Frau erlischt die Funktion der Eierstöcke. Es reifen dann keine Eizellen mehr.

Erforsche es

Rund um Beziehungen

Was ist eigentlich wichtig in einer Beziehung zwischen zwei Menschen? Sind es Geld und Schmuck, ein teures Auto, ein Haus mit vielen Zimmern? Oder sind es scheinbar einfache Dinge wie Liebe, Treue, Vertrauen und gemeinsame Kinder?

Diese Fragen habt ihr euch bestimmt schon mal gestellt. Versucht gemeinsam, einige Antworten zu finden.

Beziehungskisten
Bildet Gruppen.
Jede Gruppe erstellt eine Abc-Liste und alle Schülerinnen und Schüler der Klasse eine Mindmap zum Thema:

Was gehört zu einer guten Beziehung? Was ist mir wichtig, sehr wichtig und unbedingt notwendig?

Sammelt zum Thema Beziehungen Material aus Zeitschriften.
Schneidet die Artikel aus und steckt sie in eine Beziehungskiste.

Tipp: Als Beziehungskiste könnt ihr einen Schuhkarton verwenden.

Auf die Kiste klebt ihr die Dinge, die zwar zur Beziehung gehören, aber nicht so wichtig sind.
In den Innendeckel klebt ihr die wichtigen Dinge. *Tief in die Kiste* kommen die ganz wichtigen Aussagen. Ihr könnt sie so geschickt verbergen, dass es nicht gleich jeder sieht.

Sprecht in eurer Gruppe über das Thema. Stellt eure Arbeit der Klasse vor. Diskutiert dann in der Klasse über verschiedene Ansichten.

Partner/-in gesucht
Jeder Schüler/Jede Schülerin schreibt eine Kontaktanzeige für eine Zeitung oder das Internet.

Verzichtet dabei auf die Angabe des Geschlechts. Tauscht die anonymen Anzeigen aus und lest sie vor.
Was könnt ihr feststellen?

Geheime Wünsche erlaubt?
Geht gemeinsam der Frage nach, ob in einer Beziehung auch geheime Wünsche erlaubt sind.
Diskutiert eure Meinungen dazu.

Das hast du gelernt

Von Pubertät, Liebe und Sexualität

In der Pubertät bilden sich durch hormonelle Einflüsse die körperlichen Merkmale von Mann und Frau heraus. Begleitet wird diese Entwicklungsphase von Verhaltensänderungen, Stimmungs- und Gefühlsschwankungen.

Geschlechtsorgane und ihre Aufgaben

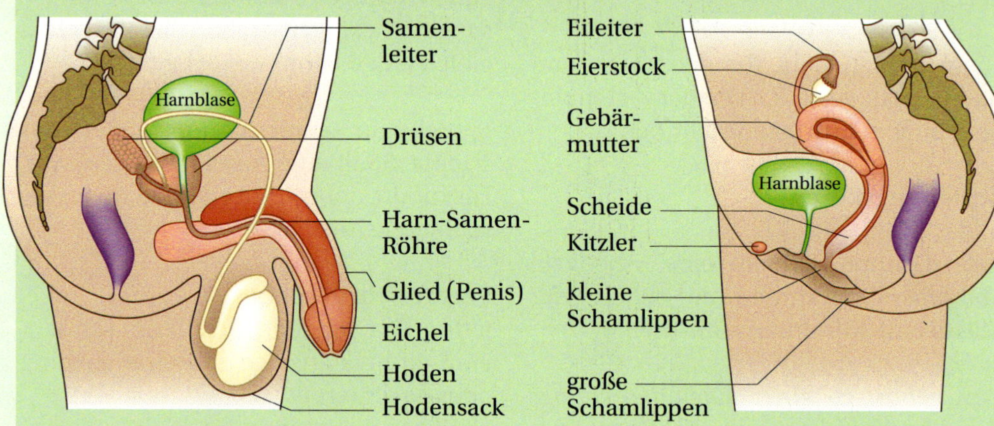

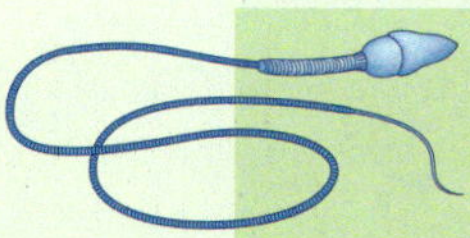

In den Hoden werden die männlichen Keimzellen, die Spermien, gebildet.

In den Eierstöcken werden die weiblichen Keimzellen, die Eizellen, gebildet.

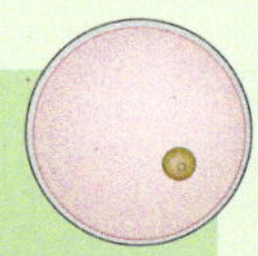

Menstruationszyklus

Mit der Reifung der Eizellen in den Eierstöcken der Frau kommt es zu einem regelmäßigen vierwöchigen Menstruationszyklus. Dabei werden Teile der Gebärmutterschleimhaut und die unbefruchtete Eizelle durch Blutung ausgestoßen.

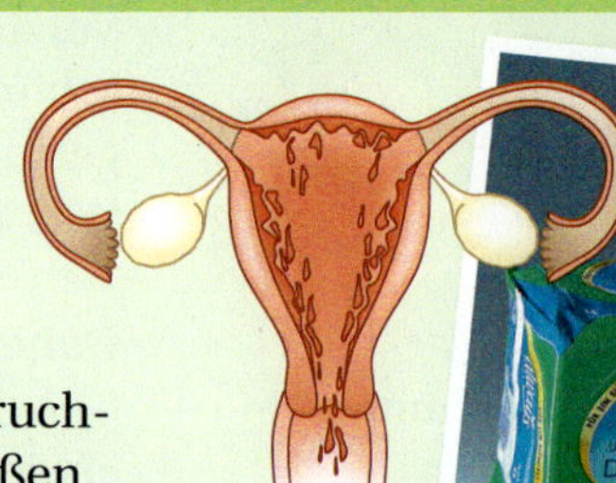

Löse mit Köpfchen

1. Zeit der Veränderungen

a) Lisa geht in die 7. Klasse. Viele ihrer Mitschülerinnen haben schon eine deutlich sichtbare Brust sowie Schambehaarung. Sie hat gehört, dass bei einigen auch schon die monatliche Regelblutung eingesetzt hat. Bei Lisa haben noch keine Veränderungen stattgefunden. Sie macht sich Sorgen, nicht normal zu sein.
Was würde ein Arzt Lisa sagen? Schreibe ihr einen Brief.

b) Erkläre, warum die Jahre der Pubertät auch als Flegeljahre bezeichnet werden. Gibt es dabei Unterschiede zwischen Jungen und Mädchen?

c) Tauscht euch in der Klasse über Erfahrungen und Probleme mit Verhaltensänderungen im Pubertätsalter aus.

2. Unterschiede zwischen der Jugend damals und heute

Informiere dich über Mode, Musik und Hobbys aus der Jugendzeit deiner Eltern. Vergleiche sie mit deinen Interessen. Berichte.

3. Einmal Kind – immer Kind?

Diskutiert in einer Pro-und-Kontra-Debatte die folgende Aussage: „Seit ich erwachsen werde, habe ich das Gefühl, meine Eltern benehmen sich so, als sei ich noch immer ihr süßes Kleines. Dabei sollen die mich doch einfach nur in Ruhe lassen.“ ↗ S. 50/51

4. Sinnvolles Zuordnen

Ordne folgende Begriffe in eine sinnvolle Tabelle ein: Penis, Eierstöcke, Samenzellenbildung, Eileiter, Hoden, Begattung, Samenleiter, Follikelreife, Ort der Befruchtung, Gebärmutter, Einnistung, Begattungsorgan, Aufnahme des Penis, Scheide, Nebenhoden, Reifung der Spermien, Weiterleiten der Spermien.

5. Sexualität des Menschen

a) Erläutere den Begriff Sexualität.

b) Nenne verschiedene Formen.

c) Erarbeitet in Lerngruppen, wie sich der Junge in der Grafik verhalten sollte.

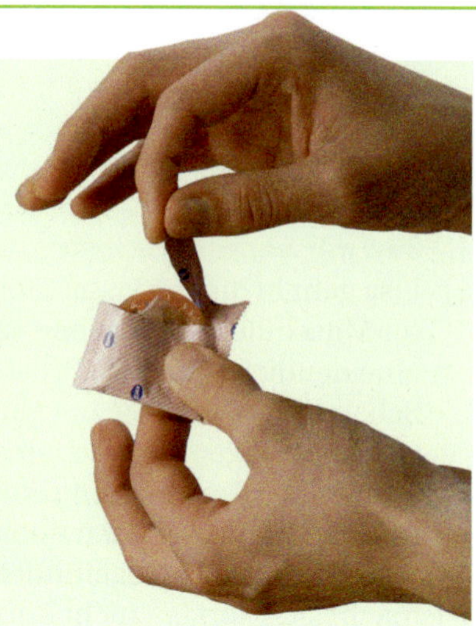

Familie? Lieber geplant.

Familienplanung und Empfängnisverhütung

Für die Empfängnisverhütung gibt es so viele Methoden und Mittel. Nenne einige.

Wenn sich zwei Menschen lieben, dann wollen sie auch „miteinander schlafen“. Sie wollen Sex haben. Und dieses Gefühl sollten junge Menschen ohne Angst vor einer frühzeitigen Schwangerschaft erleben.
Für die Verhütung einer Schwangerschaft gibt es eine Vielzahl von **Verhütungsmitteln.**

Pille (Antibabypille): Sie enthält die weiblichen Sexualhormone (Östrogen und Gestagen) in unterschiedlicher Zusammensetzung und Dosierung. Sie verhindert den Eisprung. Die Pille muss vom Arzt individuell ausgewählt und verschrieben werden.

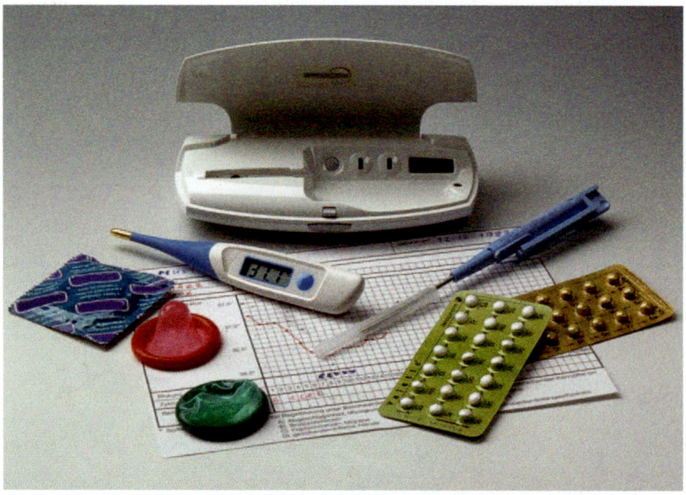

- Welche Verhütungsmittel erkennst du?

Kondom: dünne, elastische Gummihülle, die vor dem Geschlechtsverkehr über das steife Glied des Mannes gezogen wird. Sie verhindert das Eindringen der Samenflüssigkeit in die Scheide der Frau.
Die Sicherheit durch das Kondom ist abhängig von der korrekten Anwendung. Kondome bieten zusätzlich einen effektiven **Schutz vor sexuell übertragbaren Krankheiten** wie Hepatitis B, Aids und Chlamydieninfektion.

- Inwiefern bieten Kondome auch Schutz vor Geschlechtskrankheiten?

Spiralen: mit feinem Kupferdraht umwickelte Gebilde; werden vom Frauenarzt ausgewählt, angepasst und in die Gebärmutter eingesetzt; verhindern die Befruchtung der Eizelle und die Einnistung in die Gebärmutterschleimhaut.

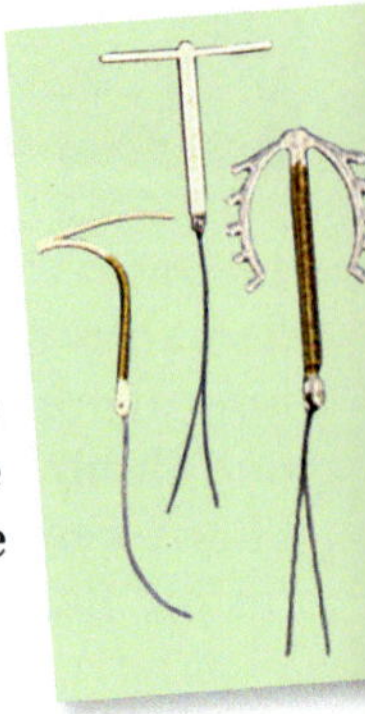

Chemische Verhütungsmittel: Zäpfchen, Tabletten, Gels und Schaumsprays mit spermienabtötender Wirkung. Sie müssen mindestens 10 Minuten vor dem Geschlechtsverkehr in die Scheide eingeführt werden.
Diese Mittel können die Scheidenflora schädigen und bieten eine geringe Sicherheit.

Verhütungsmittel können ungewollte Schwangerschaften verhindern.

Natürliche Methoden: Sie stützen sich auf das Wissen über den Menstruationszyklus und die Lebensdauer von Eizelle und Samenzelle. Eizellen sind 16 bis 24 Stunden lebensfähig, Samenzellen sogar 3 bis 5 Tage.
Je nach Methode wird u. a. die Veränderung der Körpertemperatur um 0,2 bis 0,4 °C gemessen oder die Hormonkonzentration im Urin bestimmt.
Mithilfe eines „Babycomputers“ können auch die „wahrscheinlich fruchtbaren Tage“ errechnet werden.

Für Jugendliche sind natürliche Methoden nicht geeignet. Der Menstruationszyklus ist noch nicht stabil. Erkrankungen oder Medikamenteneinnahmen können auch zu falschen Ergebnissen führen.

Coitus interruptus, das „Aufpassen“ durch das Herausziehen des Glieds aus der Scheide vor dem Samenerguss, zählt zu den **unsichersten Methoden.**
Grund ist das Austreten von etwas Sperma bereits vor dem eigentlichen Samenerguss.

- Warum sind natürliche Methoden für Jugendliche ungeeignet?

Für die Empfängnisverhütung sind beide Partner gleichermaßen verantwortlich.

Aufgabe

Für junge Liebespaare und auch für Eheleute ist es wichtig, selbst zu bestimmen und zu planen, wann sie ein Kind haben wollen. Für diese „Familienplanung“ ist Schwangerschaftsverhütung sehr wichtig.

a) Nenne Methoden und Mittel, die es zur Verhütung gibt.
b) Erkundige dich auch über weitere Verhütungsmittel, die nicht im Schülerbuch aufgeführt sind.
c) Vergleiche Wirkung und Sicherheit der Verhütungsmittel. ↗ S. 67
d) Bewerte die Mittel hinsichtlich der Eignung für junge Partner. ↗ S. 87

Wusstest du schon …

Sexuell übertragbare Krankheiten

Wer sexuelle Kontakte mit Zufallsbekanntschaften hat und sich dabei nicht schützt, kann sich mit verschiedenen Krankheitserregern infizieren, u. a. mit Hepatitis-B-Erregern, mit HIV, mit Erregern von Tripper oder Syphilis. In Deutschland gibt es jährlich über 1 Million solcher Infektionen. Auch viele Jugendliche stecken sich an.

Schutzimpfungen gibt es gegenwärtig nur gegen Hepatitis B und zur Vorsorge gegen Gebärmutterhalskrebs.
Gegen andere Erkrankungen wie Aids, aber auch Syphilis oder Tripper gibt es keine Schutzimpfung. Kondome schützen nicht nur vor Schwangerschaft, sondern auch vor Infektionen mit Erregern von Geschlechtskrankheiten.

Verdächtige Anzeichen für Geschlechtskrankheiten sind beispielsweise auffällige Rötungen und Hautjucken in der Intimregion, Schmerzen im Unterleib und beim Wasserlassen, verstärkter Ausfluss aus Harnröhre oder Scheide.
Treten solche Anzeichen auf, müssen sich die Partner gegenseitig darüber informieren und beide einen Facharzt aufsuchen.
Für einige Geschlechtskrankheiten besteht Meldepflicht.

Steckbrief

Bakterieninfektionen

Chlamydieninfektion

Erreger
Chlamydien

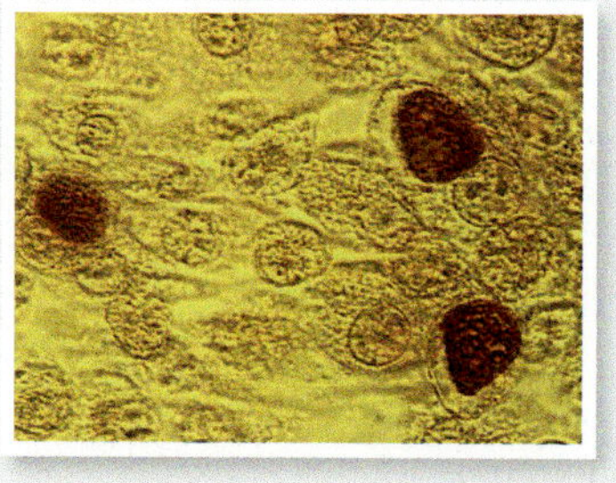

Symptome/Auswirkungen
kaum Beschwerden, unbehandelt kann es zu Unfruchtbarkeit führen
Behandlung
Antibiotika

Steckbrief

Pilzinfektionen

Hefepilzinfektion

Erreger
Hefepilz *Candida albicans*

Symptome/Auswirkungen
Juckreiz und Brennen an den Geschlechtsorganen
Behandlung
spezielle Medikamente und Hygiene

Steckbrief

Virusinfektionen

Aids

Erreger HIV

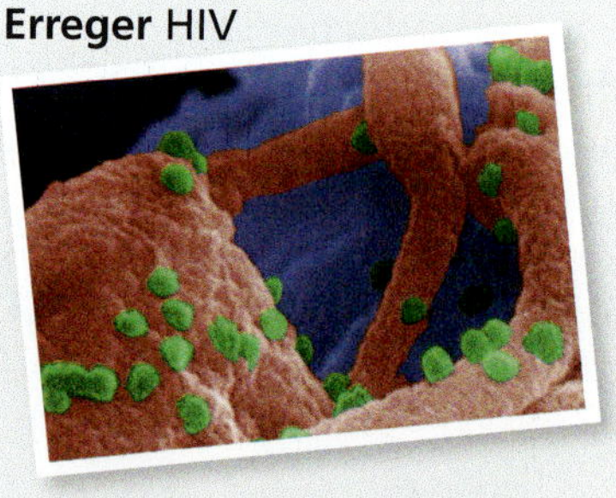

Symptome/Auswirkungen
Virus greift das Immunsystem des Menschen an und zerstört es.
Behandlung
noch keine Heilung möglich, Symptome werden behandelt

Aids – eine erworbene Immunschwächekrankheit

Rund 30 Jahre sind vergangen, seit das **HI-Virus** entdeckt wurde. Zurzeit leben weltweit etwa 34 Millionen Menschen mit diesem Virus. Fünf Menschen stecken sich jede Minute weltweit mit HIV an, pro Jahr kommen so fast 2,7 Millionen Neuinfektionen hinzu. 2010 starben rund 1,8 Millionen Menschen an **Aids** (Abk. für ***a**cquired **i**mmune **d**eficiency **s**yndrome,* auf Deutsch: durch Ansteckung erworbene Immunschwäche).

Infektion

Das HI-Virus wird durch Blut, Vaginalsekret und Sperma übertragen. Hauptursache für Neuinfektionen ist meist ungeschützter Geschlechtsverkehr.
Kinder können von ihren Müttern über den Mutterkuchen (die Plazenta) oder während der Geburt infiziert werden.

Krankheitsverlauf

Sind die HI-Viren in den Körper gelangt, verbreiten sie sich dort.
Viren sind in der Lage, ihr eigenes Erbmaterial in das der befallenen Wirtszellen zu schleusen und die Wirtszelle zu veranlassen, neue Viren zu bilden. Deshalb kann das Virus nach einer Infektion nicht wieder vollständig aus dem Körper entfernt werden.
Die **Infektionsphase** mit HIV verläuft meist unbemerkt. Es treten höchstens grippeähnliche Symptome auf. Je nach Intensität der Immunreaktion können erst einige Wochen danach Antikörper gegen das Virus im Blut nachgewiesen werden **(HIV-Test).** Die Krankheit kann in der Zwischenzeit schon auf andere übertragen worden sein.
Danach vermehren sich die Viren vor allem in den Lymphorganen weiter. Die Virusträger fühlen sich gesund. Diese Phase kann wenige bis mehr als zehn Jahre dauern. Im Verlauf der Krankheit nimmt die Zahl weißer Blutzellen (T-Helferzellen) ab, die Viruszahl wird größer. Es kommt zur Entwicklung des Vollbilds von Aids. Das **Immunsystem** bricht zusammen. In der Folge häufen sich Infektionen und bestimmte seltene Krebserkrankungen. Diese führen meist zum Tod.

Aufgabe

Informiere dich über weitere Infektionswege, die Behandlung von Aids und vorbeugende Maßnahmen.

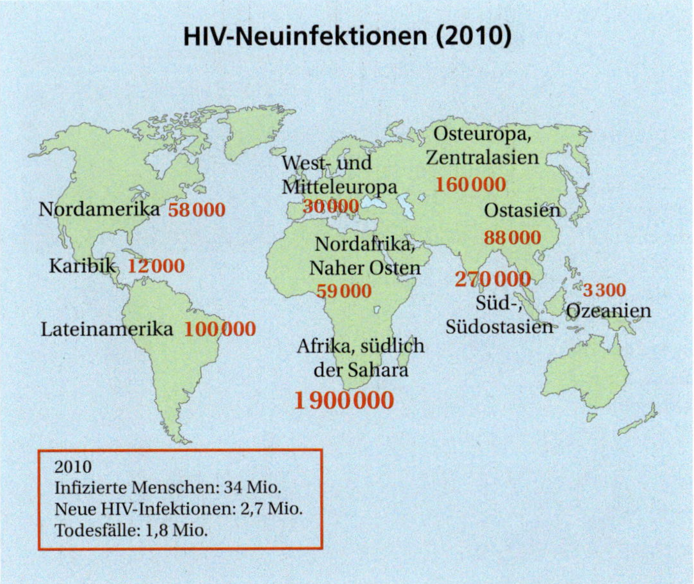

Familie? Lieber geplant.

Schwangerschaft – Verantwortung für zwei

Überlege, was das bedeutet.

Verantwortung für das ungeborene Leben heißt u. a.: keinen Schluck Alkohol trinken, nicht rauchen.
Diese Maßnahmen haben einen wichtigen Grund. Über den Mutterkuchen (die Plazenta) und die Nabelschnur sind Mutter und Embryo miteinander verbunden.
Viele Stoffe, die die werdende Mutter aufnimmt, gelangen auch in den Körper des Ungeborenen. Das passiert unabhängig davon, ob die Stoffe lebenswichtig oder schädlich für den Embryo sind.
Über die Nabelschnur werden auch die Abfallstoffe aus dem sich entwickelnden Organismus abtransportiert.

Keimling mit Plazenta

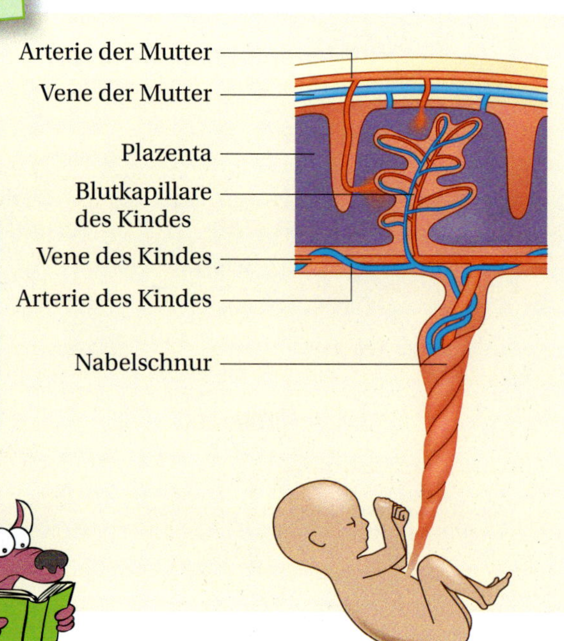

Für die normale Entwicklung des Embryos sind die Grundbausteine von Eiweißen, Fetten und Kohlenhydraten nötig. Ebenso braucht der Embryo Mineralien, Vitamine, Wasser und Sauerstoff. Fehlen lebenswichtige Stoffe, kann es zu Störungen in der kindlichen Entwicklung kommen. Deshalb sollte eine schwangere Frau besonders auf eine **gesunde Ernährung** achten.

- Nenne Nahrungsmittel, die Bestandteil einer gesunden Ernährung sind.

Ärzte empfehlen den schwangeren Frauen, viel vitaminreiches Obst und Gemüse zu essen sowie viel zu trinken. Sie raten aber, das Obst und Gemüse gründlich zu reinigen.
Auf rohes Fleisch oder rohen Fisch sowie dessen Produkte sollte eine Schwangere völlig verzichten.

- Begründe die Ratschläge der Ärzte.

Wirkung/Stoff	Alkohol	Tabakrauch	Medikamente, z. B. Schmerzmittel
Allgemein	Zellgift, Gefäßerweiterung	Zellgift, Gefäßverengung	blockiert Nervenzellen
Bei der Mutter	leichte bis schwere Trunkenheit (je nach Menge); eingeschränkte Reaktionsfähigkeit	schlechtere Durchblutung, krebsauslösend	Schmerzfreiheit, Müdigkeit, eingeschränkte Reaktionsfähigkeit
Beim Embryo	Nervenschäden, Hirnschäden, Zerstörung von Geweben; Alkoholabhängigkeit (Ungeborene kann den Alkohol nicht abbauen); Totgeburten	Entwicklungsstörung aller Organe, kümmerlicher Wuchs, Hautgewebsschäden, Nikotinabhängigkeit, Missbildungen, Totgeburten	Nervenschäden, Hirnschäden, Organmissbildungen, Totgeburten

Eine schwangere Frau muss nicht nur an ihr Kind denken. Ihr Körper wird während der Schwangerschaft stärker belastet als normal. Der Bedarf an bestimmten Stoffen, z. B. Calciumverbindungen (Knochenaufbau), Folsäure und Eisenverbindungen (Blutbildung), ist in dieser Zeit erhöht. Deshalb steht jede schwangere Frau unter besonderer ärztlicher Aufsicht. Bei **regelmäßigen Vorsorgeuntersuchungen** kann der Arzt schnell feststellen, ob eventuell Mangelerscheinungen aufgetreten sind.
Außerdem kontrolliert er über **Ultraschall** und mit weiteren Untersuchungstechniken die Entwicklung des Kindes und kann bei Störungen frühzeitig notwendige Maßnahmen ergreifen. Alle Untersuchungsergebnisse werden im Mutterpass festgehalten, den die Schwangere immer mit sich führen sollte.

Im Beruf dürfen schwangere Frauen Tätigkeiten, die das Kind gefährden können, wie der Umgang mit Strahlung und Schadstoffen, nicht mehr ausüben. Dies ist in gesetzlich festgelegten Arbeitsschutzmaßnahmen geregelt.

Aufgaben

1 Erläutere die in der Tabelle dargestellten Zusammenhänge. Leite Schlussfolgerungen für das Verhalten in der Schwangerschaft ab.

2 Schreibe einen Brief an eine werdende Mutter. Gib ihr Ratschläge für richtiges Verhalten in der Schwangerschaft.

3 Ultraschalluntersuchungen werden während der Schwangerschaft im Rahmen von Vorsorgeuntersuchungen durchgeführt. Begründe die Notwendigkeit. ↗ S. 125

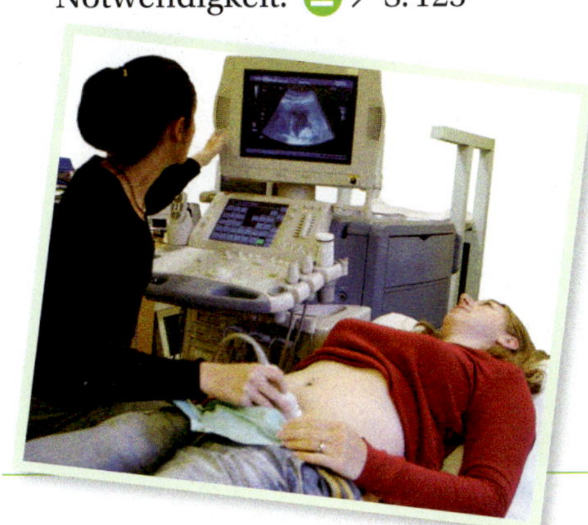

Wusstest du schon …

Schutz des Embryos vor negativen Einflüssen

Dem Kind im Mutterleib fehlen Mechanismen, giftige Stoffe abzubauen. So reichern sich die Giftstoffe im kindlichen Organismus an und können schwere Schädigungen oder sogar Totgeburten verursachen.

Mit dem **Rauch einer Zigarette** erhält das Kind einen ganzen Cocktail an Giftstoffen, wie Kohlenstoffmonooxid, Nikotin, Arsen, Benzol, Cadmium oder Blausäure. Schon eine Zigarette erhöht beim Ungeborenen den Herzschlag. Zusätzlich verengen sich die Blutgefäße, so auch die der Plazenta. Dies führt zur Minderdurchblutung und damit zu einer unzureichenden Versorgung des Kindes. Rauchende Mütter haben 3-mal so häufig Fehlgeburten und doppelt so viele Totgeburten wie Nichtraucherinnen.

Das **fetale Alkoholsyndrom** ist eine der häufigsten vorgeburtlichen Schädigungen von Neugeborenen, deren Mütter wiederholt in der Schwangerschaft Alkohol getrunken haben.
Fehl- und Frühgeburten, Missbildungen, Minderwuchs, geistige und körperliche Entwicklungsstörungen und plötzlicher Kindstod sind nur einige der möglichen Folgen für die Kinder von Drogen konsumierenden, rauchenden oder Alkohol trinkenden Müttern.
Die betroffenen Kinder können schon im Mutterleib „drogensüchtig" werden und kämpfen nach der Geburt u. a. mit schweren Entzugserscheinungen wie Zittern, Krampfanfällen, Schlafstörungen, Erbrechen oder Schreianfällen. Im späteren Leben ist ein erhöhtes Infektions-, Asthma-, Leukämie- sowie Krebsrisiko erwiesen.

Medikamente dürfen während der Schwangerschaft nur in Absprache mit dem Arzt eingenommen werden, da ihre Wirkung auf das ungeborene Kind oft nicht geklärt ist.
Ein Beispiel ist der Conterganskandal. Contergan wurde von 1957 bis 1961 als rezeptfreies Beruhigungsmittel ohne Nebenwirkungen verkauft. Infolge der Einnahme kam es jedoch zu außergewöhnlich vielen Missbildungen bei Neugeborenen, 12 000 missgebildete Conterganopfer wurden weltweit registriert; in Deutschland starben 2 500 Conterganopfer.
Heute weiß man, dass Contergan ein hochwirksames Zellteilungsgift ist. Es gelangt über Plazenta und Nabelschnur in den kindlichen Körper.

So kannst du vorgehen

Bewerten

Beim Bewerten sollst du den Wahrheitsgehalt einschätzen oder dir einen eigenen Standpunkt erarbeiten bzw. gegenteilige Argumente gegenüberstellen und abwägen. Achte darauf, dass deine eigene Meinung sachlich begründet ist.

▶ Schritt 1
Präzisiere die Anforderung.

Überlege dir, welcher Sachverhalt bewertet werden soll und welche fachlichen Inhalte davon berührt werden.
Umgang mit auffälligen Verhaltensweisen in der Schwangerschaft

▶ Schritt 2
Stelle Fachwissen bereit.

Verbindung von Mutter und Embryo über Nabelschnur und Plazenta
Anlage von Organen in den ersten drei Monaten
Wirkung von Schadstoffen auf die Entwicklung des Embryos

▶ Schritt 3
Sammle Material.

Sammle Fakten und Argumente, die für die Bewertung des Sachverhalts wichtig sind (z. B. positive und negative Aspekte; Argumente, die für oder gegen den Wahrheitsgehalt sprechen; Argumente, die Pro und Kontra verdeutlichen). Die Grafik hilft dir dabei.

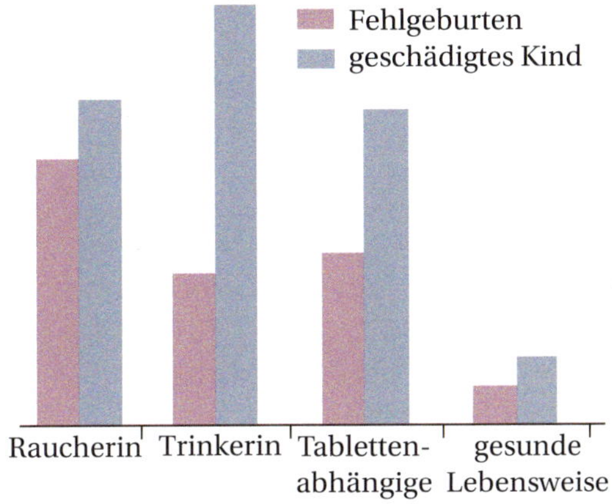

▶ Schritt 4
Finde Bewertungskriterien.

Das *könnten z. B. ethische (mit der Befruchtung beginnt das Leben; Leben muss man schützen) und medizinische Gesichtspunkte (Gefahren für das Ungeborene) sein.*

▶ Schritt 5
Leite das Werturteil ab.

Wende deine Kriterien unter Nutzung des Fachwissens zur kritischen Prüfung des Sachverhalts an und formuliere dein begründetes Werturteil.
Das Verhalten der werdenden Mutter, die raucht, trinkt oder Tabletten in Massen nimmt, ist unentschuldbar. Sie gefährdet auf diese Weise die gesunde Entwicklung ihres ungeborenen Kindes.

Familie? Lieber geplant.

Abschnitte eines Lebens

Wie verändern wir uns im Laufe des Lebens? Dokumentiere die Veränderungen mit Fotos von deiner Familie.

Entwicklung im Mutterleib

Mit der Verschmelzung von Ei- und Samenzelle beginnt die Entwicklung eines Menschen. Die ersten **9 Monate** findet sie im Mutterleib statt. Dann wird das Kind geboren.

Säuglingsalter

Nach der Geburt ist der Säugling noch sehr unselbstständig und hilflos. Die Eltern müssen ihn pflegen (füttern, waschen und wickeln) und sich auch sonst intensiv mit ihm beschäftigen. Dann entwickelt er sich gut und lernt jeden Tag etwas Neues.

Kleinkind- und Schulalter

Das Kind wächst und streckt sich zunehmend. Neue Bewegungsabläufe werden trainiert. Das Kind wird geschickter, die Bewegungen werden flüssiger.
Das Lernen erfolgt zuerst spielerisch durch Ausprobieren und Nachahmen. Mit der Zeit entwickelt sich das logische Denken und die Wortsprache verfeinert sich.

Die Pubertät (Jugendalter)

In der Pubertät ändert sich der Körper noch einmal sehr stark. Es erfolgt ein Wachstumsschub.

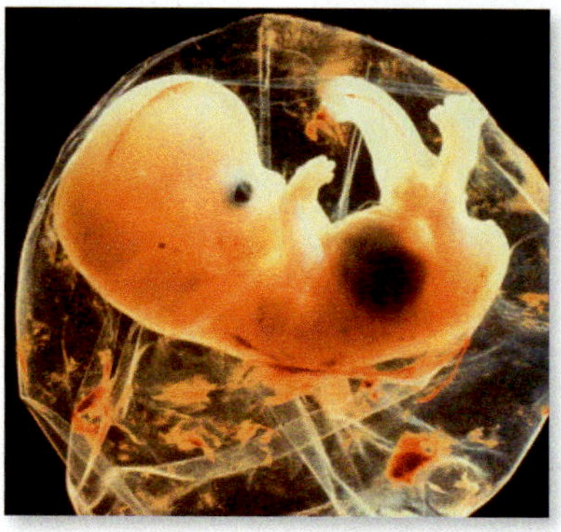

- Kennzeichne die wichtigsten Entwicklungsabschnitte im Leben eines Menschen.

Hormone bewirken die körperlichen Veränderungen und führen zur Geschlechtsreife.
Die Interessen der Jugendlichen ändern sich. Erste Partnerschaften entwickeln sich, es beginnt ein Streben nach Selbstständigkeit.

Erwachsenenalter

Mit ca. 20 Jahren sind Menschen biologisch erwachsen.
Bis etwa zum 40. Lebensjahr befinden sie sich in einem Leistungshoch. Sie ergreifen einen Beruf und viele gründen eine eigene Familie. Mit zunehmendem Alter nimmt die Leistungsfähigkeit danach ab.

Lebensabend

Durch medizinischen Fortschritt und gesündere Lebensweise hat sich die Lebenserwartung gegenüber früheren Zeiten jedoch sehr vergrößert. Viele ältere Menschen nehmen noch sehr rege und aktiv am Leben teil.

Die Entwicklung jedes Menschen umfasst mehrere Abschnitte mit kennzeichnenden Merkmalen.

Aufgaben

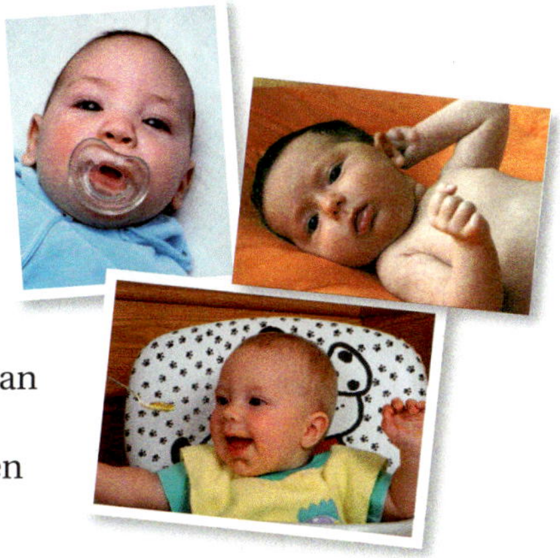

1 Gestalte mit deinen Mitschülern ein Quiz: Wer ist wer? Bringt dazu Babybilder und Bilder aus dem Kleinkindalter mit. Pinnt sie ohne Namen an eine Wand. Wer erkennt die meisten Mitschüler?

2 Frage deine Eltern, wie sie deine Entwicklung im Säuglings- und Kleinkindalter in Erinnerung haben.

3 Entwickle mithilfe der Angaben auf dieser Doppelseite eine Tabelle. Stelle darin die wichtigsten Abschnitte der Entwicklung des Menschen übersichtlich dar.

4 Nenne Beispiele, wie die Leistungsfähigkeit des Körpers trainiert und erhalten werden kann.

Das hast du gelernt

Familie? Lieber geplant.

Empfängnisverhütung bedeutet, dass Frau und Mann selbst bestimmen, zu welchem Zeitpunkt sie ein Kind bekommen möchten. Kondome und die Pille sind für junge Paare am geeignetsten.

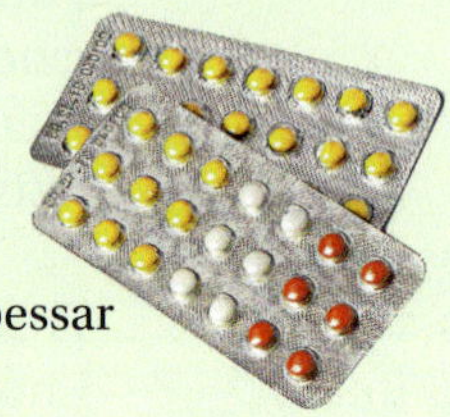

Empfängnisregelnde Mittel und Methoden (Auswahl)
- Pille
- Kondom
- Scheidenpessar
- Spirale
- Basaltemperaturmethode
- Kalendermethode
- Babycomputer
- Zäpfchen, Cremes, Gels

Sind Frau und Mann geschlechtsreif, können sie ein Kind zeugen.

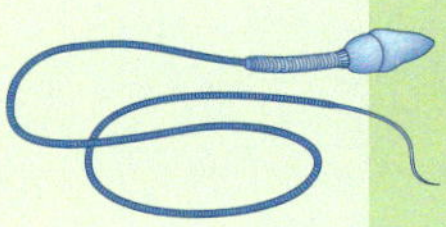

In den Hoden werden die männlichen Keimzellen, die Spermien, gebildet.

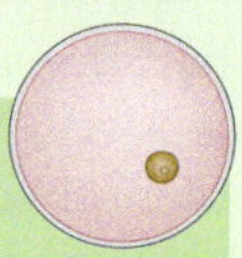

In den Eierstöcken werden die weiblichen Keimzellen, die Eizellen, gebildet.

Beim Geschlechtsverkehr werden die Spermien in die Scheide übertragen (Begattung).

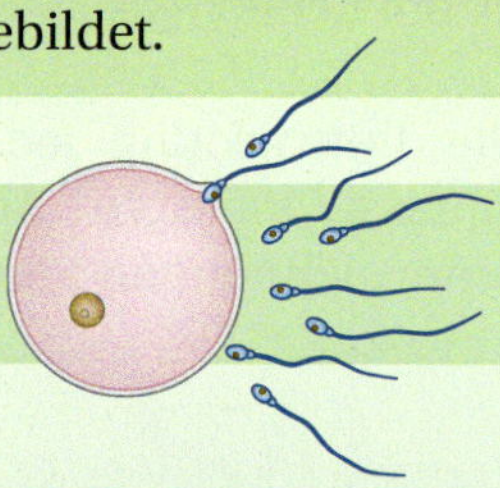

Verschmelzen Eizelle und ein Spermium (Befruchtung), entsteht neues Leben.

Embryo → Fetus → Geburt nach 9 Monaten

→ Entwicklung in der Gebärmutter der Mutter

Mit der Entscheidung für ein Kind übernehmen die Eltern eine große Verantwortung.

Löse mit Köpfchen

1. Samen oder Spermien?

Pflanzen bilden Samen, aus denen neue Pflanzen heranwachsen können.
Erkläre, warum der Begriff „Samen" für die männlichen Spermien biologisch unkorrekt ist.

2. Wege im Körper

a) Beschreibe den Weg der Spermien während der Begattung.
b) Beschreibe den Weg der Spermien nach der Begattung bis zur Befruchtung.

3. Überprüfung einer Schutzvorrichtung

In der Gebärmutter ist der Embryo durch Fruchtwasser und Fruchtblase geschützt. Überprüfe mit einem Modell die Wirkung von Fruchtwasser und Fruchtblase. ↗ S. 105

a) Lege dazu ein rohes Ei mit unbeschädigter Schale in einen mit Wasser gefüllten Plastikbeutel und verschließe ihn. Lege den Plastikbeutel in ein Becherglas und schüttle. Schüttle das Becherglas erst vorsichtig und dann kräftiger.
b) Lege das Ei ohne Plastikbeutel in das Becherglas und schüttle wieder. Beschreibe deine Beobachtungen. Ordne die Teile des Modells den entsprechenden Teilen im Mutterleib zu.

4. Da passiert schon nix

a) Ein Freund sagt: „Beim ersten Geschlechtsverkehr kann nichts passieren. Es ist schließlich das erste Mal." Stimmt das?
Erläutere deine Aussage.
b) Nenne Voraussetzungen, die erfüllt sein sollten, bevor ein junges Paar zum ersten Mal miteinander schläft.

5. Typisch Mann, typisch Frau

Sind folgende Aussagen jeweils für ein Geschlecht, für beide Geschlechter gleichermaßen oder überhaupt nicht zutreffend?
a) Frauen haben ein breiteres Becken als Männer.
b) Männer fahren gerne große Autos.
c) Nur Männer bevorzugen treue Partnerinnen.
d) Frauen sind in vielen sportlichen Disziplinen weniger leistungsfähig.
e) Für die Verhütung ist ausschließlich die Frau zuständig.
f) Frauen haben mehr Fettgewebe in der Haut.
g) Geschlechtskrankheiten kann nur die Frau bekommen.

Diskutiere deine Entscheidungen mit deinen Mitschülern, Freunden und Eltern.

6. Safer Sex – was ist denn das?

Was versteht man unter „Safer Sex"? Erläutere ausführlich.

7. Aids und seine Folgen

Bereite einen Vortrag zum Thema Aids vor.
Nutze u. a. das Internet.
↗ S. 169

Nahrung für den Körper

Warum wir essen müssen

Wie sieht dein Speisezettel für einen Tag aus? Notiere, was du alles isst. Überlege, warum wir eigentlich essen müssen.

Wenn wir lange keine Nahrung aufnehmen, verhungern wir.
Unsere Nahrung enthält u. a. Fette, Kohlenhydrate (z. B. Traubenzucker, Stärke) und Eiweiße.
Um unsere Körpersubstanz aufzubauen und zu erhalten, benötigen wir vor allem Eiweiße und Fette. Ohne diese **Baustoffe** könnten wir nicht wachsen.

Nahrung ist jedoch noch mehr für uns. Sie enthält Energie. Diese benötigen wir für alle Tätigkeiten, die wir ausführen: zum Laufen, zum Denken, zum Sprechen. Auch so grundlegende Lebensvorgänge wie das Wachsen sind ohne Energie nicht möglich.

■ Finde in der Abbildung Nahrungsmittel, die Kohlenhydrate, Fette, Eiweiße, Ballaststoffe, Mineralstoffe oder Vitamine enthalten.

Die Energie steckt in energiereichen Stoffen, die in unserer Nahrung enthalten sind. Unser Körper nutzt vor allem Traubenzucker, Stärke und Fette **als Energiequelle.** Erst wenn diese Stoffe nicht mehr zur Verfügung stehen, werden auch Eiweiße zur Energiegewinnung abgebaut.

Eiweiße, Fette und Kohlenhydrate sind Hauptbestandteile unserer Nahrung. Sie sind für uns Nährstoffe.

Unsere Nahrung enthält weitere wichtige Stoffe wie **Mineralstoffe, Vitamine und Ballaststoffe.** Auch diese Stoffe sind für uns lebensnotwendig. Fehlen Vitamine oder Mineralstoffe, kommt es zu Mangelerscheinungen.
Außerdem müssen wir täglich **Wasser** aufnehmen. Es dient in unserem Körper u. a. als Lösungs- und Transportmittel und ist an vielen Stoffwechselprozessen beteiligt.

▮ Gib die Funktion der wichtigsten Nahrungsbestandteile an. Lies dazu noch einmal den Text auf Seite 92.

Aufgaben

1 Recherchiere Nahrungsmittel, die besonders eiweißhaltig, fetthaltig, zuckerhaltig, stärkehaltig sind. Ordne sie in einer Tabelle. ↗ S. 169

Art der Nahrungsmittel	Beispiele
eiweißhaltig	

2 Finde mithilfe der Etiketten auf Nahrungsmittelverpackungen Bestandteile der jeweiligen Nahrung heraus.

3 Erarbeitet in der Gruppe, wie man sich gesund ernähren kann. Klärt, was mit „ausgewogener Ernährung“ gemeint ist.

Nahrung für den Körper

Hauptsache, es schmeckt?

Wenn es danach ginge, würden die meisten von uns wohl nur ihre Lieblingsspeisen verzehren. Aber das ist nicht gesund. Warum eigentlich?

Nährstoffe und ihre Bedeutung

Neben der Energiegewinnung versorgt **Fett** deinen Körper mit wertvollen Fettsäuren. Für den Stoffwechsel sind die **ungesättigten Fettsäuren** besonders wichtig. Fehlen sie, bist du beispielsweise anfälliger für Infektionen oder es kommt zu Wachstumsstörungen.

Kohlenhydrate nimmst du täglich in Form von Stärke (z. B. im Brot) oder Zucker (z. B. in Obst) auf. Zucker als „Treibstoff des Lebens" wird für die Energiegewinnung in den Mitochondrien benötigt. Nimmst du zu viel Zucker zu dir, wird er als Energiereserve in der Leber und Muskulatur gespeichert.

Die Fette der Fische liefern ungesättigte Fettsäuren. Recherchiere weitere Beispiele für solche Lebensmittel.

> Fette und Kohlenhydrate sind wichtige Energielieferanten.

Eiweiße werden für den Aufbau und die Erhaltung von Zellen, Geweben, Organen und Blut benötigt. Auch für ein funktionierendes Nerven- und Immunsystem ist der Körper auf Eiweiße angewiesen.
Um Eiweiße im Körper aufbauen zu können, werden Aminosäuren benötigt. Die müssen wir täglich mit eiweißreicher Nahrung aufnehmen.
Kinder und Jugendliche benötigen eine größere Menge an Eiweißen als Erwachsene. Sie befinden sich im Wachstum und damit muss körpereigene Substanz in stärkerem Maße aufgebaut werden.

> Eiweiße sind Baustoffe für den Aufbau neuer Zellen, z. B. zum Aufbau und zur Erhaltung von Organen und zum Wachstum.

Ergänzungsstoffe

Mineralstoffe liefern in Form von Salzen Haupt- und Spurenelemente. Diese spielen bei vielen Prozessen im Organismus eine wichtige Rolle. Allerdings werden sie im Körper in unterschiedlichen Mengen benötigt. Wir brauchen z. B. die Hauptelemente Natrium, Calcium und Magnesium in großen Mengen. Andere Stoffe wie die Spurenelemente Eisen, Fluor, Chlor und Iod benötigt der Körper nur in geringen Mengen.
Ohne das Hauptelement Calcium würde z. B. das Herz nicht schlagen und das Blut nach Verletzungen nicht gerinnen. Die Abwehr von Krankheitserregern würde nicht funktionieren, Nerven- und Muskelfasern könnten nicht richtig arbeiten und Knochen wären nicht fest.

Vitamine müssen ebenfalls täglich mit der Nahrung aufgenommen werden, da unser Körper sie nicht selbst bilden kann. Sie wirken schon in kleinsten Mengen und regeln den Ablauf aller lebenswichtigen Prozesse im Körper. **Vitaminmangel** führt z. B. zu Wachstumsstörungen, Haarausfall und Zahnschäden.

Wasser und Ballaststoffe

Wasser ist ein Hauptbestandteil unseres Körpers. Es dient als **Lösungs-** und **Quellungsmittel** sowie als **Transportmittel** für alle lebenswichtigen Stoffe innerhalb unseres Körpers. Es wird auch für den Abtransport und die Ausscheidung von Stoffen gebraucht. Durch Verdunstung von Wasser als Schweiß auf unserer Haut schützen wir unseren Körper vor Überhitzung.

▪ Wodurch gehen dem Körper etwa 2,5 l Wasser am Tag verloren?

Ballaststoffe sind die Bestandteile unserer Nahrung, die der menschliche Körper nicht verwerten kann und deshalb wieder ausscheidet.
Dazu gehören der in Pflanzen vorkommende Holzstoff Lignin und Cellulose. Sie sind zwar für uns unverdaulich, sorgen aber für ausreichende Füllung des Darms. Sie fördern damit die Darmbewegungen und beugen so der Stuhlverstopfung und Darmträgheit vor.

Aufgaben

1 Bereite einen Vortrag über die Bestandteile unserer Nahrung und deren Bedeutung vor.
2 Schreibe Nahrungsmittel auf, in denen viel Fett verborgen ist.
3 Informiere dich, welche Mangelerscheinungen bei ungenügender Vitamin- oder Mineralstoffzufuhr auftreten. ↗ S. 169
4 „Ballaststoffe sind kein Ballast für den Körper." Werte.
5 Der Eiweißanteil in der Nahrung sollte bei Kindern und Jugendlichen relativ hoch sein. Diskutiere diese Aussage mit deinem Lernpartner.

Der Mensch kann ca. einen Monat ohne feste Nahrung überleben, aber nur wenige Tage ohne Wasser.

Wusstest du schon …

Gesund leben mit der richtigen Auswahl

Für die Gewinnung von Energie ist Essen wichtig. Aber das ist den wenigsten von uns bewusst. Wir essen, weil wir Hunger oder Appetit haben.
Wenn wir uns vollwertig und ausgewogen ernähren, fühlen wir uns wohl und erhalten unsere Gesundheit.

Eine vollwertige Ernährung bedeutet, dass die Nahrung alle lebensnotwendigen Nährstoffe und Ergänzungsstoffe in der richtigen Menge enthält. Kein einzelnes Nahrungsmittel kann das aufweisen. Jedes Nahrungsmittel enthält immer nur einen Teil aller benötigten Nähr- und Ergänzungsstoffe. Deshalb sollte man unterschiedliche Nahrungsmittel zu sich nehmen.

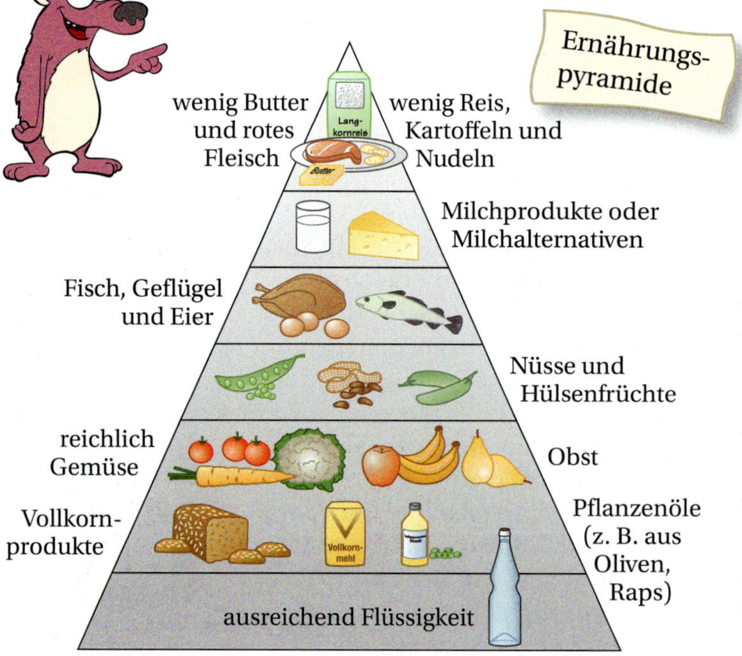

Grundregeln für eine gesunde Ernährung (Auswahl)

1. Iss reichlich Vollkornprodukte, Gemüse, Kartoffeln und Obst, denn sie liefern Nährstoffe, Vitamine, Mineral- und Ballaststoffe.
2. Vermeide zu viel Zucker und Süßigkeiten, denn zu viel Zucker wird vom Körper in Fett umgewandelt und gespeichert.
3. Iss weniger Fett, denn auch überschüssiges Fett wird im Körper gespeichert.
4. Vermeide zu viel Salz, nutze lieber Kräuter und Gewürze. Denn zu viel Salz kann zu hohem Blutdruck führen.
5. Nimm dir Zeit beim Essen.
6. Nimm ausreichend Flüssigkeit zu dir.

In der **Ernährungspyramide** wird dargestellt, wie eine ausgewogene Nahrungsaufnahme aussehen könnte.
Wenn wir uns nicht ausgewogen ernähren, z. B. nur Süßes essen, fehlen unserem Körper lebensnotwendige Stoffe. Wir können krank werden.

Wichtig ist außerdem, zur richtigen Zeit zu essen. Nach dem Schlaf sind die Energiereserven größtenteils aufgebraucht. Durch ein ausreichendes Frühstück werden sie ersetzt.

Zu wenig oder zu viel

Du weißt, dass du eine Zeit lang ohne Nahrung auskommen kannst. Das ist möglich, weil unser Körper für Zeiten des Nahrungsmangels Reserven in Form von Fett anlegt.
Diese Fähigkeit unseres Körpers dient eigentlich dem Überleben, denn unser Körper baut Fett ab, um Energie zu gewinnen, beispielsweise wenn wir durch Sport viel Energie benötigen.
Allerdings kann diese Fähigkeit, Reservefette zu speichern, für uns zu einem Problem werden: Nahrungsmittel stehen uns ständig zur Verfügung – wir greifen zu! Und unser Körper legt Reserven für Notzeiten an.
Werden diese Reserven nicht verbraucht, hat das Folgen: Bei uns sind immer mehr Menschen zu dick. Schuld daran sind ungesunde Essgewohnheiten. Fast-Food und Fertiggerichte sind sehr oft sehr fetthaltig, viele Lebensmittel enthalten zu viel Zucker. Die aufgenommene Energie wird nicht in solchem Maß benötigt – wir bewegen uns zu wenig.
Als Folgen von Fettleibigkeit können nicht nur Herz-Kreislauf-Erkrankungen, Zuckerkrankheit (Diabetes) und Bluthochdruck auftreten. Es können auch Schäden an den Gelenken entstehen.

Die Lösung für das Problem ist klar: mehr bewegen und weniger energiereiche Nahrung aufnehmen.
Zu einer gesunden Lebensweise gehört nicht nur eine ausgewogene Ernährung, sondern auch regelmäßige sportliche Betätigung. Das richtige Gleichgewicht hilft, Übergewicht zu vermeiden, und trainiert unser Kreislaufsystem sowie unsere Muskulatur. Wir fühlen uns wohl.

■ Erläutere den Zusammenhang zwischen Ernährung, körperlicher Bewegung und Wohlbefinden. Nutze dazu den Text und die Abbildung.

Das hast du gelernt

Nahrung für den Körper

Mit unserer Nahrung nehmen wir Nährstoffe, Ergänzungsstoffe und Wasser auf.

Nährstoffe
dienen als Baustoffe und Energiequelle.

Eiweiße

Fette

Kohlenhydrate

Baustoffe
Eiweiße und Fette, insbesondere ungesättigte Fettsäuren, sind wichtige Baustoffe.
Sie werden zum Aufbau unseres Körpers benötigt, z. B. zum Wachsen und beim Heilen von Verletzungen.

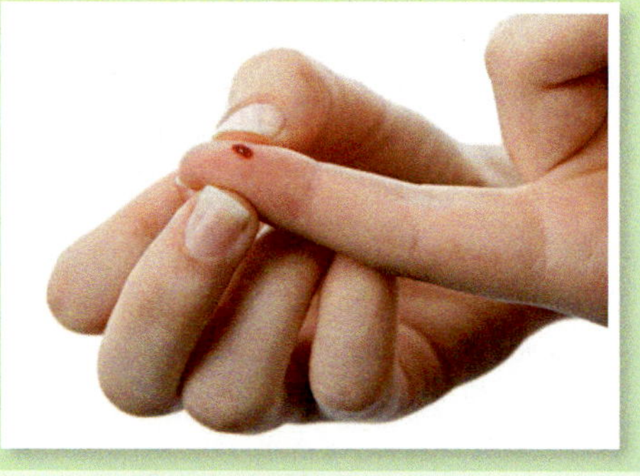

Energiequelle
Vor allem Fette und die Kohlenhydrate Traubenzucker und Stärke dienen als Energiequelle. Wir benötigen für alle Lebensprozesse Energie, z. B. für jede Bewegung und zum Denken.

Sich vollwertig und ausgewogen ernähren bedeutet, dass die Nahrung alle notwendigen Nährstoffe und Ergänzungsstoffe in den richtigen Mengen enthält.

Löse mit Köpfchen

1. Nahrungsmittel und Nährstoffe

Wichtige Nahrungsmittel sind Butter, Milch, Brot, Eier, Kartoffeln, Fleisch, Obst und Gemüse. Ordne diesen Nahrungsmitteln Nährstoffe zu.

2. Nahrungsbestandteile gesucht

Erarbeite folgende Tabelle:

Nahrungsbestandteil	Aufgaben im Körper
Fett	…
Vitamine	…
…	…

3. Wasser ist nicht nur zum Waschen da

Eine Empfehlung lautet, täglich 2,5 bis 3 l Flüssigkeit aufzunehmen.

a) Informiere dich im Internet über den Wassergehalt folgender Nahrungsmittel: Käse, Milch, Salatgurke, Tomate, Mineralwasser, Butter. Stelle die Werte in einem Säulendiagramm dar. ↗ S. 169

b) Bewerte, ob Cola als Durstlöscher geeignet ist. Nutze dazu die Angaben auf dem Etikett. ↗ S. 87

4. Probleme mit dem Essen

Mehr als ein Fünftel aller Kinder und Jugendlichen im Alter von 11 bis 17 Jahren weist in Deutschland Essstörungen auf. Dabei ist der Anteil der Jungen zunächst gleich groß wie bei den Mädchen, nimmt aber später wieder ab. Diskutiert in der Klasse den Einfluss der Medien anhand von Beispielen.

5. Auf die Mischung kommt es an!

a) Erstellt in unterschiedlichen Gruppen Plakate zum Thema „Ernährung". Präsentiert die Ergebnisse vor der Klasse.

b) Die Abbildung zeigt einen Nahrungsmittelkreis. Erläutere sie.

c) Zu einer gesunden Lebensweise gehören eine ausgewogene Ernährung und ausreichend Sport. Begründe. ↗ S. 125

Eine Reise durch den Körper

Der Weg unserer Nahrung

Jana hat aus Versehen eine kleine Perle verschluckt.
Der Arzt beruhigt sie und sagt: „Abwarten!"
Erkläre, was er damit meint.

Die Perle nimmt ihren Weg durch das **Verdauungssystem.** Anders als unsere Nahrung wird sie dabei nicht verändert.

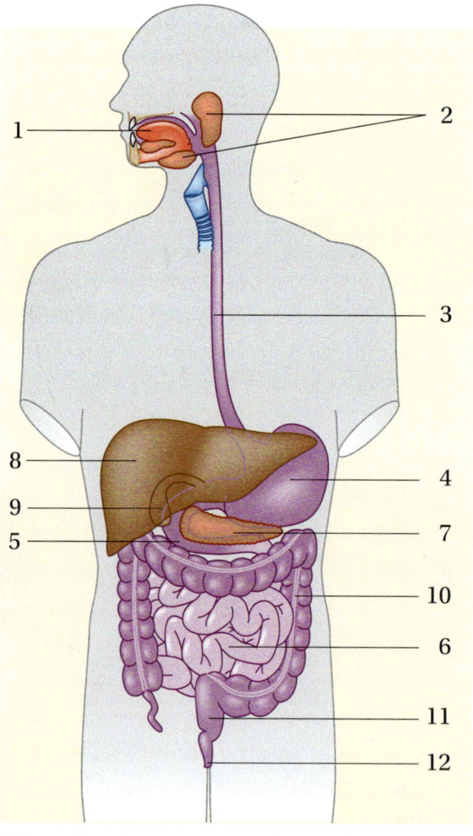

■ Beschreibe den Weg der Nahrung.

Anhand der Abbildung kannst du den Weg unserer Nahrung (und der Perle) verfolgen. Dabei hat jedes **Verdauungsorgan** eine bestimmte Funktion.

Die Nahrung wird in der **Mundhöhle** (1) mit den Zähnen zerkleinert und durch Speichel aus den **Speicheldrüsen** (2) gleitfähig gemacht.

Durch die Peristaltik (wellenförmigen Muskelbewegungen) der schlauchförmigen **Speiseröhre** (3) wird der Nahrungsbrei in den Magen transportiert. Deshalb kannst du auch essen und trinken, wenn du einen Kopfstand machst.

Die Innenwand des **Magens** (4) ist stark gefaltet und von vielen Drüsen durchsetzt, die Magensaft absondern. Magensaft enthält Salzsäure und Stoffe, die zur Eiweißverdauung beitragen. Die Magensäure tötet Krankheitserreger. Der Magenschleim schützt die Magenwand vor der Selbstverdauung.
Die kräftigen Muskeln der Magenwand ziehen sich regelmäßig zusammen. Dadurch wird der Nahrungsbrei durchmischt und schließlich in den Zwölffingerdarm gedrückt.

Erforsche es

Aufgabe:
Untersuche die Peristaltik der Speiseröhre.

Materialien:
Becher mit Flüssigkeit, Strohhalm

Durchführung:
a) Mach einen Kopfstand. Zur Unterstützung lege die Beine an eine Wand.
b) Trinke nun mithilfe des Strohhalms aus dem Becher.
c) Beschreibe, was du beim Schlucken spürst.

Auswertung:
a) Beschreibe die peristaltische Bewegung der Speiseröhre in dein Heft.
b) Erkläre, warum man entgegen der Schwerkraft trinken und essen kann.

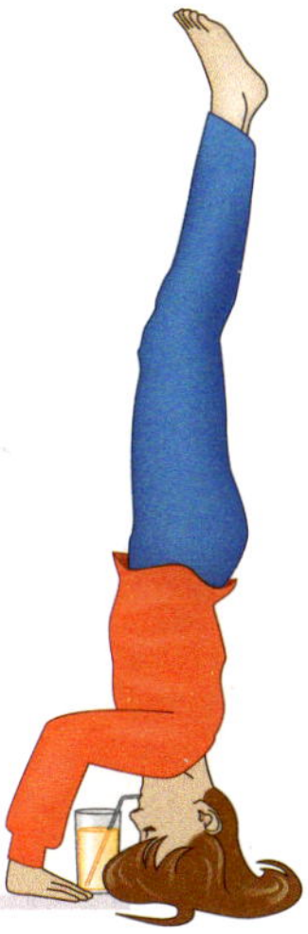

Der **Zwölffingerdarm** (5) ist der erste Abschnitt des **Dünndarms** (6). In diesen münden die Ausführgänge der **Bauchspeicheldrüse** (7) und der **Leber** (8). In der Leber wird Gallensaft gebildet und in der **Gallenblase** (9) gespeichert.
Im Zwölffingerdarm und im Dünndarm erfolgt die größte Veränderung unserer Nahrung. Die Nährstoffe werden **in ihre Grundbausteine zerlegt.** Sie werden **verdaut.**
Die Bausteine gelangen über die Dünndarmwand in unser Blut sowie in die Lymphe und können so als Baustoffe und Energielieferanten genutzt werden.

Unverdauliche Nahrungsreste werden im **Dickdarm** (10) eingedickt und im **Enddarm** (11) gesammelt.
Der Schließmuskel des **Afters** (12) reguliert die Entleerung des Darms.

Unsere Nahrung wird im Verdauungssystem aufbereitet. Wichtige Grundbausteine werden in das Blut und in die Lymphe aufgenommen.

Aufgaben

1 Stelle in einer Tabelle Verdauungsorgane und ihre Funktion zusammen.

2 Bestimme die Lage der Speicheldrüsen, des Magens, der Leber und des Blinddarms äußerlich an deinem Körper.

3 Betrachte mithilfe eines Spiegels dein Gebiss. Vergleiche mit der Abbildung. ↗ S. 67

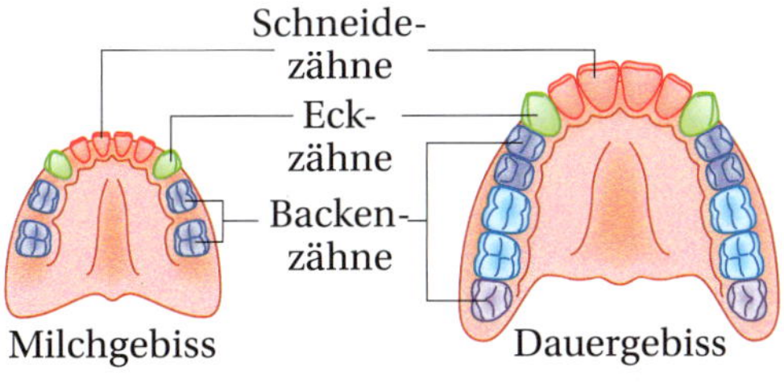

4 Iss eine Möhre und beschreibe, welche Aufgaben die verschiedenen Zahnarten haben.

Eine Reise durch den Körper

Zerlegung der Grundnährstoffe

Die Nahrung durchwandert die Verdauungsorgane. Was passiert dabei eigentlich?

Erforsche es

Aufgabe:
Untersuche die Löslichkeit von Stärke und Traubenzucker in Wasser.

Materialien:
Reagenzgläser, Wasserflasche, Spatel, Stärke, Traubenzucker

Durchführung:
Gib eine Spatelspitze Stärke und eine Spatelspitze Traubenzucker in je ein Reagenzglas.
Gib je 5 ml Wasser hinzu und schüttle kräftig.

Beobachtung:
- Treten Veränderungen in den Reagenzgläsern auf?
- Notiere die Beobachtungsergebnisse.

Auswertung:
- Vergleiche die Löslichkeit von Stärke und Traubenzucker in Wasser.
- Erkläre, warum Stärke nicht im Blut transportiert werden kann.

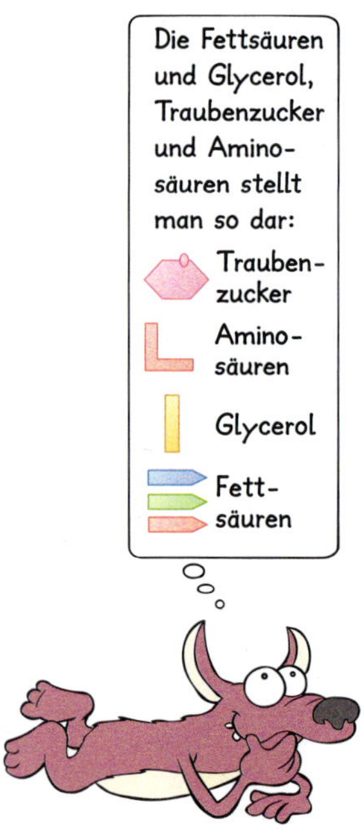

Verdauung

Kohlenhydrate, Fette und Eiweiße sind in Wasser nicht oder schwer löslich. Transportmittel für Nährstoffe im Körper sind aber wässrige Lösungen, das Blut und die Lymphe.
Deshalb werden die in unserer Nahrung enthaltenen **Grundnährstoffe** in den Verdauungsorganen Mundhöhle, Magen und Dünndarm auf chemischem Weg in kleine und wasserlösliche Grundbausteine zerlegt:
- Fette in Fettsäuren und Glycerol,
- Stärke in Traubenzucker (Glucose),
- Eiweiße in Aminosäuren.

In dieser Form können sie durch jede Zellmembran gelangen und zu allen Zellen transportiert werden.
Die Zerlegung der Grundnährstoffe findet schrittweise und mithilfe von **Enzymen** statt. Diese wirken wie chemische Scheren.

Verdauung ist der Prozess, bei dem die Grundnährstoffe durch Enzyme in ihre kleinsten wasserlöslichen Grundbausteine zerlegt werden.

Enzyme – unentbehrliche Helfer

Verdauungsenzyme sind Eiweißstoffe, die die Zerlegung der Grundnährstoffe (Eiweiße, Kohlenhydrate, Fette) in ihre wasserlöslichen Grundbausteine ermöglichen, auslösen und diese Prozesse steuern. Nur durch Enzyme können die biochemischen Reaktionen bei Körpertemperatur stattfinden.
Bei der Verdauung verändern sich die Enzyme selbst nicht. Sie können immer wieder Verdauungsvorgänge bewirken. Es handelt sich um **Biokatalysatoren.**

Enzyme sind Eiweiße, die biochemische Reaktionen beeinflussen, ohne selbst verändert zu werden.

Aufgaben

1 Definiere den Begriff „Verdauung“.

2 Begründe die Notwendigkeit der chemischen Umwandlung der Grundnährstoffe in den Verdauungsorganen. ↗ S. 125

3 Benenne die Enzymgruppen, die in den einzelnen Verdauungsorganen wirken. Nutze zur Lösung die unten stehende Tabelle.

4 Nenne die Drüsen, die Verdauungsenzyme bilden. Ordne den entsprechenden Drüsen die Enzyme und deren Wirkung zu. Nutze auch hier die Tabelle.

Verdauungsorgan	Enthaltene Säfte	Enthaltene Enzyme	Aufgabe
Mundhöhle 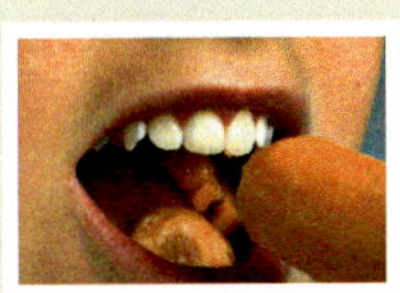	Mundspeichel	Enzyme, die Kohlenhydrate spalten	Stärke wird in Malzzucker (Maltose) zerlegt. 
Magen 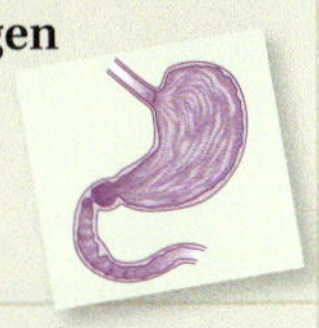	Magensäure (Salzsäure)	keine	Bakterien werden abgetötet.
	Magensaft	Enzyme, die Eiweiße spalten	Große Eiweißketten werden in kleinere Stücke zerlegt.
Dünndarm 	Gallensaft mit Gallensäure	keine	Fett wird in feinste Tröpfchen verteilt.
	Darmsaft und Bauchspeichel	Enzyme, die Kohlenhydrate spalten	Maltose wird in Traubenzucker (Glucose) zerlegt.
		Enzyme, die Eiweiße spalten	Eiweiße werden in Aminosäuren zerlegt.
		Enzyme, die Fette spalten	Fette werden in Glycerol und Fettsäuren zerlegt.

Wusstest du schon …

Enzyme bei der Arbeit

Die Zerlegung der Nährstoffe findet schrittweise und mithilfe von **Enzymen (Wirkstoffen)** statt.
Enzyme sind Stoffe, die chemische Veränderungen von Stoffen im Körper ermöglichen und steuern. Es gibt sehr unterschiedliche Verdauungsenzyme. Jedes Enzym steuert ganz bestimmte Abbauprozesse.
Das ist durch den besonderen Bau von Enzymen möglich. Ihre spezielle Struktur passt zur Struktur des zu verändernden Stoffs wie ein Schlüssel zum Schloss. Ist das Enzym „angeschlossen“, beschleunigt es z. B. die „Zerschneidung“ von Ketten.

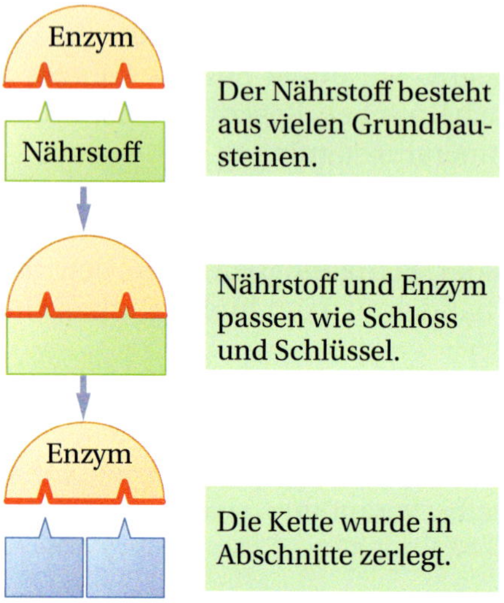

Kohlenhydratverdauung am Beispiel Stärkeverdauung

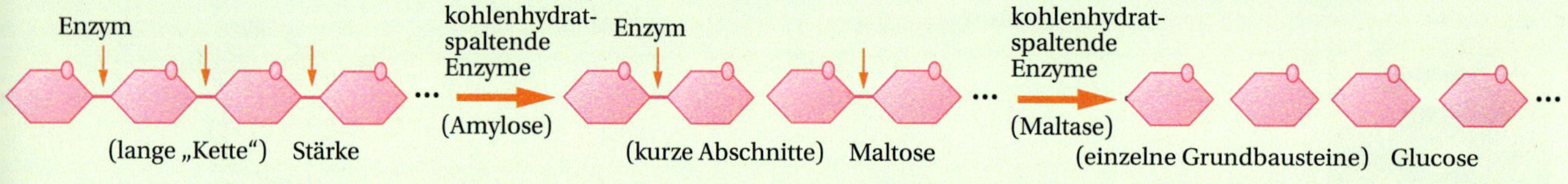

Eiweißverdauung

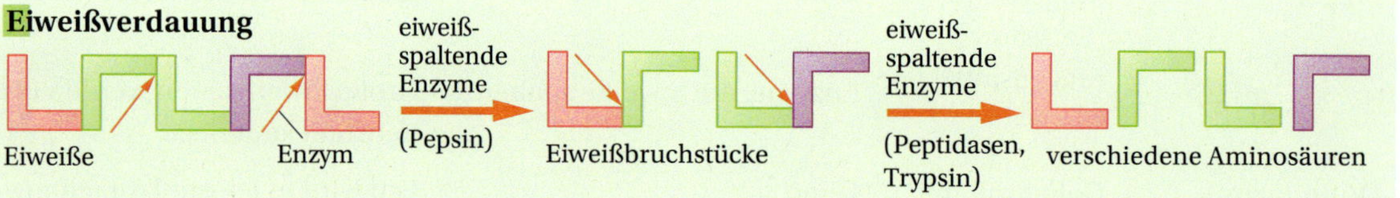

Fettverdauung

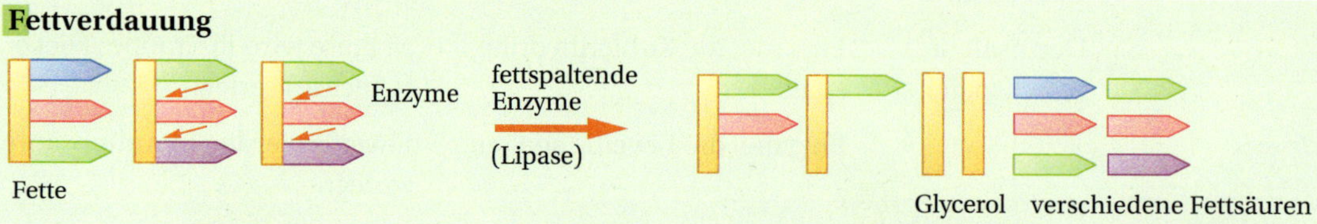

Beschreibe mithilfe der Abbildungen die Zerlegung der Nährstoffe in ihre Bestandteile.

So kannst du vorgehen

Arbeiten mit Modellen

Mit Modellen kann ein Sachverhalt anschaulich dargestellt, besser erklärt oder vorausgesagt werden.
Ein Modell muss nicht immer gegenständlich sein. Es gibt auch Gedankenmodelle (ideelle Modelle). Da ein Modell immer nur ein verkleinertes Abbild oder eine Vorstellung ist, müssen dir die Grenzen des Modells bewusst sein und du musst sie beachten.

► Schritt 1

Lies die Aufgabe genau.

Entwickle ein Modell zur Verdauung der Nährstoffe der Nahrung.

► Schritt 2

Stelle den Sachverhalt dar.
Was genau möchtest du mit dem Modell darstellen? Was soll veranschaulicht, erklärt bzw. vorhergesagt werden?

Die Nährstoffe Fett, Eiweiß und Kohlenhydrate werden mithilfe von Enzymen in ihre Grundbausteine zerlegt.

► Schritt 3

Wähle das Modell aus und wende es auf den Sachverhalt an.
Mache die allgemeine Aussage des Modells noch einmal deutlich und beziehe sie auf die gestellte Aufgabe.

Dargestellt werden soll:
Zerlegung durch Enzyme.

► Schritt 4

Konstruiere das Modell.
Wähle geeignete Materialien aus.

Material: Knete (verschiedene Farben), Spachtel, Pappe, Schere, Stift

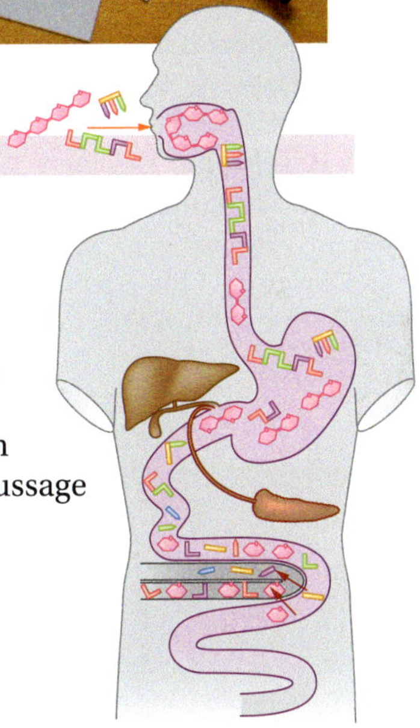

► Schritt 5

Wende das Modell an.
Unter Verwendung des Modells kannst du nun den Sachverhalt erklären oder eine Voraussage ableiten.

► Schritt 6

Bestimme die Grenzen des Modells.
Was kann das Modell nicht erklären?

Die spezifische Wirkung der Enzyme kann nicht erklärt werden.

Eine Reise durch den Körper

Aufnahme der Nährstoffbestandteile

Ein Organismus bleibt nur am Leben, wenn alle seine Zellen ständig mit Nährstoffen versorgt werden. Wie gelangen diese in die Zellen?

Mithilfe der Enzyme sind die Nährstoffe in ihre kleinsten Bestandteile zerlegt worden. Nun müssen sie an die Orte im Körper gelangen, an denen sie gebraucht werden: in die **Zellen**. Hieran sind Dünndarm, Blut und Lymphe beteiligt.

- Beschreibe die Lage des Dünndarms im Verdauungssystem.

Der etwa 3 bis 5 m lange Dünndarm ist für diese Aufgabe gut ausgestattet. Die Darmschleimhaut im Innern ist gefaltet. Jede Falte besteht aus einer Vielzahl kleinerer Falten, den **Darmzotten.** Eine Darmzotte ist ca. 1 mm lang. Insgesamt hat der Mensch rund 5 Mio. Darmzotten. Dadurch wird die Kontaktfläche zum Nahrungsbrei um das 25-Fache vergrößert. Jede Darmzotte hat wiederum viele winzige Ausstülpungen, die die Kontaktfläche noch zusätzlich vergrößern.

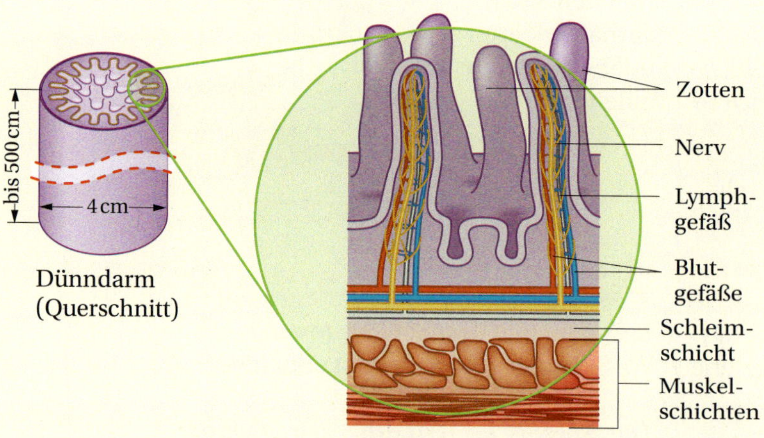

- Beschreibe den Bau einer Darmzotte.

Erforsche es

Eine vergrößerte Oberfläche

Für die Aufnahme der Nährstoffbausteine im Dünndarm ist die Größe der Darmoberfläche entscheidend. Je mehr die Darmwand ausgebuchtet ist, desto größer ist die Oberfläche.
Veranschauliche diese Aussage. Übertrage die beiden Zeichnungen vergrößert auf ein Blatt. Umfahre jeweils mit einem Wollfaden alle Linien, die die „Darmoberfläche" begrenzen. Miss die Länge der beiden Fäden.
Deute deine Messergebnisse.

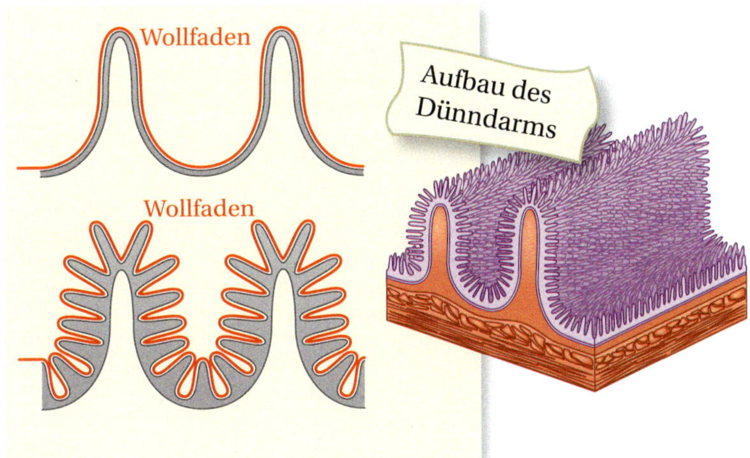

Durch die peristaltischen Bewegungen der Darmmuskulatur und die Bewegungen der einzelnen Darmzotten wird die Darmschleimhaut vom Nahrungsbrei umspült.
Jede Darmzotte ist nur durch eine sehr dünne Wand begrenzt und enthält feine Blutgefäße und ein Lymphgefäß. Über die Zottenwand gelangen die Grundbausteine der Nährstoffe in die Blut- und Lymphgefäße.

- Beschreibe die Aufnahme von Grundbausteinen der Nährstoffe.

Resorption ist die Aufnahme der Grundbausteine der Nährstoffe in Blut und Lymphe.

Über das Blut und die Lymphe werden die Grundbausteine der Nährstoffe zu allen Zellen des Körpers transportiert und dort zum Aufbau körpereigener Stoffe oder als Energiequelle genutzt.

Aufgaben

1. Betrachte mithilfe eines Mikroskops einen Schnitt durch den Dünndarm mit Dünndarmzotten und zeichne das mikroskopische Bild. +

2. Erläutere am Beispiel des Dünndarms den Zusammenhang von Bau und Funktion.
   Tipp: Du kannst dazu das Erschließungsfeld auf Seite 113 nutzen.

3. Einige Menschen vertragen kein Weizenmehl. Entsprechende Nahrungsmittel lösen bei ihnen eine Entzündung des Dünndarms aus. Dabei werden die Dünndarmzotten geschädigt. Erläutere die Folgen.

4. Beschreibe den Weg unserer Nahrung von der Aufnahme bis zur Nutzung der Bestandteile in den Körperzellen.

Das hast du gelernt

Eine Reise durch den Körper

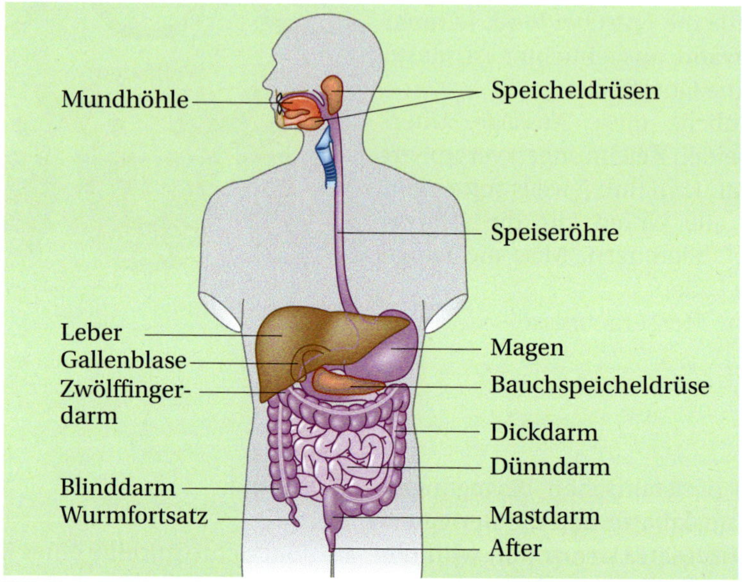

Verdauung – Zerlegung der Nährstoffe in Grundbausteine

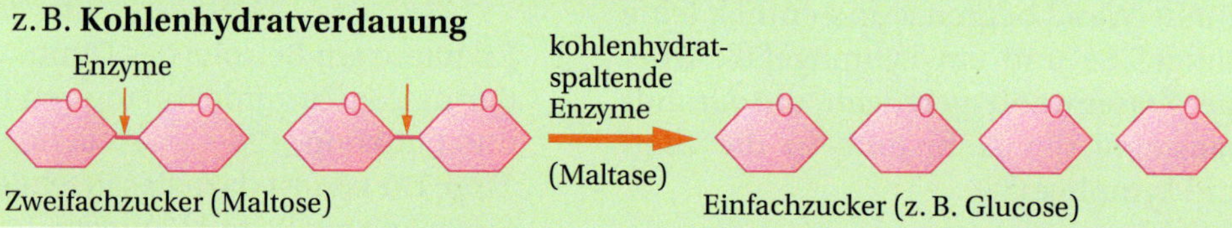

Verdauung ist der Prozess, bei dem die Grundnährstoffe durch Enzyme chemisch in ihre kleinsten wasserlöslichen Grundbausteine zerlegt werden.

Grundbausteine sind von:
Kohlenhydraten: Traubenzucker 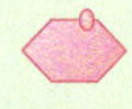

Eiweißen: Aminosäuren 

Fetten: Fettsäuren und Glycerol 

Verdauungsorgane sind für ihre Funktionen optimal gebaut.

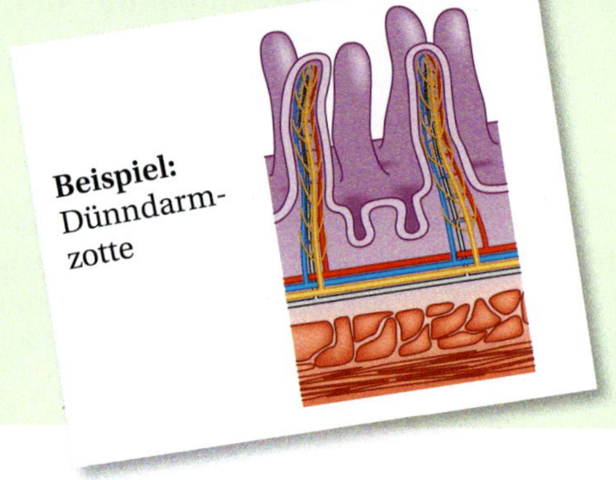

Löse mit Köpfchen

1. Wenn das Essen schwer im Magen liegt

Die Tabelle zeigt die Verweildauer der Nahrung im Magen.

Nahrungsmittel	Verweildauer im Magen
Wasser, Tee, Fleischbrühe	30 Minuten
Weißbrot, Milch, Joghurt	1 Stunde
Obst, Gemüse, magerer Fisch	2 Stunden
Vollkornbrot, Schinken, Obstkuchen	3 Stunden
Schnitzel, Pilze, Braten, Sahnetorte	4 bis 7 Stunden

a) Erläutere die Ursachen für die unterschiedliche Verweildauer.

b) Erstelle einen Speiseplan mit schwer und leicht verdaulichen Nahrungsmitteln.

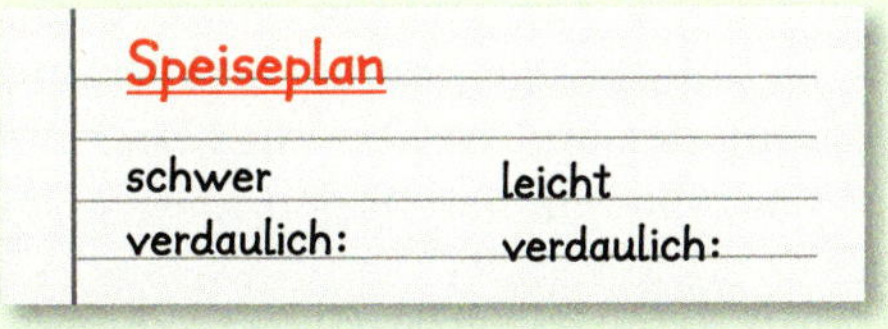

c) Ein Schüler hat großen Hunger. Was empfiehlst du ihm? Begründe.

d) Begründe, warum man langsam und in Ruhe essen soll. ↗ S. 125

2. Nahrung für den Körper

Erkläre, weshalb du weder weniger noch mehr Nahrung zu dir nehmen solltest, als dein Körper benötigt.
↗ S. 37

3. Verdauen – harte Arbeit

a) Übernimm den Lückentext in dein Heft und vervollständige ihn.

> Im Verdauungssystem werden die in der Nahrung enthaltenen ① mithilfe von ② in ihre Grundbausteine zerlegt. Die Eiweiße werden in ③, die Kohlenhydrate in ④ und die Fette in ⑤ und ⑥ umgewandelt. Die Verdauung beginnt in der ⑦. Dort werden die ⑧ aufgespaltet. Die Eiweißverdauung beginnt im ⑨. Die Endverdauung aller Nährstoffe findet im ⑩ statt. Durch die Wand der ⑪ hindurch werden die Grundbausteine der Nährstoffe von ⑫ und Lymphe aufgenommen.

b) Stelle die Verdauungsvorgänge in Mundhöhle, Magen und Dünndarm mithilfe von Symbolen dar.
↗ S. 105

4. Aufbau körpereigener Stoffe

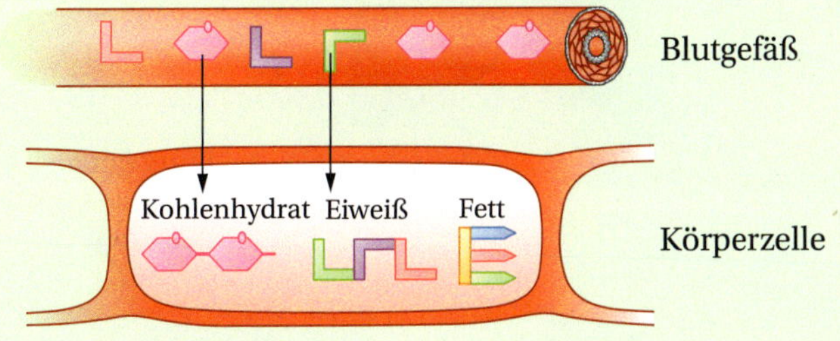

Interpretiere die Grafik.

Geht dir die Luft aus?

Die Atmung

Den Atem länger anzuhalten ist gar nicht so leicht. Teste, wie lange du den Atem anhalten kannst. Und nach 10 Kniebeugen?

Nach einer Weile musst du auf jeden Fall wieder atmen. Unter Belastung musst du schneller wieder einatmen als in Ruhe. Deine Atemzüge sind dann auch tiefer. Mit jedem Atemzug nimmst du Luft auf. Diese Luft enthält lebensnotwendigen Sauerstoff.

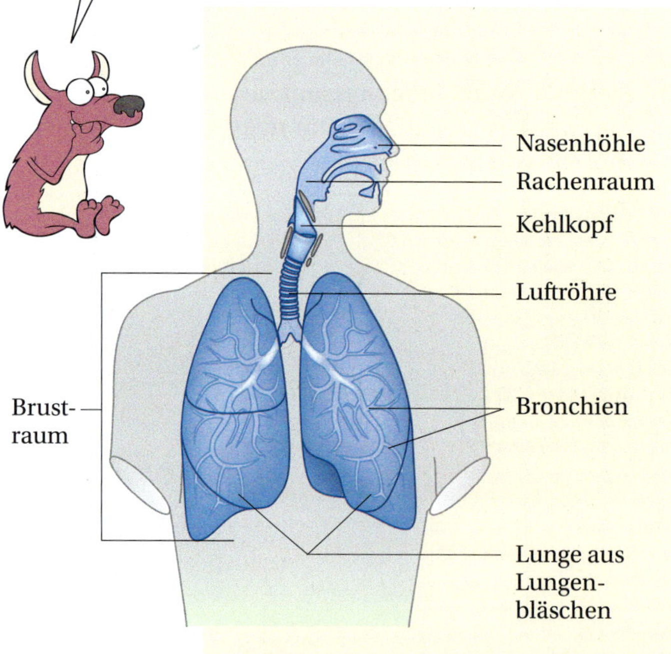

Verfolge den Weg der Luft zu den Lungen.

Alle **Atmungsorgane,** die der Luftleitung dienen, nennt man Atemwege. Dazu gehören Nasenhöhle, Rachenraum, Kehlkopf, Luftröhre und die Bronchien.

Alle Atemwege sind mit einer feuchten Schleimhaut ausgekleidet, die auf ihrer Oberfläche winzig kleine Flimmerhärchen besitzt.
Dadurch können besonders in den oberen Atemwegen Schmutz- und Staubpartikel herausgefiltert werden.
Die eingeatmete Luft wird außerdem angefeuchtet und erwärmt.

> Die Atemwege dienen der Weiterleitung der Luft zu den Lungen. Dabei wird die Luft gereinigt und erwärmt.

Die Lunge ist ebenfalls ein **Atmungsorgan.** In ihr findet der Austausch der Atemgase (Sauerstoff und Kohlenstoffdioxid) statt.
Die Lunge besteht aus etwa 300 bis 500 Millionen winzigen Lungenbläschen. Ein Lungenbläschen ist nicht größer als ein Staubkorn. Jedes von ihnen besitzt eine sehr dünne Wand, durch die Sauerstoff und auch Kohlenstoffdioxid gelangen können.

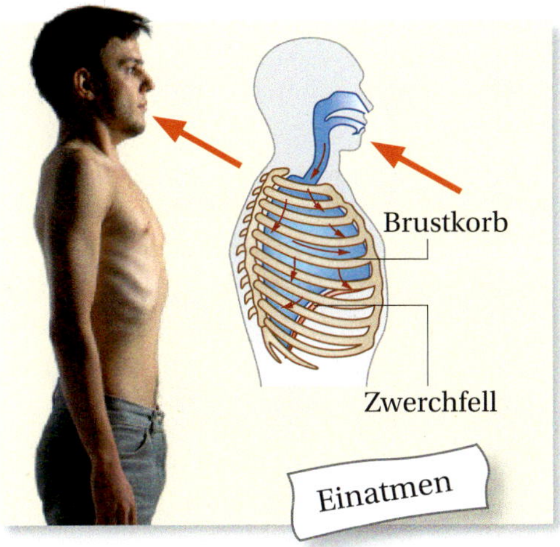

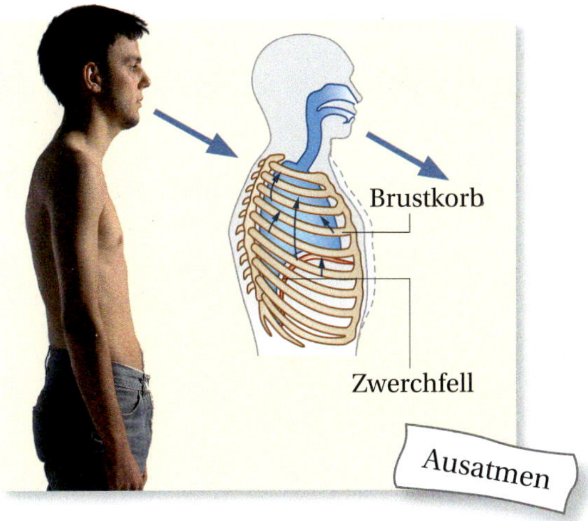

Die Aufgliederung der Lunge in **Lungenbläschen** führt zu einer **Vergrößerung** ihrer inneren **Oberfläche.** Würde man alle Lungenbläschen ausgebreitet nebeneinanderlegen, ergäbe dies eine Fläche von einem Klassenzimmer (ca. 80 m^2).
Durch die große Oberfläche können mehr Gase ausgetauscht werden. Das erhöht unsere Leistungsfähigkeit.

Der Austausch der Atemgase erfolgt durch die dünnen Wände der Lungenbläschen.

Aufgaben

1 Beobachte deine eigenen Atembewegungen. Miss dazu den Umfang deines Brustkorbs beim Ein- und beim Ausatmen. Beschreibe die Atembewegungen mithilfe der oberen Abbildung.

2 Stelle in einer Tabelle Atmungsorgane und ihre Funktion zusammen.

3 Lungen haben im Vergleich zu anderen Organen ein geringes Gewicht. Begründe. +

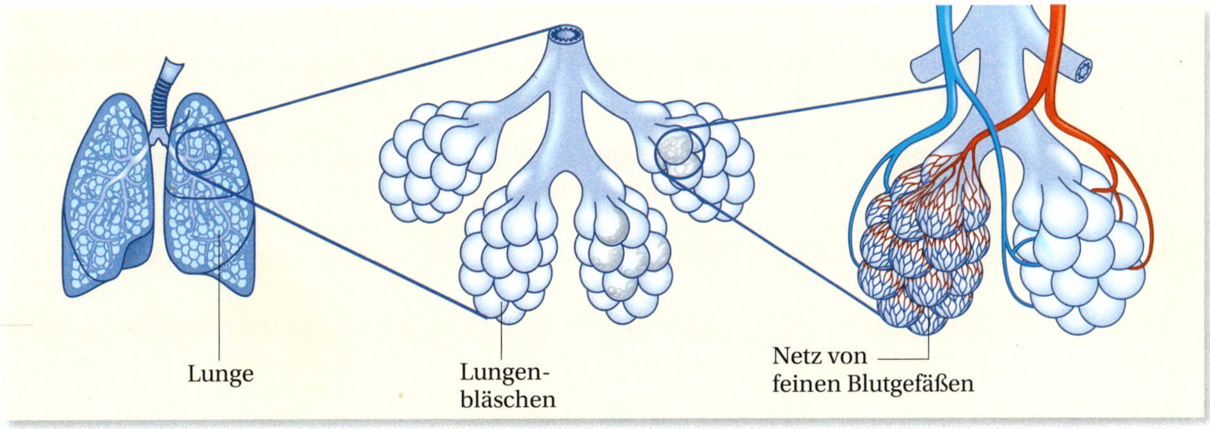

Erläutere das Prinzip der Oberflächenvergrößerung am Beispiel der menschlichen Lunge.

Erforsche es

Untersuchungen zur Atmung

1. Untersuche den Zusammenhang zwischen der Atmung und körperlicher Belastung.

a) Zähle deine Atemzüge pro Minute:
- bei entspannter Sitzhaltung
- nach 20 Kniebeugen hintereinander,
- nach 40 Kniebeugen hintereinander.

b) Notiere die Ergebnisse deiner Messungen.
c) Vergleiche die Werte und begründe die Unterschiede.
d) Vergleiche deine Werte mit denen deiner Lernpartnerin oder deines Lernpartners und ziehe Schlussfolgerungen aus dem Ergebnis.

2. Startet einen Wettbewerb. Ermittelt die Schülerin oder den Schüler in eurer Klasse, die oder der die Luft am längsten anhalten kann.
Verwendet eine Stoppuhr.

3. Findet heraus, wer am stärksten pusten kann.

a) Stellt ein brennendes Teelicht auf den Tisch. Die Entfernung zwischen Teelicht und Tischkante beträgt 1,50 m. Versucht, das Licht auszublasen.
b) Gelingt das nicht, wird das Teelicht 10 cm näher zur Tischkante gestellt und der Versuch wiederholt.
Ermittelt die Schülerin oder den Schüler, die oder der die kräftigste Lunge hat.

4. Veranschauliche die Bauchatmung. Das **abgebildete Modell** soll dir helfen, den schwierigen Sachverhalt der Bauchatmung (Zwerchfellatmung) anschaulich zu machen und zu erklären.

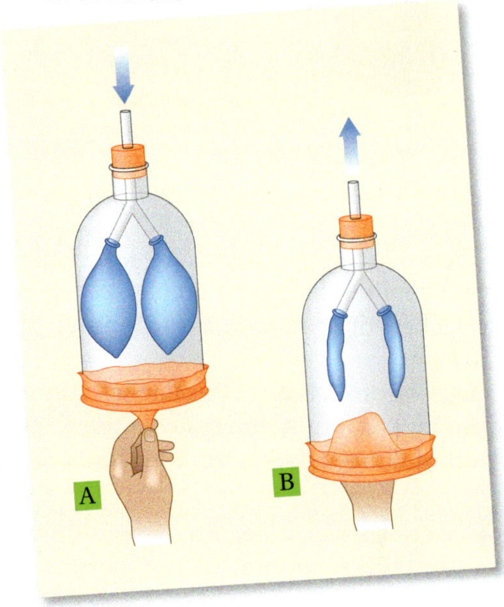

a) Schau dir das Modell genau an und vergleiche es mit der Abbildung auf Seite 110. Welche Teile des menschlichen Atmungssystems entsprechen denen im Modell?
b) Beschreibe, was passiert, wenn du das untere Gummituch nach unten ziehst.
c) Beschreibe, was passiert, wenn du mit der Faust in das untere Gummituch drückst.
d) Übertrage deine Beobachtungen auf die Atmungsorgane.
e) Was kannst du mit dem Modell nicht darstellen?
f) Welche Unterschiede bestehen im Gegensatz zum Original?

Hast du den Überblick?

Bau und Funktion

Der **Bau** beschreibt die Merkmale eines Lebewesens oder die Merkmale seiner Teile. Die **Funktion** beschreibt die jeweilige Aufgabe. Der Bau ermöglicht die entsprechende Funktion.

Beispiel Lunge

Teil der Lunge	Bau	Funktion
Luftröhre und Bronchien	- immer feiner verzweigte knorpelige Röhren; Bronchien enden in Lungenbläschen - mit Schleimhaut und Muskelfasern ausgekleidet	luftführende Teile, transportieren die Atemluft beim Ein- und Ausatmen, Anfeuchten der Luft, Schutz vor eindringenden Staubteilchen und Krankheitserregern
Lungenflügel mit Lungenlappen	- bestehend aus sehr vielen Lungenbläschen	Vergrößerung der inneren Oberfläche für den Gasaustausch
Lungenbläschen	- von dünnen Membranen gebildet - von sehr feinen Blutgefäßen umschlossen	Gasaustausch: Abgabe von Sauerstoff aus der Lunge in das Blut, Aufnahme von Kohlenstoffdioxid aus dem Blut in die Lunge

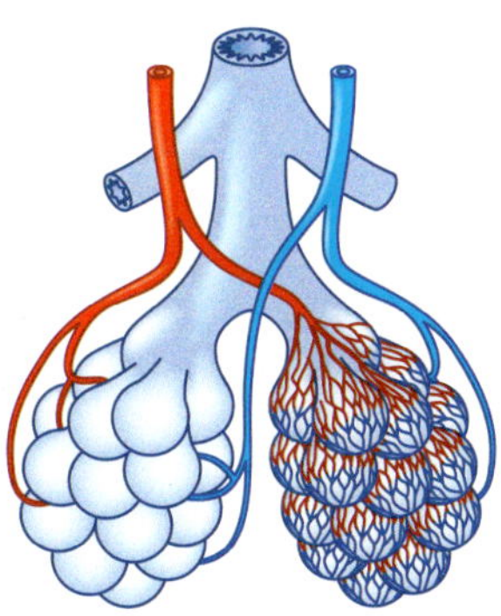

Der Bau der Lunge ermöglicht ihre Funktion.
Die sauerstoffreiche Luft wird durch die Luftröhre und die Bronchien bis zu den Lungenbläschen transportiert. Durch die vielen Lungenbläschen wird die innere Oberfläche der Lunge vergrößert. An dieser inneren Oberfläche der Lungenbläschen erfolgt der Gasaustausch. Die Membranen der Lungenbläschen und der feinen Blutgefäße sind sehr dünn. So kann der Sauerstoff aus der Lunge in das Blut aufgenommen werden und das Kohlenstoffdioxid aus dem Blut in das Innere der Lunge gelangen und letztendlich ausgeatmet werden.

Wiederhole den Bau der Vogellunge. Erläutere an diesem Beispiel den Zusammenhang von Bau und Funktion.

Geht dir die Luft aus?

Lebensnotwendiges Gas

Wenn wir einatmen, strömt Luft in unseren Körper. Beim Ausatmen ist es umgekehrt. Was passiert eigentlich zwischen Ein- und Ausatmen?

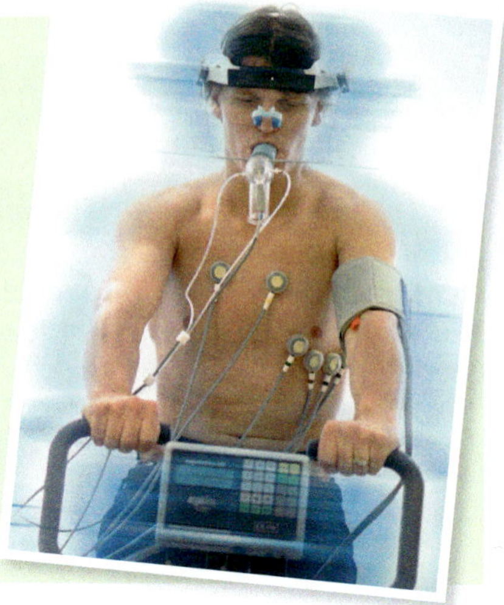

Luft ist ein Gemisch aus verschiedenen Gasen wie Stickstoff (78 %), Sauerstoff (21 %), Kohlenstoffdioxid (0,03 %) und anderen Gasen (etwa 1%).
Für die **Atmung** sind aber nur zwei Gase von Bedeutung: **Sauerstoff** und **Kohlenstoffdioxid**.

In der Einatemluft ist mehr Sauerstoff enthalten als in der Ausatemluft. Mit jedem Atemzug nehmen wir ihn auf. Er gelangt über den Mund- und Rachenraum sowie die Luftröhre in die Lungen mit den Lungenbläschen. In den Lungenbläschen erfolgt der Gasaustausch.

Durch die dünne, feuchte Wand der Lungenbläschen gelangt Sauerstoff in feine **Blutgefäße (Kapillaren)**.

Die anderen Bestandteile der Luft bleiben in den Lungenbläschen zurück.
Sauerstoff wird von den roten Blutzellen in alle Teile des Körpers transportiert. Dort gelangt er aus dem Blut in die Körperzellen.

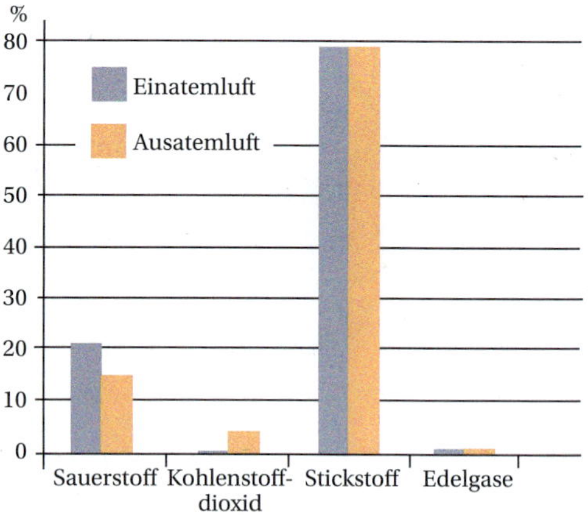

■ Vergleiche die Zusammensetzung der Ein- und Ausatemluft und interpretiere die Abbildung links.

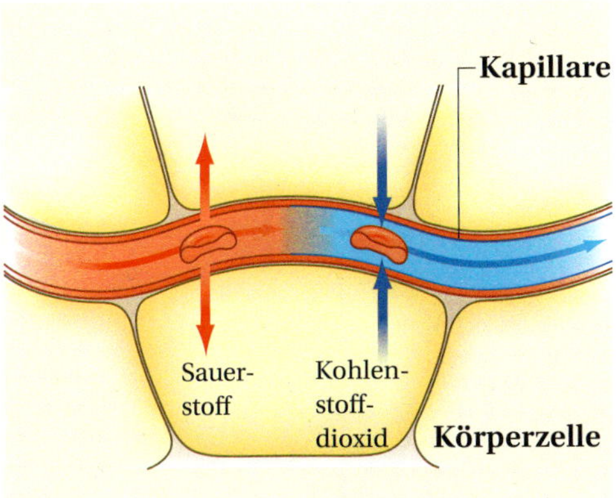

Beschreibe den Gasaustausch zwischen Kapillaren und Körperzellen.

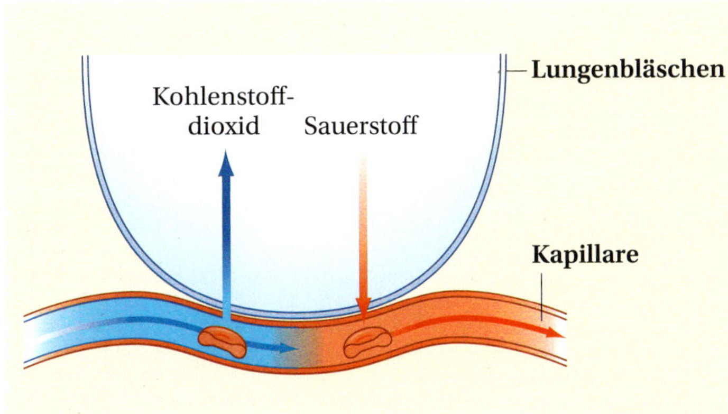

Beschreibe den Gasaustausch zwischen Kapillaren und Lungenbläschen.

In der Zelle wird der **Sauerstoff** benötigt, um aus Nährstoffen, z. B. aus Traubenzucker, Energie zu gewinnen. Die enthaltene chemische Energie wird dabei in nutzbare Energie umgewandelt. Diese Energie wird für alle Lebensprozesse (z. B. Atmen, Herzschlag, Wachsen, Essen, Laufen, Rechnen, Sprechen) gebraucht.

Wozu benötigen wir Sauerstoff?

Beim Abbau der organischen Stoffe zur Energiegewinnung wird der Sauerstoff verbraucht und **Kohlenstoffdioxid** gebildet. Kohlenstoffdioxid ist für den Körper schädlich. Es muss schnell aus dem Körper entfernt werden.
Es wird aus der Zelle in das Blut abgegeben. Mit dem Blut wird das Kohlenstoffdioxid bis zu den **Lungenbläschen** transportiert.
Von dort gelangt es über die Lunge, Luftröhre, den Rachen- und Mundraum mit der Ausatemluft nach außen.

Zwischen Lungenbläschen und Blut findet ein Gasaustausch statt. Sauerstoff gelangt in den Körper, Kohlenstoffdioxid aus dem Körper heraus.

Aufgaben

1 Beantworte die Frage auf der Seite 114 im Kasten oben. Nutze dazu auch die Abbildungen auf dieser Seite.

2 Ein Erwachsener atmet mit jedem Atemzug etwa 500 ml (0,5 l) Luft ein. Die Zahl der Atemzüge beträgt bei ruhiger Atmung beim Erwachsenen 10 bis 17 Züge pro Minute. Errechne, wie viel Liter Luft pro Minute gewechselt werden können.

3 Begründe, warum es vielen Lebewesen unmöglich ist, über einen längeren Zeitraum den Atem anzuhalten. ↗ S. 125

4 Die Farbe deiner Lunge ist blassrosa. Im Alter treten dunkle Flecke und Streifen an der Oberfläche auf. Vermute mögliche Ursachen für diese Verfärbungen.

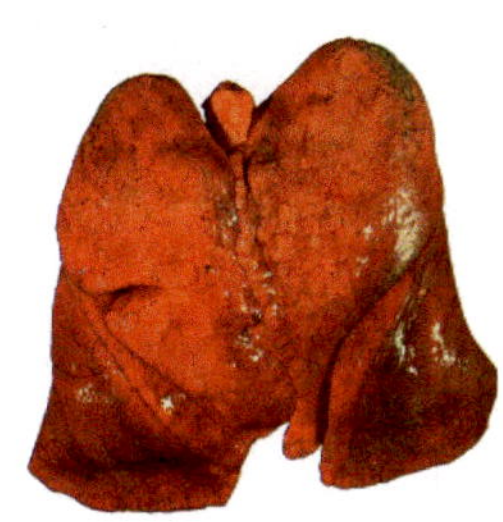

Geht dir die Luft aus?

Das ist bestimmt die letzte Zigarette!

Nicht nur Zigaretten schaden den Atmungsorganen. Wie können wir unsere Atmungsorgane schützen?

Wasserpfeifen – wirklich harmlos?

Wasserpfeifen paffen ist in. Es sieht cool aus und soll nicht schädlich sein.
Doch weit gefehlt. Schischa-Rauch, so wird der Qualm genannt, enthält sogar mehr Schadstoffe als der von Zigaretten. Beim Rauchen wird Kohlenstoffmonooxid eingeatmet, ein für den Körper schädliches Gas. Der Wasserpfeifenraucher atmet im Durchschnitt 4- bis 5-mal mehr Schadstoffe ein als beim Rauchen einer „normalen Zigarette".

- Warum ist Wasserpfeifenrauchen nicht harmlos?

Verschmutzte Luft

Auch verschmutzte Luft hat Auswirkungen auf unsere Atmungsorgane. Die Ruß- und Staubteilchen lagern sich in Bronchien und Lunge ab. Unsichtbare und geruchlose Gase sind gefährlich und greifen die Schleimhäute an.

- Warum sind Grünanlagen in der Stadt besonders wichtig?

Husten, Heiserkeit oder gesund?

Im Herbst haben die Infekte der oberen Atemwege (Halsschmerzen, Schnupfen, Husten, Heiserkeit) Hochsaison. Solche Infektionskrankheiten heißen „Erkältungen". Bei Auskühlung werden die Schleimhäute weniger durchblutet. So erhöht sich die Infektionsgefahr durch Bakterien und Viren. Um diese Infekte zu verhindern, solltest du dich u. a. an der frischen Luft bewegen, frisches Obst und Gemüse essen sowie ausreichend schlafen. Das alles trägt dazu bei, deine Abwehrkräfte im Körper zu stärken.

- Wie kann man sich vor Infekten schützen?

Erforsche es

Frau Smith klagt gegen Tabakkonzern

Boston – Frau Smith hat ihren geliebten Mann verloren. Er ist an Lungenkrebs im Alter von 56 Jahren gestorben. Aus einem gemeinsamen Lebensabend wird nun nichts. Herr Smith war 40 Jahre lang Raucher und rauchte täglich ca. 20 Zigaretten (1 Schachtel) einer Marke. Die Hausärztin sagte, sein Lungenkrebs käme vom Rauchen.
Frau Smith reicht deshalb in den USA Klage gegen den Tabakkonzern ein. Sie will, wegen vorsätzlichen Totschlags an ihrem geliebten Mann, 7,5 Millionen US-Dollar Schmerzensgeld einklagen.

- Gestaltet aus dem Vorfall ein **Rollenspiel.**

Legt fest, wer welche Rolle übernimmt. Ihr braucht:
- für die klagende Seite: Kläger, Anwalt, Gutachter
- für die angeklagte Seite: Angeklagten, Verteidiger, Gutachter
- einen Richter, Sachverständige, Zuschauer usw.

Bereitet euch auf die jeweilige Rolle sehr gut vor. Ihr solltet:
- Informationen über das Tabakrauchen zusammentragen
- nicht nur die medizinisch relevanten Aspekte, sondern auch wirtschaftliche, kulturelle usw. betrachten

Führt nach der Vorbereitungsrunde die Verhandlung durch.

Aufgaben

1 Erstelle Steckbriefe nach folgendem Muster für Grippe, Asthma und Angina:

Steckbrief
Bronchitis
Verursacher: Bakterien, Viren
Symptome: Husten, Auswurf, Fieber, Schmerzen beim Husten
Behandlung: Medikamente, Dampfbäder

2 Weise Schmutz in der Luft nach.
Du brauchst: Laubblätter von verschiedenen Standorten (z. B. Park, Straße, Acker), Klebefolie.
Gehe nun so vor: Klebe Klebefolie auf die Blätter. Ziehe die Folie dann vorsichtig wieder ab. Klebe die Folie auf weißes Papier.
Werte aus: Vergleiche die verschiedenen Abdrücke und ziehe eine Schlussfolgerung. ↗ S. 67

Erforsche es

Experimente rund um die Atmung

S Nachweis von Kohlenstoffdioxid

Aufgabe:
Weise Kohlenstoffdioxid in deiner Ausatemluft nach. Nutze als Nachweismittel Kalkwasser (GHS05, E2). Baue die Apparatur entsprechend der Abbildung auf, führe den Versuch durch und werte ihn aus.

Tipp:
Ist Kohlenstoffdioxid vorhanden, reagiert das Gas mit dem Kalkwasser und bildet einen weißen Niederschlag. Dieser Niederschlag gilt als Nachweis von Kohlenstoffdioxid.

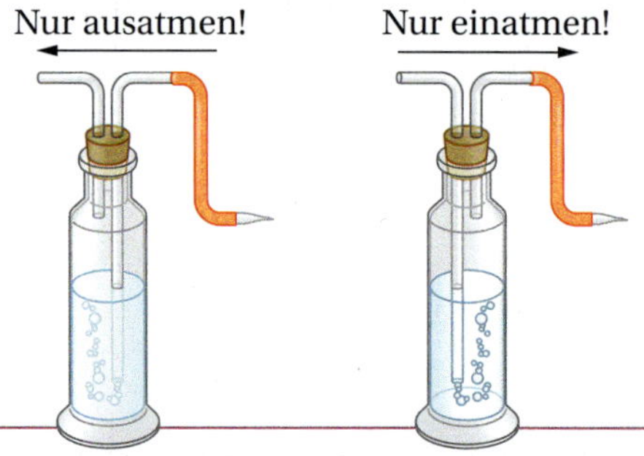

Nachweis von Teer und Kohlenstoffdioxid im Zigarettenrauch

(Demonstrationsexperiment)

Materialien:
Watte, Zigarette, Streichhölzer, Wasserstrahlpumpe, Kalkwasser (GHS05, E2)

Durchführung:
1. Baue die Apparatur entsprechend der Skizze zusammen. Zünde die Zigarette an und drehe den Wasserhahn auf. Dadurch wird der Rauch durch die Apparatur gesaugt (Wasser einige Minuten laufen lassen!).

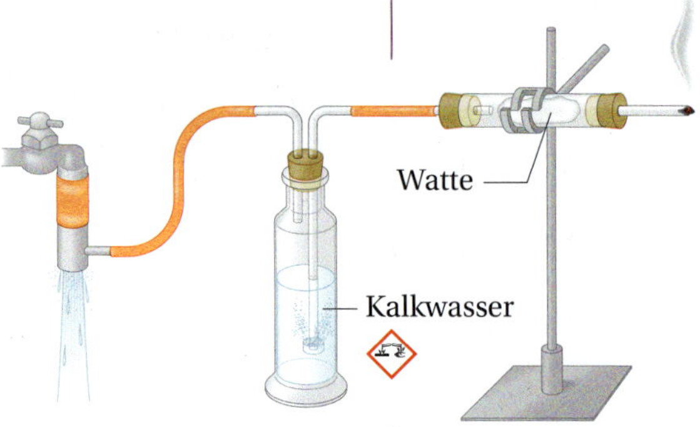

2. Wiederhole den Versuch mit einer Zigarette, bei der du den Filter abgebrochen hast. Benutze frische Watte.

Beobachtung:
1. Beobachte die Veränderungen an der Watte und an der Zigarette.
2. Notiere deine Beobachtungsergebnisse.

Auswertung:
1. Vergleiche deine Beobachtungen und erkläre die Unterschiede.
2. Beschreibe die Folgen der Aufnahme von Teerstoffen in die Atemwege. Stimmt es, dass das Rauchen von Filterzigaretten unschädlich ist, weil der Filter alle Schadstoffe aus dem Rauch entfernt?

Wusstest du schon …

Erkrankungen der Atmungsorgane

Dein Banknachbar schnieft und hustet. Er ist müde, hat rote Augen, die Nase tropft und er sieht ziemlich mitgenommen aus. „Mit dieser Erkältung solltest du zu Hause bleiben“, meint der Lehrer. Dein Banknachbar macht jedoch deutlich, dass er nicht erkältet sei. Er hätte **Heuschnupfen.**

Die Ursache der Beschwerden sind in diesem Fall verschiedenste Pollen. Es handelt sich um eine allergische Reaktion des Körpers auf bestimmte Pollensorten, beispielsweise Birken- oder Gräserpollen. Der Körper bekämpft die Pollen wie Krankheitserreger. Es kommt zu einer Überreaktion, die dem eigenen Körper schadet. Die Beschwerden treten hauptsächlich in der Blütezeit der allergieauslösenden Pflanze auf. Unter Heuschnupfen leiden mittlerweile ca. 10 % aller Kinder und sogar 20 % der Jugendlichen.

Ein vollständiger Schutz vor Pollen ist nahezu unmöglich. Selbst wenn sich der Betroffene nur in seinem Zimmer aufhält, wird er mit Pollen in Kontakt kommen, sobald er das Fenster zum Lüften öffnet oder ihn Schulkameraden besuchen.

Unbehandelt kann Heuschnupfen zu einer chronischen Erkrankung der Atemwege führen, zu Asthma. Bei einem Asthmatiker ist die Bronchialmuskulatur verkrampft, die Schleimhäute sind geschwollen und produzieren vermehrt zähen Schleim. Das führt zu Atemnot und kann schwerwiegende Folgen haben. In Deutschland leidet etwa jedes 10. Kind und jeder 20. Erwachsene an dieser Krankheit.

Wenn dein Banknachbar schnieft und hustet, kann natürlich auch eine Infektion mit Viren oder Bakterien dahinterstecken. Dann solltest du dich vor Ansteckung schützen.

In diesem Fall wäre es wirklich besser, dein Banknachbar würde die Erkrankung zu Hause auskurieren. Sonst schnieft bald die halbe Klasse.

Das hast du gelernt

Geht dir die Luft aus?

Beim Einatmen gelangt Luft in die Lunge. Durch die Lungenbläschen wird die innere Oberfläche vergrößert.

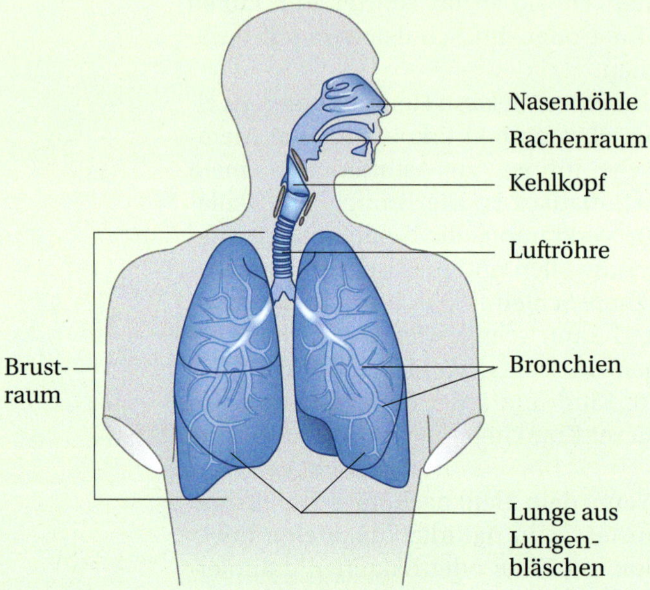

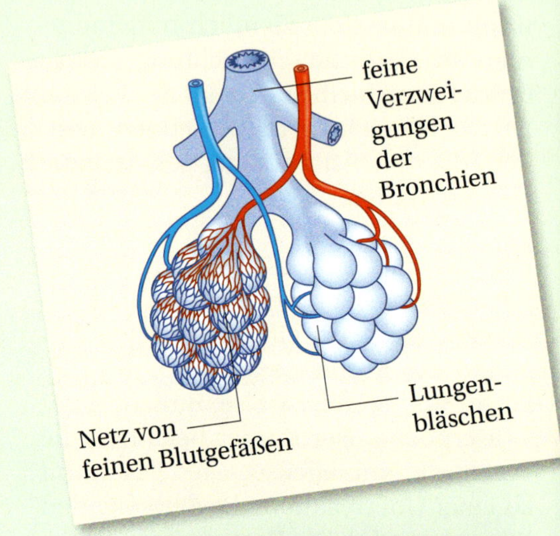

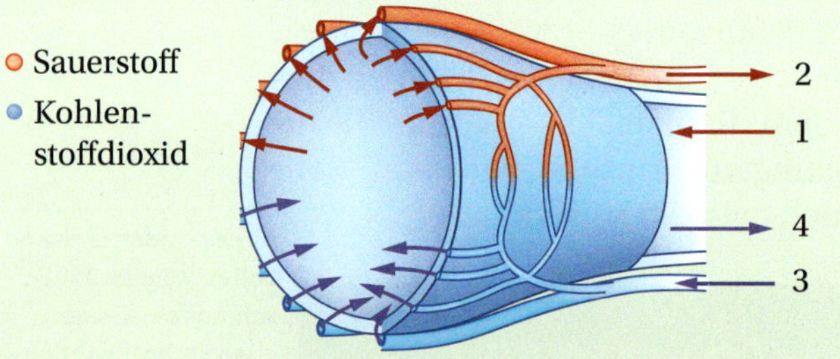

In den Lungenbläschen erfolgt der Gasaustausch. Der aufgenommene Sauerstoff wird in den Zellen des Körpers zur Energiegewinnung benötigt. Dabei entsteht Kohlenstoffdioxid.

Rauchen schadet den Atmungsorganen. Schädigende Stoffe in der Zigarette sind hauptsächlich Nikotin, Teerstoffe und Kohlenstoffmonooxid.

Löse mit Köpfchen

1. Jedes Teil ist wichtig

a) Benenne die Teile des Atmungssystems und ordne ihnen jeweils eine Aufgabe zu.

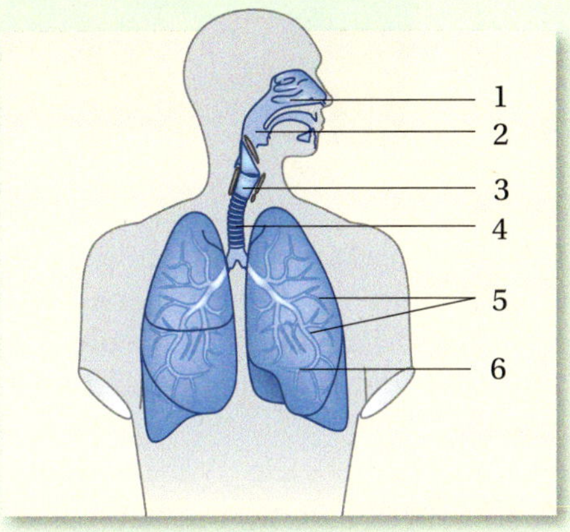

b) Nenne Maßnahmen, die der Gesunderhaltung des Atmungssystems dienen. Begründe deine Vorschläge. ↗ S. 125

c) Erläutere den Zusammenhang zwischen Bau und Funktion am Beispiel des Lungenbläschens.

2. Ohne Sauerstoff kein Leben

Durch Mund-zu-Mund-Beatmung kannst du einem Verunglückten mit Atemstillstand mit deiner Ausatemluft das Leben retten.
Erkläre diesen Sachverhalt. ↗ S. 37

3. Gefahr durch Gifte

Zigaretten und Alkohol werden zwar oft als Genussmittel bezeichnet. Ihr Konsum kann unseren Körper jedoch schädigen. Recherchiert in unterschiedlichen Medien, welche Gefahren von Alkohol und Giftstoffen im Tabak ausgehen. ↗ S. 169

4. Eine Frage der Umgebung

In extrem hohen Gebirgsregionen müssen Bergsteiger mit Sauerstoffgeräten ausgerüstet sein. Erkläre. ↗ S. 37

5. Lieber gesund als krank

Erarbeitet Informationen zu Krankheiten der Atmungsorgane (z. B. Asthma, Tuberkulose, grippaler Infekt, Bronchitis). Bildet Gruppen und teilt die Themen unter euch auf.

6. Atmen, um zu leben

Recherchiere die Atmungsorgane von verschiedenen Tieren. Übertrage dazu folgende Tabelle in dein Heft und fülle sie aus. Ergänze weitere Zeilen.

Atmungstyp	Lebewesen
Hautatmer	…
…	Fisch
Lungenatmer, einfache Lunge	… …
Tracheenatmer	…
Lungenatmer, Lungenbläschen	Mensch …

Transportmittel Blut

Ein ganz besonderer Saft

Unsere Blutmenge beträgt ungefähr 8 Prozent der Körpermasse. Berechne die Menge Blut, die in deinem Körper enthalten ist. Wozu benötigst du so viel Blut?

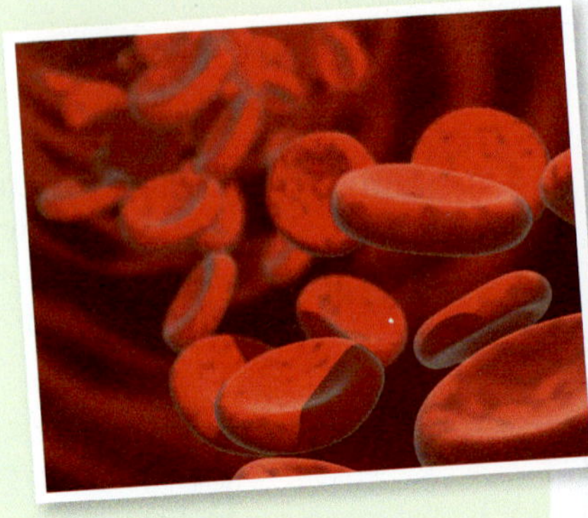

Erforsche es

Ein Blutausstrich unterm Mikroskop

Lass dir von deiner Lehrkraft ein Dauerpräparat eines Blutausstrichs geben. Betrachte es mithilfe eines Mikroskops. Fertige eine mikroskopische Zeichnung an.

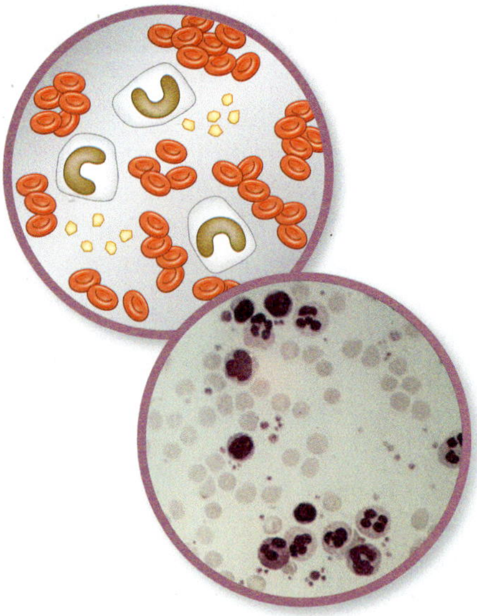

Auswertung:
Beschreibe das mikroskopische Bild. Vergleiche mit der Abbildung.

Blut dient in unserem Körper als wichtiges Transportmittel, z. B. für die Grundbausteine der Nährstoffe und für Atemgase.
Es unterstützt die Wärmeregulation des Körpers. Nicht zuletzt ist das Blut Teil unseres Immunsystems und an der Wundheilung beteiligt.
Diese unterschiedlichen Aufgaben kann das Blut erfüllen, weil es verschiedene Bestandteile enthält.

> Das Blut besteht zu 55 % aus einem flüssigen Bestandteil, dem Blutplasma, und zu 45 % aus festen Bestandteilen, den Blutzellen und Blutplättchen.

Das **Blutplasma** besteht hauptsächlich aus Wasser. Im Wasser sind viele Stoffe gelöst, beispielsweise die Grundbausteine der Nährstoffe, Kochsalz und andere Mineralstoffe sowie Vitamine.
Diese Stoffe werden vom Blutplasma zu allen Zellen des Körpers transportiert.

Abfallstoffe aus dem Stoffwechsel sind ebenfalls im Blutplasma gelöst und werden zu den Ausscheidungsorganen gebracht.

Feste Bestandteile des Bluts			
	rote Blutzellen (Erythrozyten)	**weiße Blutzellen** (Leukozyten)	**Blutplättchen** (Thrombozyten)
	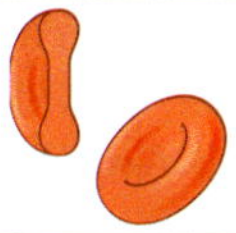	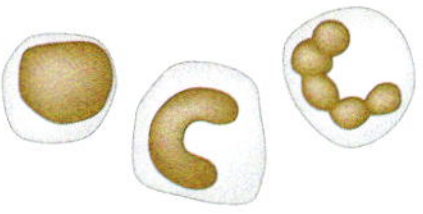	
Bau	Blutzellen ohne Zellkern, enthalten Hämoglobin	Blutzellen mit Zellkern, können ihre Form verändern, beweglich	verschieden geformt, zerfallen an der Luft sehr leicht
Aufgaben	transportieren Sauerstoff	vernichten eingedrungene Krankheitserreger und bilden Antikörper	bewirken die Blutgerinnung und den Wundverschluss
Bildungsort	rotes Knochenmark	Knochenmark	Knochenmark
Lebensdauer **Menge**	etwa 120 Tage 1 mm³ Blut enthält ca. 4,2 bis 6,2 Mio. rote Blutzellen.	etwa 10 Tage 1 mm³ Blut enthält je nach Alter ca. 5 000 bis 10 000 weiße Blutzellen.	etwa 4 bis 10 Tage 1 mm³ Blut enthält ca. 150 000 bis 300 000 Blutplättchen.

Rote Blutzellen enthalten den roten Blutfarbstoff **Hämoglobin.** Er ist in der Lage, Sauerstoff zu binden. Blut transportiert Sauerstoff auf diese Weise in alle Teile des Körpers.

In den Zellen des Körpers wird Kohlenstoffdioxid als Abfallstoff bei der Energiegewinnung produziert. Kohlenstoffdioxid wird mithilfe des Blutplasmas und der roten Blutzellen von den Zellen des Körpers zur Lunge transportiert.

Weiße Blutzellen können sich bewegen und ihre Form verändern. Sie spüren eingedrungene Krankheitserreger und Fremdkörper auf, umschließen und vernichten diese. Sie sind ein wichtiger Bestandteil unseres Immunsystems.

Blutplättchen verschließen die Wunden nach Verletzungen. So wird verhindert, dass weitere Fremdkörper eindringen.

Aufgaben

1 Lies den Text auf den Seiten 122/123. Formuliere einen Merksatz zu den Aufgaben und zur Zusammensetzung des Bluts.

2 Notiere in einer Tabelle Bestandteile des Bluts und deren Aufgaben.

3 Du hast dich sicher schon einmal am Arm verletzt und geblutet. Beschreibe, was du nach kurzer Zeit beobachten konntest.
Nenne die beteiligten Blutbestandteile.

4 Bei schweren Verletzungen mit hohem Blutverlust muss das Blut relativ schnell ersetzt werden. Erkläre, warum das eine notwendige Maßnahme ist. ↗ S. 37

Wusstest du schon …

Blutgruppen und Blutübertragung

Bei allen Menschen unterscheidet sich die Blutzusammensetzung. Das Blut enthält Stoffe, die unterschiedliche Eigenschaften hervorrufen.

Die eine Stoffgruppe sind Eiweiß-Zucker-Verbindungen. Diese befinden sich auf der Oberfläche der roten Blutzellen und werden Antigene genannt. Es gibt zwei Antigene: das Antigen A und das Antigen B.
Es ist erblich festgelegt, ob die roten Blutzellen das Antigen A oder B, beide Antigene A und B oder gar kein Antigen besitzen. Danach wird das Blut in die **Blutgruppen A, B, AB** oder **0** eingeteilt.

Die zweite Stoffgruppe sind Eiweiße und werden **Antikörper** genannt. Sie sind im Blutplasma enthalten. Man unterscheidet auch zwei Antikörper: den A- und den B-Antikörper. Das Blutplasma der Blutgruppe A enthält den B-Antikörper. Blut der Blutgruppe B besitzt den A-Antikörper, das der Blutgruppe AB enthält keine Antikörper. Im Blut der Blutgruppe 0 kommen beide Antikörper vor (A- und B-Antikörper).

Bei einer **Blutübertragung** ist das alles sehr wichtig. Denn wird Blut einer falschen Blutgruppe übertragen, kommt es zur **Verklumpung.** Sie wird durch die Antikörper im Blutplasma ausgelöst.
Dies geschieht nach dem **Schlüssel-Schloss-Prinzip.**
Die Antikörper B im Blut der Blutgruppe A können sich nicht mit dem Antigen A verbinden. Der „Schlüssel" passt nicht ins „Schloss". Das Blut verklumpt nicht.
Wird aber das Blut der Blutgruppe A auf einen Menschen mit der Blutgruppe B übertragen, passt der Antikörper B („Schlüssel") genau auf das Antigen B („Schloss"): Das Blut verklumpt.

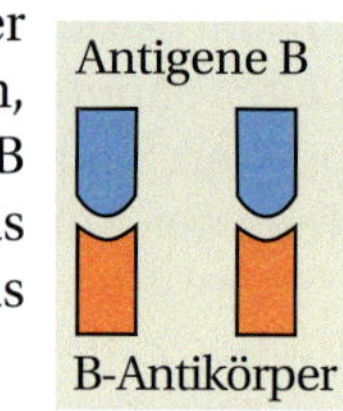

Modell der Antigen-Antikörper-Reaktion der Blutgruppen („Schlüssel-Schloss-Prinzip")				
Blutgruppen	**A**	**B**	**AB**	**0**
Antigene auf der Oberfläche der roten Blutzellen	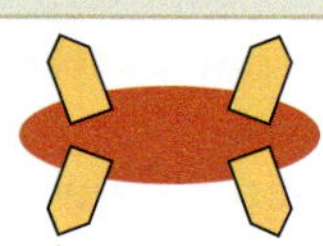 Antigene A	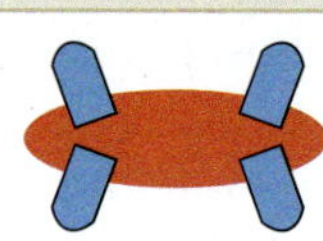 Antigene B	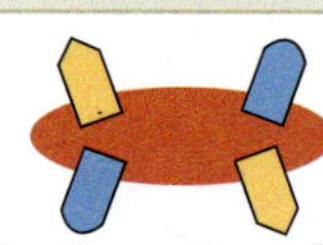 Antigene A und B	 keine Antigene
Antikörper im Blutplasma	 B-Antikörper	 A-Antikörper	keine Antikörper	 A- und B-Antikörper
Verklumpung mit	A-Antikörpern	B-Antikörpern	A- und B-Antikörpern	keine

So kannst du vorgehen

Begründen

Im Biologieunterricht wirst du oft aufgefordert, Aussagen zu begründen.

Beim Menschen treten die Blutgruppen A, B, AB oder 0 auf. Bei Blutübertragungen (Vollblutspende) muss immer Blut derselben Blutgruppe verwendet werden. Begründe diese Aussage.

Beim Begründen sollst du nachweisen, ob eine Aussage richtig oder falsch ist.

► Schritt 1

Nenne die Aussage, die begründet werden soll.

Bei Blutübertragungen muss immer Blut derselben Blutgruppe verwendet werden.

► Schritt 2

Sammle naturwissenschaftliche Argumente.

Dabei geht es sowohl um Argumente, die *für* als auch *gegen* diese Aussage sprechen.

- *Blut hat verschiedene Funktionen, u. a. wird durch die roten Blutkörperchen Sauerstoff transportiert.*
- *An den roten Blutzellen befinden sich entsprechend der Blutgruppe entweder das Antigen A, das Antigen B, beide Antigene oder keines. Diese Antigene weisen eine bestimmte Form auf.*
- *Im Blutplasma befinden sich zugehörige Antikörper. Das sind Eiweiße, die ebenfalls eine bestimmte Form haben. Sie wirken gegen fremde Blutkörperchen.*
- *Passen Antikörper des eigenen Bluts und Antigene fremder Blutkörperchen nach dem „Schlüssel-Schloss-Prinzip" zusammen, verklumpt das Blut.*

► Schritt 3

Formuliere die Begründung.

Formuliere deine Begründung zusammenhängend und folgerichtig.

Wird bei einer Blutübertragung nicht das Blut derselben, sondern einer anderen Blutgruppe übertragen, verklumpt das Blut durch eine Reaktion der Antikörper (im eigenen Blut) mit den Antigenen (der Blutkörperchen des fremden Bluts).
Das Blut kann dann seine Funktionen nicht mehr erfüllen, z. B. keinen Sauerstoff mehr transportieren. Das kann zum Tod des Patienten führen.
Daher muss bei Blutübertragungen immer Blut derselben Blutgruppe verwendet werden.

Transportmittel Blut

Ein besonderer Kreislauf

Diskutiert in der Gruppe, ob der Begriff „Kreislauf“ im Zusammenhang mit unserem Blut richtig ist.

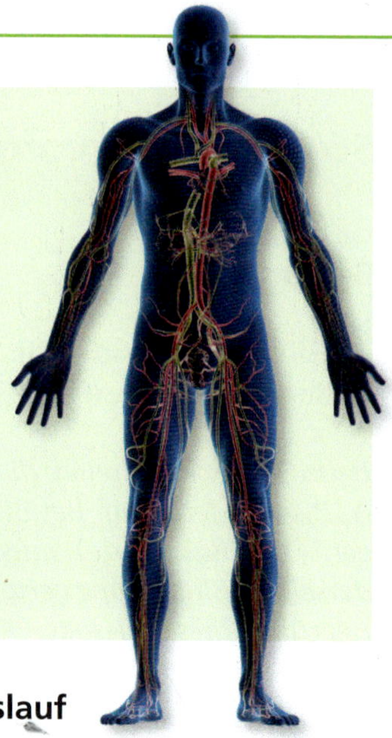

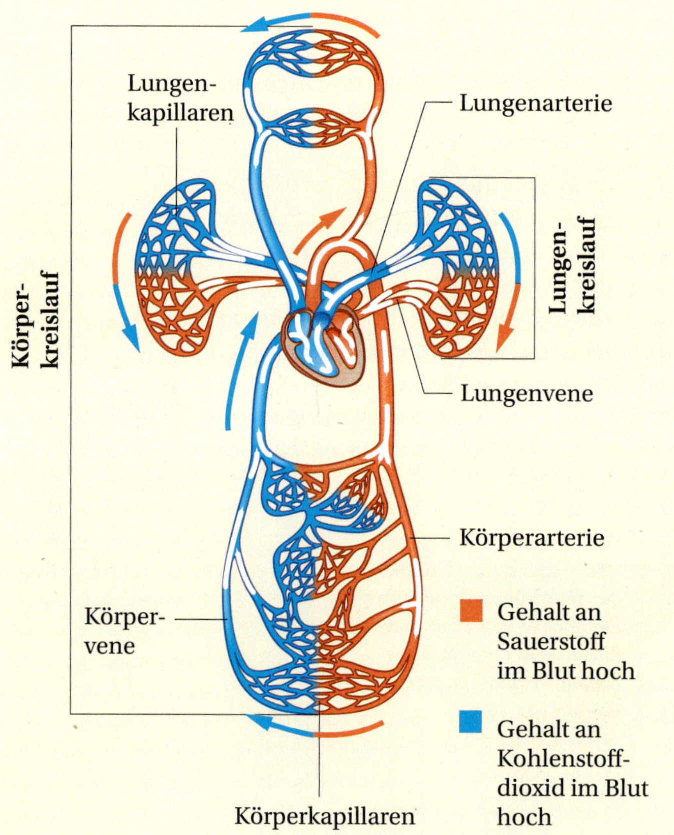

- Verfolge den Weg des Bluts im Körperkreislauf. Beginne beim Herzen.

Der Blutkreislauf

Das Blut fließt in unserem Körper in **Blutgefäßen.** Sie durchziehen den gesamten Körper. Das kannst du auf der nebenstehenden Abbildung erkennen. Auf diese Weise gelangt das Blut in alle Organe und Zellen.
Auf der Abbildung erkennst du auch, dass die Blutgefäße ein **geschlossenes System** bilden. Darin kreist das Blut durch den Körper. Dieser ständige Blutstrom vom Herzen und zurück zum Herzen wird Blutkreislauf genannt.
Wir unterscheiden **Lungenkreislauf** und **Körperkreislauf.** Der Lungenkreislauf beginnt in der rechten und der Körperkreislauf in der linken Herzkammer.

- Vergleiche Lungen- und Körperkreislauf miteinander.

Menschen besitzen einen doppelten und geschlossenen Blutkreislauf.

Die Farben in der Grafik kennzeichnen einen hohen Gehalt an Sauerstoff (rot) bzw. an Kohlenstoffdioxid (blau) im Blut. Diese Farben werden verwendet, weil sauerstoffreiches Blut heller aussieht.

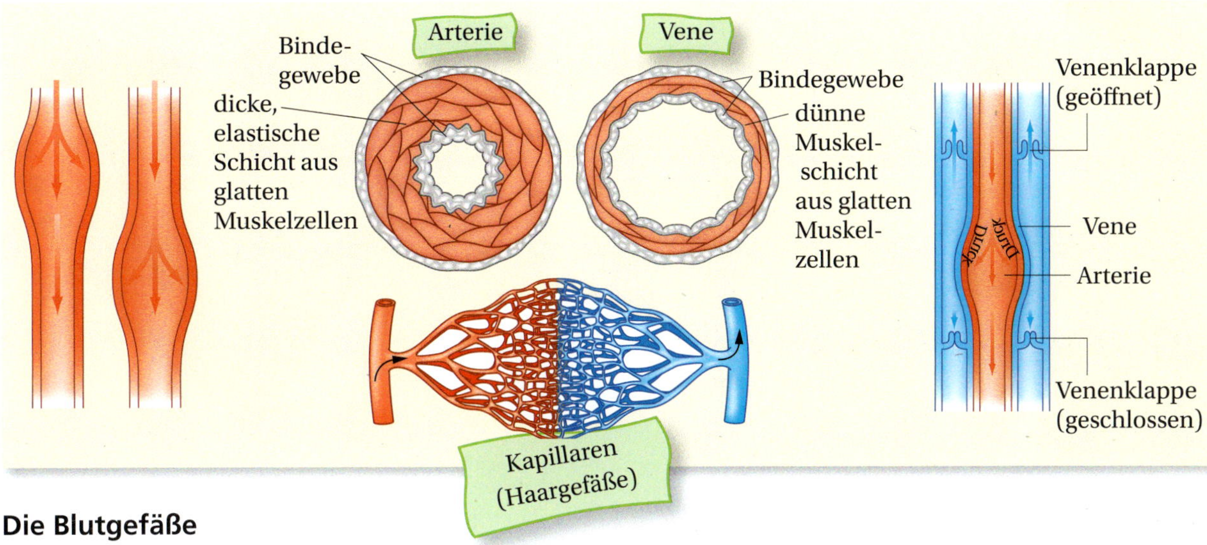

Die Blutgefäße

Arterien sind muskulöse Blutgefäße, die vom Herzen wegführen. Die dicke Muskelschicht dehnt sich aus, wenn das Herz Blut in die Arterie pumpt. Anschließend zieht sie sich wieder zusammen. Dadurch wird das Blut in der Arterie ein Stück weitergedrückt.
Die Erweiterung und das Zusammenziehen der Muskelschicht erfolgen im Rhythmus des Herzschlags. Dadurch entsteht eine Druckwelle, die sich über die ganze Arterie fortsetzt. Diese Druckwelle kannst du als **Puls** fühlen.

Die Arterien verzweigen sich nach dem Abgang aus dem Herzen. Sie werden im Querschnitt immer kleiner, bis sie in haarfeine Blutgefäße (Haargefäße, Kapillaren) übergehen. Die **Kapillaren** bilden ein dichtes Kapillarnetz.

Die Wand der Kapillaren besteht nur aus einer Zellschicht. Die im Blut gelösten Stoffe gelangen im Körper aus den Kapillaren in die Körperzellen. Aus den Körperzellen wandern die nicht benötigten Stoffe, z. B. Harnstoff, Kohlenstoffdioxid, in die Kapillaren.

Die Kapillaren gehen über in **Venen.** Diese Blutgefäße transportieren das Blut aus dem Körper bzw. aus der Lunge zum Herzen hin.
Venen haben dünne, aber sehr dehnbare Wände. Sie können sich nicht aktiv zusammenziehen.
Ein Blutstrom kommt zustande, weil die Pulswelle der Arterie die Venenwand zusammendrückt. Die Venen enthalten im Innern in bestimmten Abständen **Venenklappen.** Diese verhindern das Zurückfließen des Bluts.

Aufgaben

1 Notiere die Blutgefäße und gib ihre Funktion an. Erläutere den Zusammenhang von Bau und Funktion.

2 a) Suche am eigenen Handgelenk den Puls. Zähle die Schläge pro Minute.
b) Diskutiert in der Lerngruppe, wodurch die Anzahl der Herzschläge pro Minute beeinflusst wird. Notiert euer Ergebnis.

Transportmittel Blut

Das Herz – eine lebenswichtige „Pumpe"

„Mein Herz schlägt nur für dich!", sagen Verliebte.
Doch was ist, wenn das Herz nicht richtig schlägt oder stillsteht?

Das Herz

Die Hauptarbeit beim Aufrechterhalten des Blutstroms im Körper leistet unser **Herz.**
Das Herz ist ein etwa faustgroßer Hohlmuskel. Eine muskulöse **Herzscheidewand** teilt das Herz in zwei vollständig voneinander getrennte Hälften. Jede Hälfte besteht aus einem kleineren **Vorhof** und einer größeren **Herzkammer.**

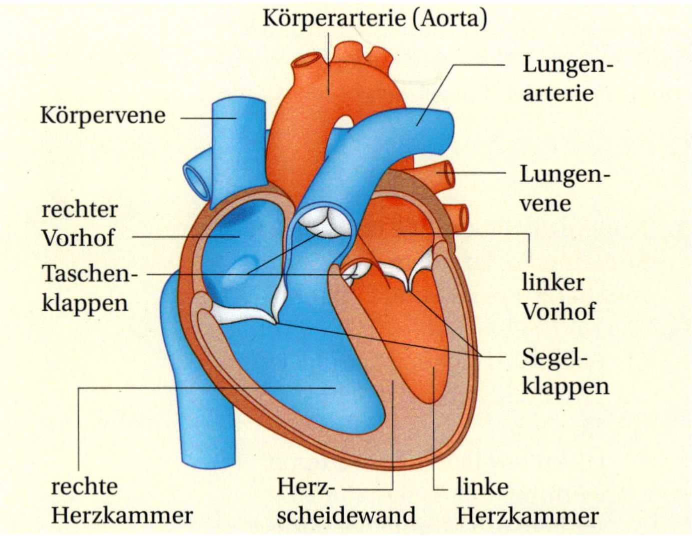

- Suche die Herzklappen in der Abbildung und benenne ihre Funktion.

Da das Herz ein Hohlmuskel ist, kann es sich abschnittsweise zusammenziehen und erschlaffen.

Bei der **Diastole** (Erschlaffen des Herzmuskels) wird Blut zum Herzen angesaugt. Bei der **Systole** (Zusammenziehen des Herzmuskels) wird Blut aus dem Herzen in den Körper bzw. in die Lunge gepresst. Das Herz arbeitet also ähnlich wie eine **Saug-Druck-Pumpe.**

- Beschreibe die Arbeitsweise des Herzens.

Die Blutströmung im und vom Herzen wird durch **Herzklappen** geregelt.
Segel- und Taschenklappen verhindern den Rückfluss des Bluts in die falsche Richtung. Während der Systole schließen sich die Segelklappen und der Weg zu den Arterien wird frei. Während der Diastole schließen sich dagegen die Taschenklappen und der Weg von den Venen wird frei.

Das Herz kann sich abschnittsweise zusammenziehen und bewirkt so den Blutstrom im Körper.

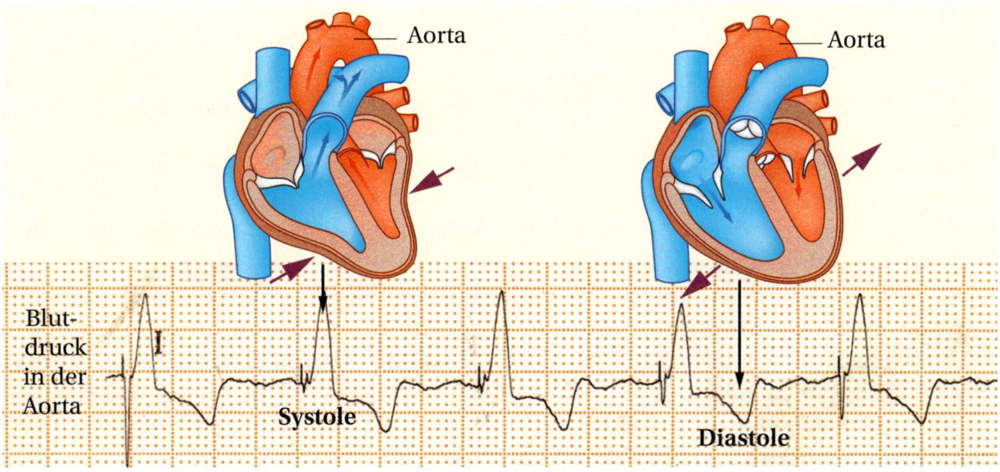

Herzschlag und Blutdruck

Das Zusammenziehen und Erschlaffen des Herzmuskels erfolgt in einem bestimmten Rhythmus. Nach jedem Zusammenziehen des Muskels erfolgt ein Erschlaffen. **Das Herz schlägt.**
Das Herz eines Erwachsenen schlägt in Ruhe 60- bis 80-mal in der Minute, bei einem 14-Jährigen ca. 80- bis 85-mal. Bei jedem Schlag pumpt das Herz etwa 80 ml Blut aus jeder Herzkammer in die abführenden Blutgefäße.
Die Anzahl der Herzschläge pro Minute bezeichnen wir als **Herzfrequenz.** Sie ändert sich im Laufe des Lebens. Innere und äußere Faktoren beeinflussen sie.

In den Arterien entsteht beim Auspressen des Bluts ein Druck im Körperkreislauf: der **Blutdruck.**
Er schwankt zwischen einem höchsten Wert während der Systole und einem niedrigsten Wert während der Diastole. Die Elastizität der Gefäße sorgt dafür, dass auch bei der Diastole ein Restdruck erhalten bleibt.
Beim Erwachsenen beträgt der systolische Blutdruck im Normalfall 110 bis 140 mm Quecksilbersäule (Hg), der diastolische Blutdruck 75 bis 90 mm Quecksilbersäule (1 mm Hg = 0,133 kPa). Der Blutdruck steigt zwar mit dem Alter an, sollte die angegebenen Werte aber nicht überschreiten.

Aufgaben

1 Erläutere, warum man das Herz mit einer Saug-Druck-Pumpe vergleichen kann.

2 Pro Minute werden durch die Tätigkeit des Herzens etwa 4,8 l Blut durch den Körper eines Erwachsenen gepumpt. Berechne die Pumpleistung des Herzens für einen Tag.

3 Finde heraus, wodurch der Blutdruck und die Herzfrequenz beeinflusst werden können.

4 Einige Kinder kommen mit einem Herzklappenfehler zur Welt. Diskutiert in der Gruppe, welche Folgen das für die Entwicklung der Kinder hat.

Wusstest du schon …

Verletzungen der Blutgefäße – Wundverschluss und Erste Hilfe

Werden bei einem Sturz Blutgefäße verletzt, sind die **Blutplättchen** zur Stelle und bewirken eine Verengung des Blutgefäßes. Dadurch tritt das Blut langsamer aus. Die Blutplättchen bilden einen Pfropfen und schließen das Gefäß.
Bei solchen kleinen Wunden hilft meist ein **Pflaster,** um zu verhindern, dass Schmutz in die Wunde kommt.

Werden bei Unfällen größere **Blutgefäße** verletzt, muss ein Arzt bzw. der Rettungsdienst gerufen werden (Telefon 112). Um Erste Hilfe zu leisten, muss man bei stark blutenden Wunden zwischen Blutungen aus Venen und Blutungen aus Arterien unterscheiden.

Werden **Venen** beschädigt, sickert Blut gleichmäßig pulsierend aus der Wunde. Zur Blutstillung wird ein **Druckverband** angelegt. Dazu wird eine sterile Wundauflage auf die Blutungsstelle gelegt. Diese wird 2- bis 3-mal mit einer Binde umwickelt. Anschließend wird ein Druckpolster, z.B. ein Verbandspäckchen, unmittelbar über den Wundbereich gelegt. Mit der restlichen Binde wird das Druckpolster fest umwickelt.
Um Durchblutungsstörungen bzw. Abschnürungen zu vermeiden, darf der Druckverband nicht zu fest sein.

Tritt aus einer Wunde stoßweise und manchmal spritzend Blut aus, ist eine **Arterie** verletzt. **Arterienblutungen sind lebensgefährlich.**
Zur Blutstillung reicht ein einfacher Druckverband oft nicht aus. Bei allen spritzenden Blutungen wird die Arterie herzaufwärts vor der Blutungsstelle abgedrückt bzw. gegen einen Knochen gepresst, damit der Blutzufluss vom Herzen zur Wunde unterbrochen wird.
Anschließend wird ein Druckverband angelegt und erst dann kann das Abdrücken der Arterie unterbleiben. Ist ein Druckverband sehr stark durchgeblutet, wird ein zweiter mit etwas erhöhtem Druck darübergewickelt.

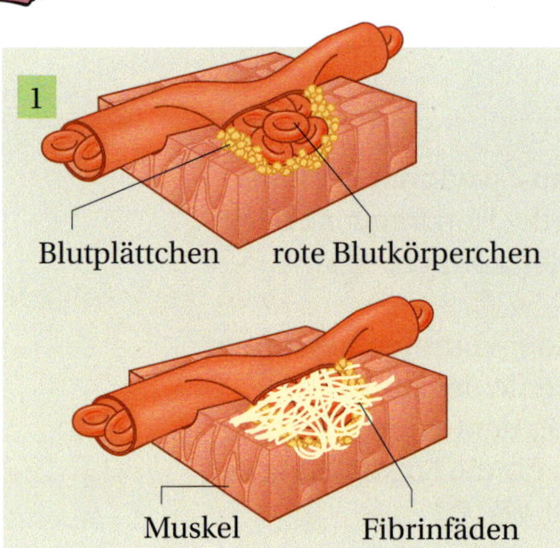

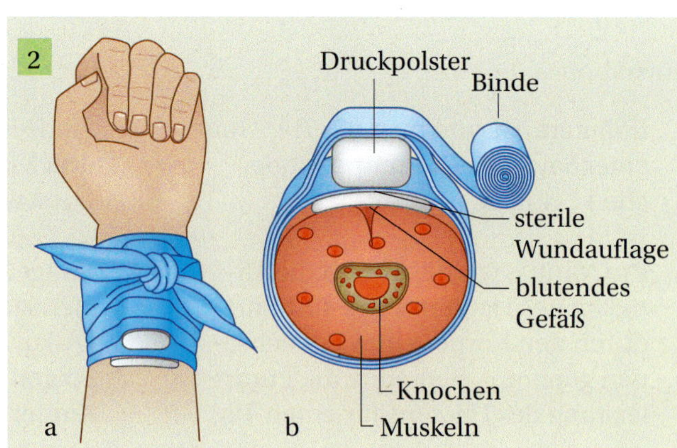

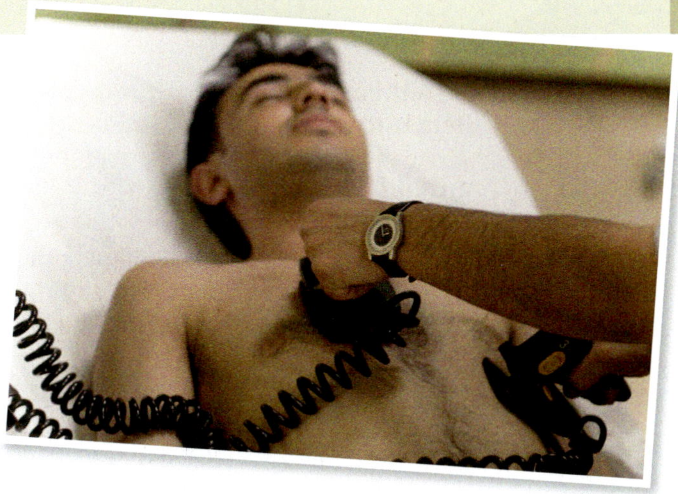

Wenn der Bluttransport gestört ist

Jedes Jahr gibt das Statistische Bundesamt Zahlen über Häufigkeit von Krankheiten und auch Todesfälle heraus. Erkrankungen des **Herz-Kreislauf-Systems** stehen dabei an erster Stelle.
Bei über 43 % aller Todesfälle lag eine solche Erkrankung als Ursache vor.

Sicher hast du in deiner Familie auch schon gehört, dass jemand zu **hohen Blutdruck** hat. Vielleicht hast du schon von einem **Schlaganfall** oder einem **Herzinfarkt** gehört. Das sind Herz-Kreislauf-Erkrankungen.
Arterienverkalkung und **Krampfadern** zählen ebenfalls dazu.

In all diesen Fällen ist der Bluttransport gestört. Die Organe und Zellen werden nicht mehr ausreichend mit Sauerstoff und Nährstoffen versorgt. Sie können ihre Funktionen nicht erfüllen. Wir werden krank oder sterben.

Eine Verengung der Blutgefäße ist häufig die Ursache für einen Schlaganfall oder Herzinfarkt.
In den Blutgefäßen haben sich Fett oder Kalk abgelagert. Dadurch kann nicht mehr so viel Blut fließen, wie die Organe für ihre Versorgung mit Sauerstoff und Nährstoffen benötigen.

Ein Blutgefäß verengt sich.

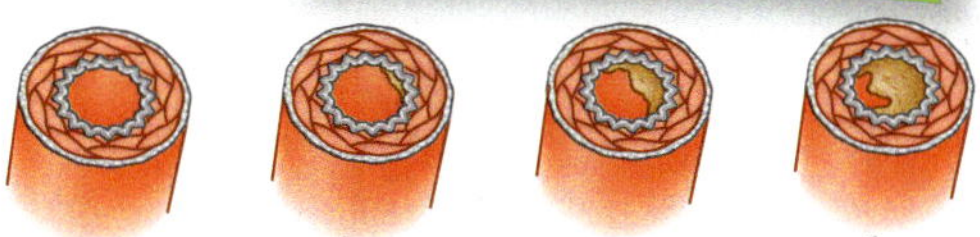

Herz oder Gehirn können ihre Aufgaben nicht mehr erfüllen. Ausfälle des Gehirns, Lähmungserscheinungen oder der Tod sind die Folge.
Ursachen für die Verengung der Blutgefäße sind u. a. falsche Ernährung, Rauchen, zu wenig Bewegung oder Stress.
Nimmst du ständig zu viel Fett durch fetthaltige Nahrung auf, erhöhen sich die Fettwerte im Blut. Das trägt zur Arterienverkalkung bei. Auch Übergewicht belastet den Kreislauf.
Beim Rauchen wird nicht nur die Lunge in Mitleidenschaft gezogen. Nikotin, ein Bestandteil des Tabakrauchs, bewirkt auch eine Verengung der Blutgefäße.
Folgende Situation kennst du sicher: Du hast viele Hausaufgaben zu erledigen. Außerdem sollst du die Geschwister von der Kita abholen. Die Freunde warten draußen auf dich. Du weißt nicht, wie du das alles schaffen sollst. Du bist gestresst.
Wenn solche Situationen anhalten, kann das Auswirkungen auf dein Herz-Kreislauf-System haben. Herzklopfen, Schweißausbrüche, Verkrampfungen der Herzkranzgefäße sind die Folge.

Erforsche es

Wahlthema: Gesunderhaltung von Herz und Kreislauf

Risikofaktoren

1. Setzt euch mit den Risikofaktoren unten im Kasten auseinander. Erläutert, warum sie zu Herz-Kreislauf-Erkrankungen führen können.

2. Dokumentiert einen typischen Tag. In welcher Zeit sitzt ihr, wann und wie bewegt ihr euch? Leitet eine Schlussfolgerung ab.

Zeit	Tätigkeit

3. Was ist Übergewicht? Setzt euch mit dieser Frage auseinander.
   a) Recherchiert das Schönheitsideal zu unterschiedlichen Zeiten in unterschiedlichen Ländern.
   b) Ermittelt mithilfe unterschiedlicher Medien Methoden zur Beurteilung der Körpermasse.
   c) Ermittelt verschiedene Diäten zur Gewichtsreduktion. Diskutiert in der Klasse über diese Diäten. Erarbeitet ein Werturteil.

Risikofaktoren für Herz und Kreislauf

Keine Lust, sich körperlich anzustrengen?
Wie viele Stunden fehlt uns Bewegung - beim Sitzen in der Schulbank oder vor dem Fernseher bzw. Computer? Nicht nur unserem Stütz- und Bewegungssystem fehlt das Training, auch unserem Kreislauf.
Die einzige Alternative lautet: „Geht raus an die frische Luft und bewegt euch!“ Ob mit dem Rad, zu Fuß oder per Inliner ist völlig egal, Hauptsache, ihr bringt einmal am Tag euren Kreislauf auf Touren.

Coole Raucher?
Das Nikotin in Zigaretten bewirkt eine Verengung der Blutgefäße. Damit gelangt weniger Blut und somit weniger Sauerstoff an die verschiedensten Orte des Körpers, selbst der Herzmuskel erhält weniger Sauerstoff. Das Ergebnis ist ein erhöhter Blutdruck und ein erhöhtes Infarktrisiko.

Ein bisschen Stress muss sein?
Stress bringt uns zwar oft erst in Schwung, auf Dauer kann er uns jedoch auch krank machen. Er führt zu erhöhtem Blutdruck und damit zu einer Überbelastung des Herzens.

Lecker essen?
Eine ungesunde Ernährung kann zu Übergewicht führen, das den Kreislauf belastet. Fettreiches Essen kann Ablagerungen in den Blutgefäßen bedingen und diese so verstopfen.

Belastungstests

4. Führt den folgenden Belastungstest in Vierergruppen durch.

Durchführung:

a) Schüler 1 sitzt ruhig auf einem Stuhl, während Schüler 2 die Pulsschläge und Schüler 3 die Atemzüge von Schüler 1 innerhalb von 15 s zählt. Schüler 4 notiert die Ergebnisse in der Tabelle.

b) Schüler 1 macht 30 schnelle Kniebeugen. Schüler 2, 3 und 4 übernehmen wieder die gleichen Aufgaben wie in Aufgabe a.

c) Die Schüler tauschen die Rollen.

Auswertung:

- Fertigt eine Tabelle an. Tragt darin jeweils die Anzahl der Pulsschläge und Atemzüge pro 15 s und 1 min vor und nach den Kniebeugen ein.
- Vergleicht die Ergebnisse.
- Erklärt, welcher Zusammenhang zwischen körperlicher Aktivität, der Anzahl der Pulsschläge und der Anzahl der Atemzüge besteht.

5. Messt den Blutdruck in Abhängigkeit von körperlicher Aktivität.

Vorbereitung:

Blutdruckmessgerät (z. B. aus der Apotheke), Zettel und Stift

Durchführung:

- Ermittelt euren Blutdruck mit einem Messgerät entsprechend der Gebrauchsanweisung. Schaut während der Messung nicht auf die Anzeige.
- Wählt ruhige, entspannte Situationen für die Ermittlung eures Normbereichs aus (Kontrollversuch).
- Belastet euch und messt vorher und nachher in sinnvollen Zeitabständen euren Blutdruck. Nutzt körperliche Betätigungen (z. B. schnelles Treppensteigen, Liegestütze, Kniebeugen) oder erzeugt Stress durch Zeitdruck beim Lösen von kniffligen Aufgaben.
- Tragt die Messwerte in eine Tabelle ein, die Spalten für Datum/Uhrzeit, Blutdruck sowie Bemerkungen (Stichpunkte zur Situationsbeschreibung) enthält.

Auswertung:

- Überlegt, warum es sinnvoll ist, während der Messung nicht auf die Anzeige zu schauen.
- Beschreibt die Messdaten in Abhängigkeit von der jeweiligen Situation und vergleicht diese.
- Fasst die Daten in sinnvollen Kategorien zusammen (z. B. Ruhe, Art der Belastung, Zeitabstand vorher/nachher).
- Berechnet die Mittelwerte und stellt diese in Blockdiagrammen dar.

Das hast du gelernt

Transportmittel Blut

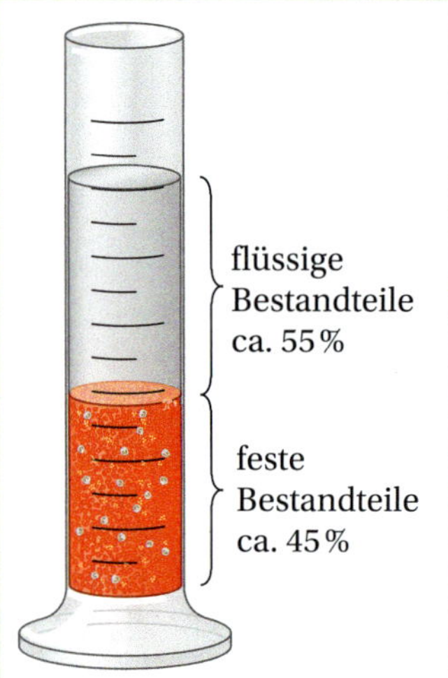

Bestandteile des Bluts

- Blutplasma (transportiert gelöste Stoffe)
- Rote Blutzellen (transportieren Sauerstoff)
- Weiße Blutzellen (vernichten Krankheitserreger und bilden Abwehrstoffe)
- Blutplättchen (bewirken die Blutgerinnung)

Teile des Blutgefäßsystems

Herz	Blutgefäße	Blutkreislauf
Durch rhythmisches Zusammenziehen des Herzens wird das Blut durch unseren Körper transportiert.	Das Blut fließt in Blutgefäßen durch unseren Körper.	Im geschlossenen Röhrensystem kreist das Blut durch den Körper und erreicht alle Organe.
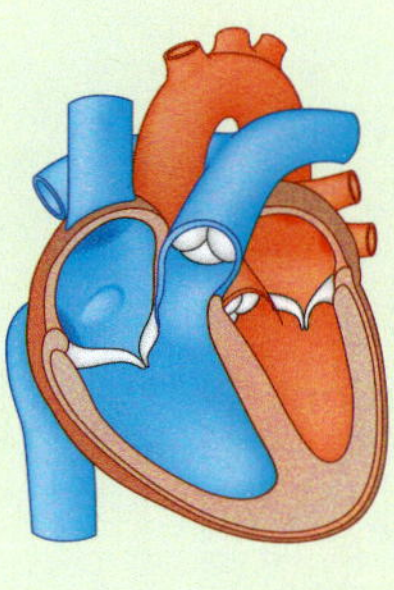	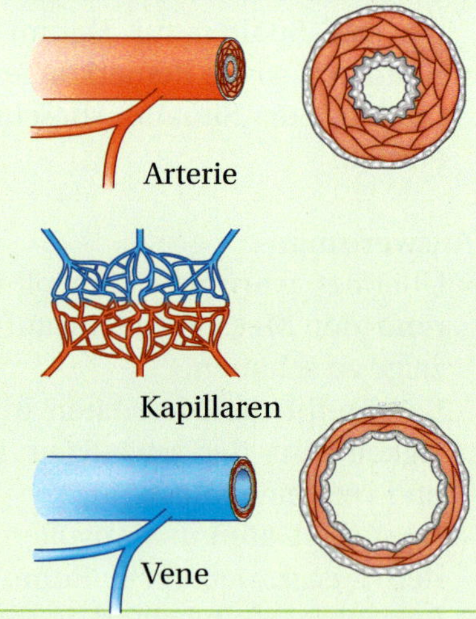	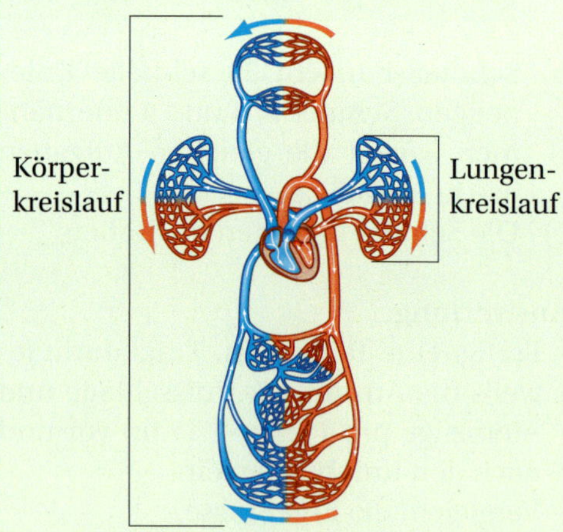

Körperliche Belastung beeinflusst den Blutkreislauf und erhöht den Herzschlag. Du kannst deinen Kreislauf trainieren, ihn so an Belastungen gewöhnen und Kreislauferkrankungen vorbeugen.

Löse mit Köpfchen

1. Blut rettet Leben

Unter diesem Motto fahren Blutspendewagen durch große Städte und fordern Menschen zum Blutspenden auf.
Stimmt das Motto?
Lege deine Meinung dar.

2. Blutgefäße im Vergleich

In ihrem Bau (ihrer Struktur) sind die Arterien, Kapillaren und Venen an ihre Funktion angepasst.

a) Vergleiche den Bau der Blutgefäße. ↗ S. 67

b) Erkläre den Zusammenhang zwischen Struktur und Funktion bei den drei Blutgefäßtypen. ↗ S. 37

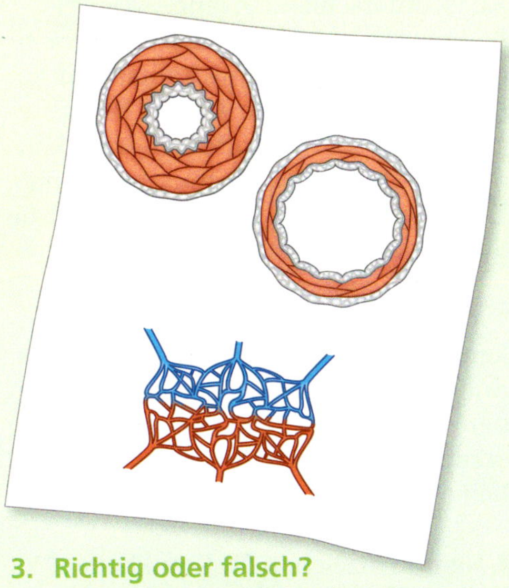

3. Richtig oder falsch?

Betrachte die Abbildung des Blutkreislaufs auf Seite 126 genau. Sind folgende Aussagen korrekt?
Begründe deine Antwort. ↗ S. 125

- Arterien führen sauerstoffreiches Blut.
- Venen führen kohlenstoffdioxidreiches Blut.

4. Einfach oder kompliziert?

Verschaffe dir einen Überblick über den Kreislauf des Bluts.

a) Übertrage die Skizze in dein Heft.

b) Beschrifte deine Zeichnung mit folgenden Begriffen:
linke Herzkammer, rechte Herzkammer, linke Vorkammer, rechte Vorkammer, Arterie, Vene, Kapillarnetz, Lungenkreislauf, Körperkreislauf.

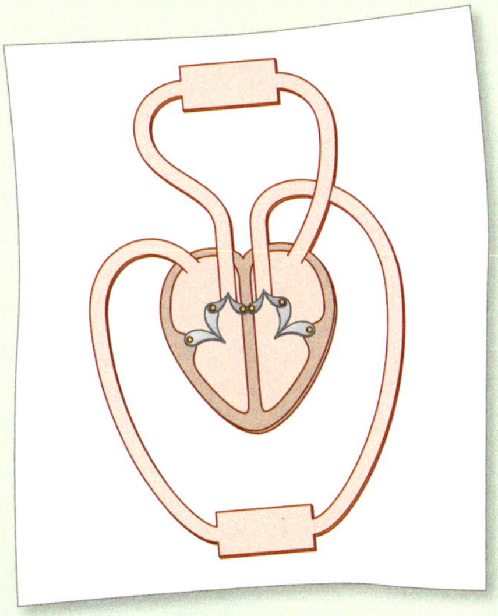

c) Zeichne sauerstoffreiches Blut rot, sauerstoffarmes Blut blau.

d) Beschreibe die Vorgänge im Kapillarnetz.

5. Vorbeugen ist besser als heilen

Informiere dich über Herz-Kreislauf-Erkrankungen wie Bluthochdruck und Herzinfarkt.

a) Erläutere, wie es zum Entstehen von Herz-Kreislauf-Erkrankungen kommen kann.

b) Leite daraus einige vorbeugende Maßnahmen ab.

Kampf gegen Krankheiten

Infektionskrankheiten

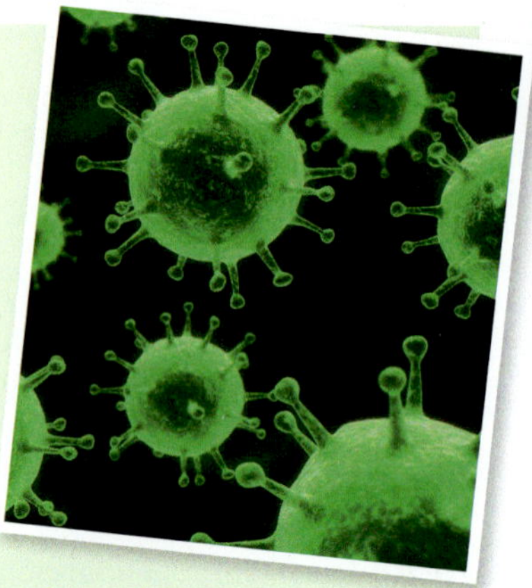

Unzählige Mikroorganismen, darunter viele Krankheitserreger, leben in unserer Umwelt. Wie gelangen sie in unseren Körper und wie wirken sie? Warum wird bei einer Grippewelle eigentlich nicht jeder krank?

Unsere Umgebung ist voller Fremdstoffe. Darunter sind viele Krankheitserreger. Dabei kann es sich um Bakterien oder Viren, aber auch um Pilze oder Parasiten handeln. Sie können an verschiedenen Stellen (u.a. Hautverletzungen, Mund, Nase, Auge) in unseren Körper eindringen. Dann ist eine **Infektion (Ansteckung)** erfolgt. Wirst du krank, hast du eine **Infektionskrankheit.**
Es gibt unterschiedliche Infektionskrankheiten. Ihr Verlauf ist aber ähnlich.

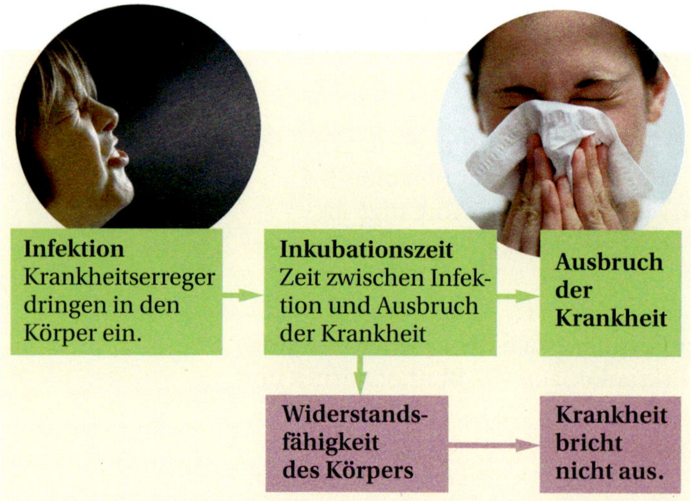

■ Beschreibe das Entstehen einer Infektionskrankheit.

Jede Infektionskrankheit beginnt mit mit dem Eindringen der Erreger.
Die **Inkubationszeit** kennzeichnet den Zeitraum zwischen dem Eindringen der Erreger und dem Auftreten erster Krankheitszeichen (Ausbruch der Krankheit). Sie ist unterschiedlich lang.
Während der Inkubationszeit vermehren sich die Erreger. Ihre Zahl nimmt zu. Durch eine zu große Anzahl von Erregern, die auch **Giftstoffe** freisetzen können, wird der Organismus geschädigt. Das schwächt den Körper und löst die **Symptome** (Anzeichen) aus.

Typische Anzeichen für eine Erkrankung sind u.a. Husten, Niesen, Fieber. Auch Hautausschläge sind möglich. An den Symptomen kann der Arzt häufig erkennen, um welche Infektionskrankheit es sich handelt.

■ Nenne Anzeichen für Krankheiten.

Infektionskrankheiten (ansteckende Krankheiten) werden von verschiedenen Erregern hervorgerufen und sind übertragbar.
Infektionskrankheiten haben einen typischen Verlauf.

Krankheitserreger	Anzahl der Arten	Wirkungsweise	Beispiel für Krankheiten beim Menschen
Viren	über 1 000	zerstören die Zellen von innen	Hepatitis B, Grippe, Kinderlähmung, Röteln, Mumps, Windpocken, Aids
Bakterien	über 1 000	sondern Giftstoffe ab	Meningitis (Hirnhautentzündung), Keuchhusten, Typhus, Tuberkulose, Pest, Tetanus, Diphtherie, Scharlach, Cholera, eitrige Mandelentzündung
Pilze	über 50	zerstören über das Immunsystem körpereigenes Gewebe	Hautpilz, Hefepilzbelag in der Mundhöhle, Infektionen der Lunge
Parasiten	über 50	Manche zerstören die Zellen von innen. Andere sind große Parasiten und entziehen dem Körper Stoffe.	Malaria, Schlafkrankheit, Trichomonas, Amöbenruhr

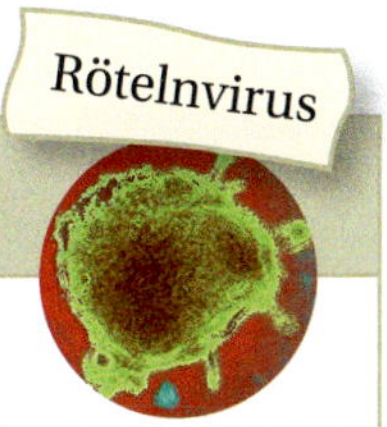

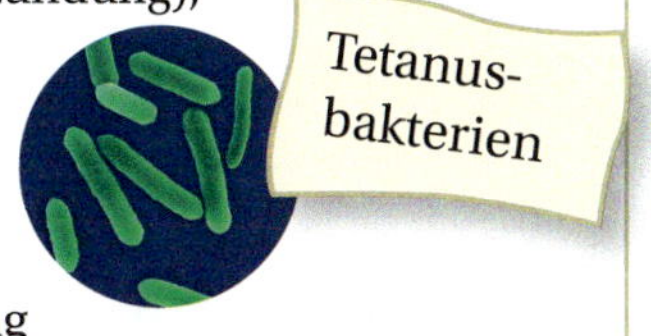

Jeder Mensch besitzt eine bestimmte **Widerstandsfähigkeit** gegenüber Krankheitserregern.

Diese Widerstandsfähigkeit ist u. a. abhängig von der aktuellen körperlichen Verfassung des Menschen.
Wenn du gerade eine Krankheit überstanden hast, ist deine Widerstandsfähigkeit vermindert. Isst du kaum Obst und Gemüse, fehlen dem Körper wichtige Stoffe. Er ist anfälliger gegenüber Infektionen.

Im Laufe seines Lebens erwirbt ein Organismus aber auch eine Widerstandsfähigkeit gegenüber bestimmten Krankheitserregern, denen er bereits ausgesetzt war. Wenn du im Kindesalter beispielsweise an Masern erkrankt warst, wirst du in der Regel diese Krankheit nie mehr bekommen.

Aufgaben

1 Beschreibe, wie Krankheitserreger in den Körper gelangen können. Leite daraus Schlussfolgerungen für die Vermeidung von Infektionskrankheiten ab.

2 Begründe, warum es in Einrichtungen wie Kita, Schule oder Universitäten zum verstärkten Auftreten von Infektionskrankheiten kommen kann. ↗ S. 125

3 In der Tabelle sind Krankheiten und ihre Erreger dargestellt. Bearbeitet in Gruppen jeweils eine Krankheit. Bereitet einen Vortrag vor, der Übertragungsweg, Anzeichen, Verlauf, mögliche Schutzmaßnahmen bzw. Gegenmittel enthält.

Erforsche es

Schutz vor Krankheitserregern

In unserer Umgebung kommen unendlich viele Krankheitserreger vor. Wir können ihnen nicht ausweichen. Aber es gibt Möglichkeiten, dass sie uns so schnell nichts anhaben können.

Hygienemaßnahmen

Die **Hygiene** ist die Lehre von der Verhütung der Krankheit sowie der Erhaltung und Festigung der Gesundheit. Die Reinigung ist eine besonders wichtige Maßnahme. In der Grippezeit sollst du dir z. B. öfter die Hände waschen als sonst.

1. Informiere dich, was diese Maßnahme bewirken soll.

Abhärtung

Ärzte empfehlen, den Körper abzuhärten. Auch dadurch soll verhindert werden, dass du schnell krank wirst.

2. Recherchiere, was der Begriff „Abhärtung" eigentlich bedeutet.
3. Nenne einige Abhärtungsmaßnahmen und ihre Wirkung auf den Körper.

Ernährung und Bewegung

Auch durch ausgewogene und vitaminreiche Ernährung sowie sportliche Aktivitäten können wir verhindern, dass Krankheitserreger uns krank machen.

4. Erforsche, welche Auswirkung eine gesunde, abwechslungsreiche Ernährung auf den Körper hat.
   Gehe dabei auf die Wirkung einzelner Nahrungsbestandteile auf den Körper ein.
5. Erläutere, inwiefern Bewegung hilft, Krankheitserreger abzuwehren.

Was noch?

Eine **gesunde Lebensweise** schützt nicht vor allen Krankheitserregern.

6. Nenne eine weitere Möglichkeit, sich vor Krankheitserregern zu schützen.

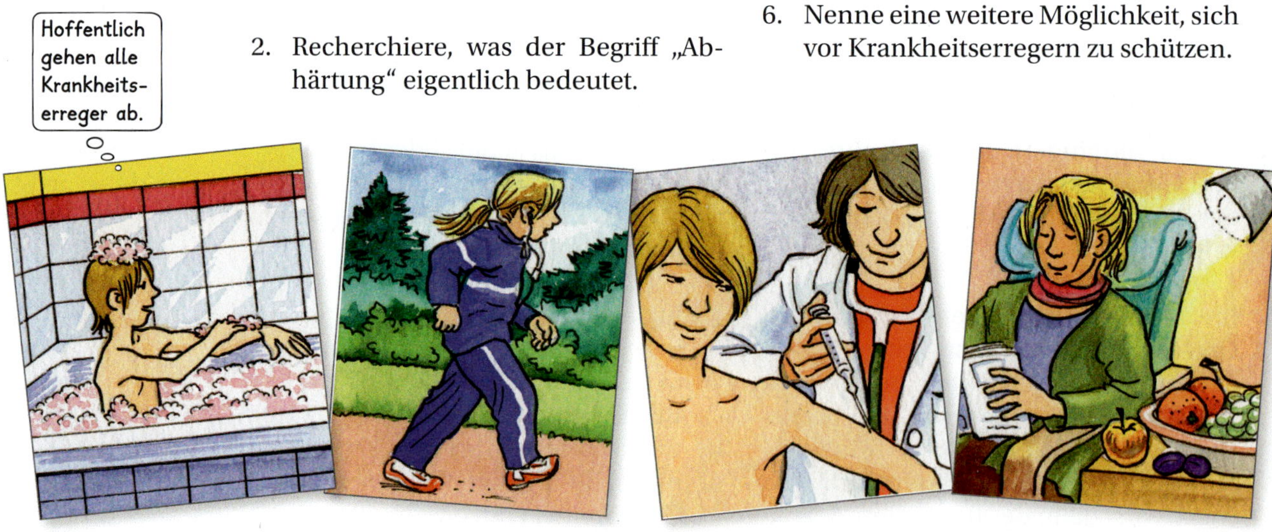

■ Was haben diese Abbildungen mit dem Schutz vor Krankheitserregern zu tun?

Wusstest du schon …

Malaria – durch Parasiten verursacht

Malaria ist eine Krankheit, die nicht typisch ist für unsere Region. Dennoch steigt durch die wachsende Zahl von Fernreisen in tropische und subtropische Gebiete auch die Zahl von Malariaerkrankungen in Deutschland.

Auslöser der Malaria sind Einzeller *(Plasmodien)*. Sie gelangen durch den Stich der Anopheles-Mücke in die Blutbahn des Menschen. Die Inkubationszeit beträgt je nach Erreger 7 bis 35 Tage. Die Einzeller befallen erst Leberzellen, dann rote Blutkörperchen. In diesen teilen sie sich und zerstören sie. Die freigesetzten Erregerzellen infizieren dann neue rote Blutkörperchen. Diese ungeschlechtliche Vermehrung wiederholt sich alle 2 bis 3 Tage. Das führt zu Fieberschüben.

Parallel dazu werden in den Blutkörperchen männliche und weibliche Keimzellen ausgebildet. Diese werden von der Mücke mit einem erneuten Stich aufgenommen. Im Darm der Mücke verschmelzen sie und der Kreislauf beginnt von vorne.

Um sich vor der Krankheit zu schützen, ist in Malariagebieten der Schutz vor Mückenstichen durch Antimückenmittel, entsprechende Kleidung und Netze vor den Fenstern wichtig. Es wird dringend geraten, unter Moskitonetzen zu schlafen.
Außerdem wird in Gebieten mit hohem Malariarisiko eine vorbeugende Einnahme von Medikamenten gegen *Plasmodien* empfohlen. Sie wirken gegen frühe Entwicklungsstadien der Parasiten.

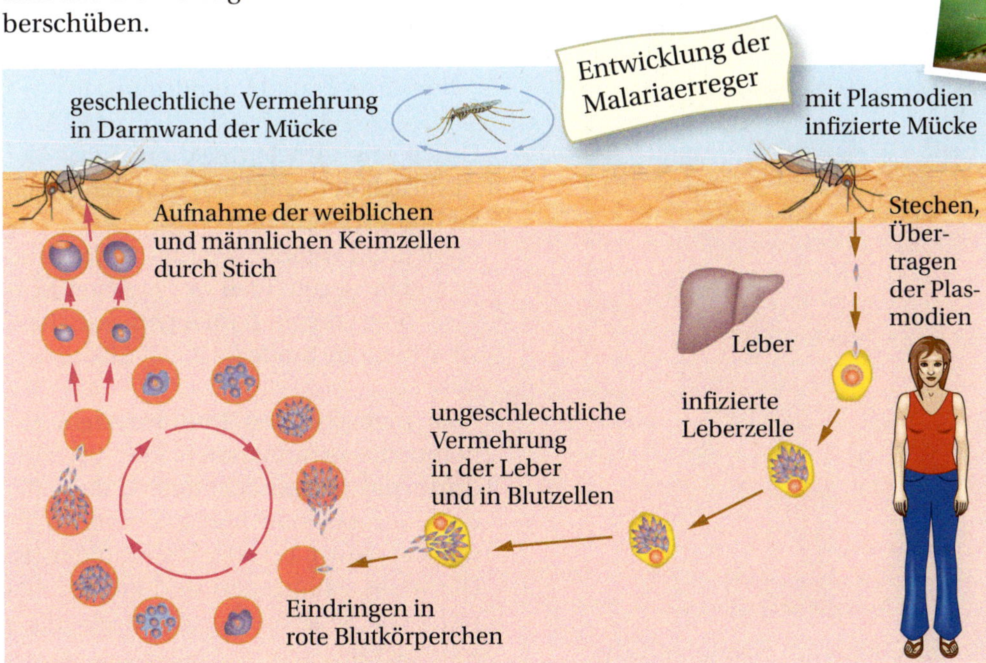

Kampf gegen Krankheiten

Unser Immunsystem

Gar nicht schlimm verletzt?
Jedoch können Krankheitserreger eindringen.
Und dann?

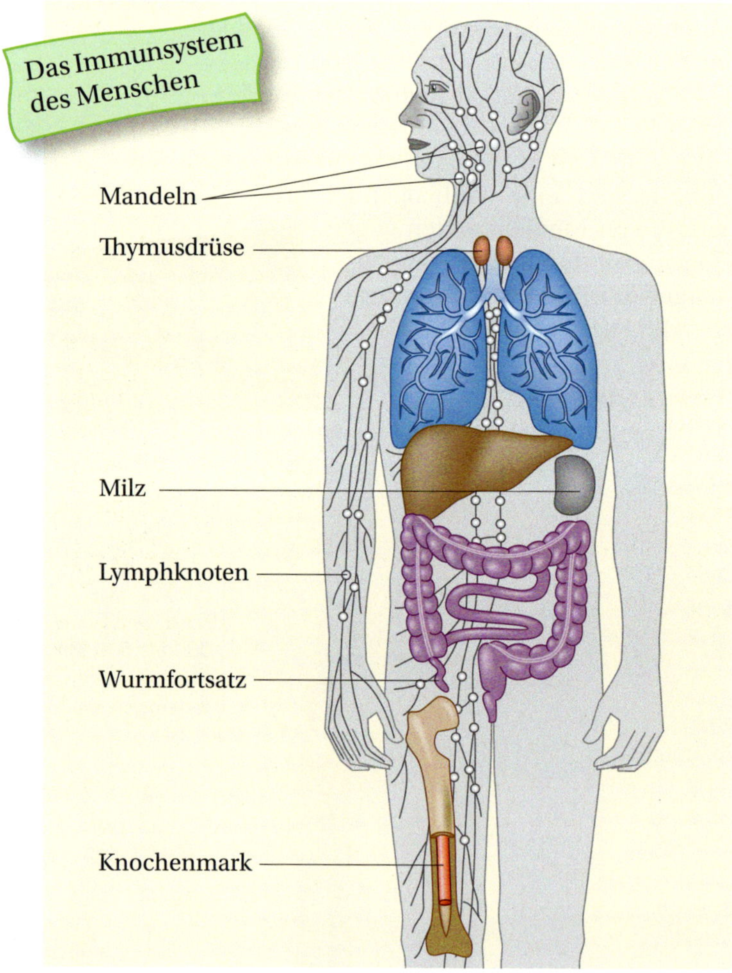

■ Finde Teile des Immunsystems am eigenen Körper.

In unseren Körper gelangen ständig zahlreiche Krankheitserreger. Die entsprechende Krankheit bricht aber oft nicht aus. Der Körper zeigt **Abwehrreaktionen.** Er ist gegen bestimmte Krankheitserreger immun.
Immunität wird durch die Gesamtheit aller Abwehrreaktionen des Körpers gewährleistet.

> Immunität ist die Widerstandsfähigkeit des Organismus gegen Krankheitserreger und Fremdstoffe.

Durch die Abwehrreaktion kann der Ausbruch der Krankheit in vielen Fällen verhindert werden.
Manchmal wendet sich das Immunsystem aber gegen Teile des eigenen Körpers oder reagiert unangemessen auf verschiedene Stoffe (z. B. bei Allergien).

Zum menschlichen **Immunsystem** gehören die Lymphknoten, die Thymusdrüse, das rote Knochenmark, die Milz, die Gaumen- und Rachenmandeln sowie der Wurmfortsatz des Blinddarms. Die weißen Blutzellen sind bei der Abwehr von Krankheitserregern ebenfalls sehr wichtig.

Weiße Blutzellen und Immunität

Die **weißen Blutzellen** (Leukozyten) haben bei der Abwehr von Krankheitserregern eine zentrale Bedeutung.

Je nach ihrer Funktion werden viele verschiedene Zellen der Immunabwehr unterschieden. Kleine und große Fresszellen können Erreger umfließen, in sich aufnehmen sowie verdauen.

Killerzellen töten erkrankte Zellen ab. Andere weiße Blutzellen (z. B. Lymphzellen bzw. Lymphozyten) stellen **Antikörper** her. Das sind Eiweiße, die sich an die Erreger binden und diese abtöten. So können gezielt bestimmte Krankheitserreger unschädlich gemacht werden.

Angeborene Immunität

Die Beschaffenheit unseres Körpers stellt einen natürlichen Schutz vor Krankheitserregern dar. Die unverletzte Haut schützt vor Krankheitserregern. Sekrete wie Tränenflüssigkeit, Speichel und Nasensekret schließen Mikroorganismen ein. Diese werden dann mit dem Sekret aus dem Körper entfernt. Im Magen werden eingedrungene Erreger oftmals von der Magensäure abgetötet.

Überwinden Krankheitserreger oder Fremdkörper diese Hindernisse, werden sie von **Fresszellen** angegriffen. Diese Zellen umfließen eingedrungene Krankheitserreger, z. B. Bakterien oder Viren, aber auch andere Fremdkörper, nehmen sie in sich auf und verdauen sie.

Solche **unspezifischen Abwehrreaktionen** sind **angeboren.**

Die angeborene Immunität macht uns widerstandsfähig gegenüber Krankheitserregern (u. a. durch Fresszellen).

Aufgabe

Erläutere die Funktion der Fresszellen als Bestandteil des Immunsystems. Nutze die Abbildung unten.

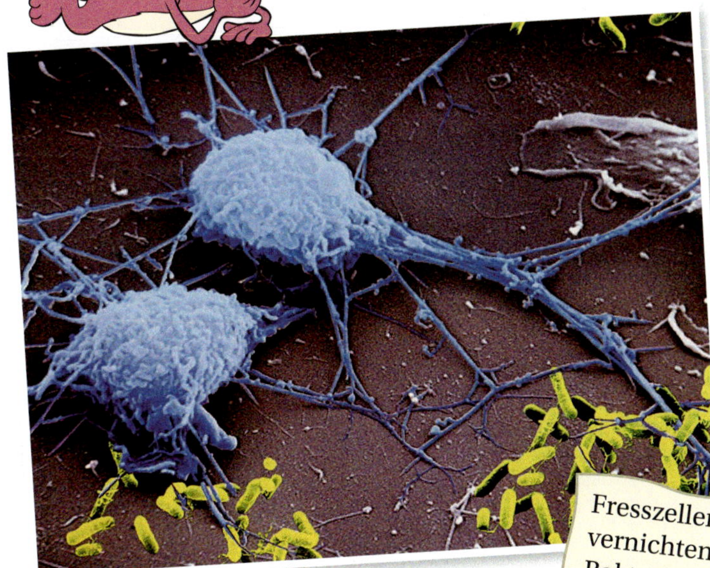

Fresszellen vernichten Bakterien.

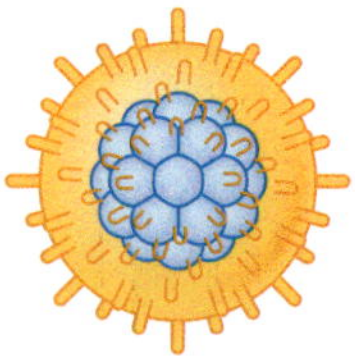

Erworbene Immunität

Neben der angeborenen Immunität gibt es die **erworbene Immunität.**

> Erworbene Immunität ist die Widerstandsfähigkeit des Körpers gegen Krankheitserreger, die erfolgreich bekämpft wurden.

Im Körper sind dann **Antikörper** gegen einen bestimmten Krankheitserreger vorhanden. Diese Antikörper wurden in der Auseinandersetzung mit eingedrungenen Krankheitserregern oder Fremdkörpern gebildet. Gedächtniszellen speichern diese Information (Immunantwort).

Bei wiederholter Infektion mit dem gleichen Erreger kommt es deshalb häufig nicht mehr zum Ausbruch der Krankheit (spezifische Abwehrreaktion). So erkrankt man z. B. an Röteln, Mumps und Windpocken in der Regel nur ein Mal im Leben. Es wurde eine lebenslange Immunität erworben.

Verantwortlich für die erworbene Immunität sind zwei Formen der weißen Blutzellen: B- und T-Lymphzellen.

Aufgabe

Vergleiche angeborene und erworbene Immunität. Bringe für jede Form ein Beispiel. ↗ S. 67

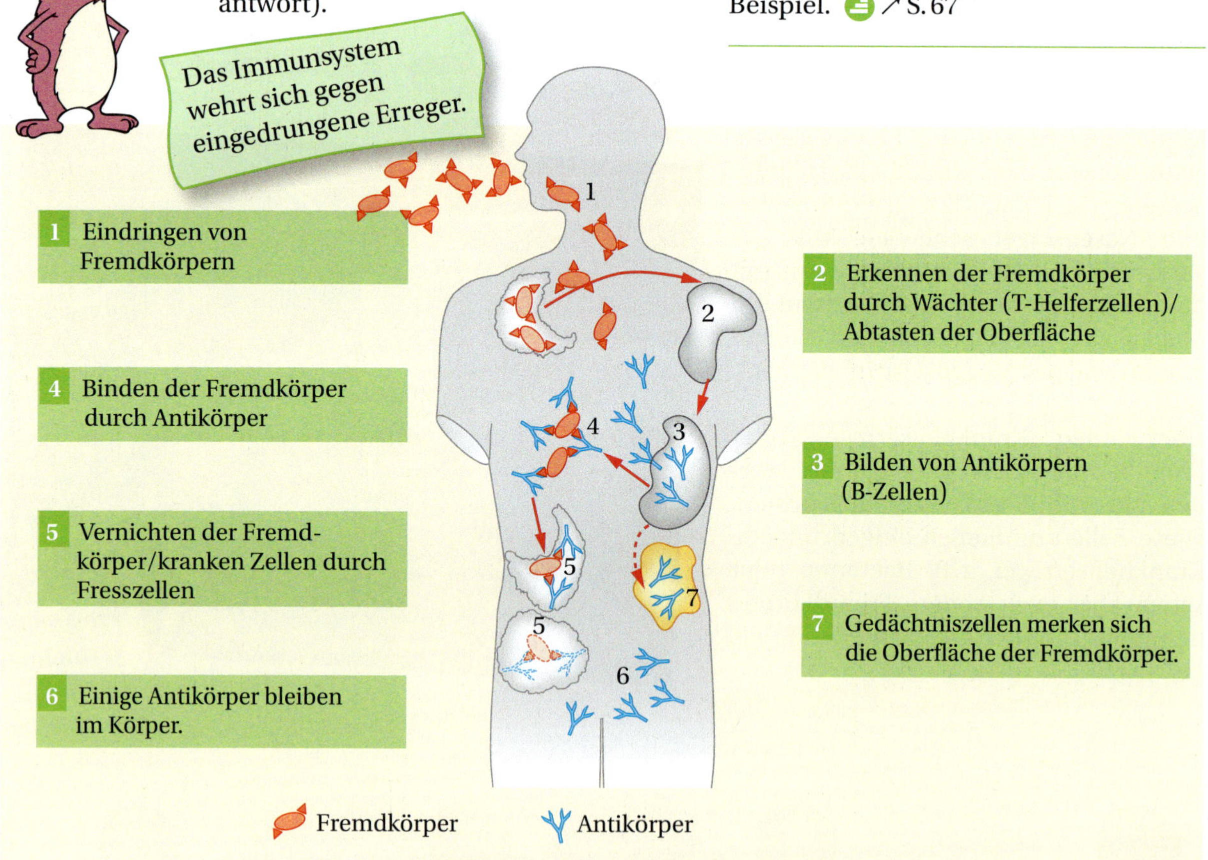

- Deute die Abbildung. Schildere mit eigenen Worten, was im Körper beim Eindringen von Krankheitserregern passiert.

Erforsche es

Allergien – Krankheiten der Zukunft?

1. Allergene Stoffe können für uns ganz alltägliche Materialien sein. Informiert euch über Allergene.
   a) Definiert den Begriff Allergene.
   b) Notiert mindestens sechs verschiedene Allergene und ordnet ihnen die jeweilige allergische Krankheitsbezeichnung zu (z. B. Katzenhaare - Tierhaarallergie).
   c) Beschreibt das Grundmuster der Allergen-Antikörper-Reaktion bei allergischen Erkrankungen.
2. Informiert euch, wie man feststellen kann, ob und worauf man allergisch reagiert.

3. Vergleicht eine Immunreaktion nach dem Eindringen von Bakterien oder Viren in den Organismus mit einer durch Pollen ausgelösten Reaktion. Erfasst dazu Gemeinsamkeiten und Unterschiede.

Allergien – Fehlfunktionen des Immunsystems

Bei einer Allergie lösen Stoffe, die eigentlich unschädlich sind, eine Reaktion unseres Immunsystems aus. Diese Stoffe heißen Allergene. Unser Immunsystem bildet Antikörper, als wenn Erreger vernichtet werden sollten. Es erfolgt eine Überreaktion. Dies äußert sich in den unterschiedlichen Symptomen wie tränenden Augen, Atemnot, Entzündungen usw.

Beispiel:

1. Stufe
Bestimmte Proteine aus dem Speichel und den Hautschuppen der Katze, die den Katzenhaaren anhaften, dringen als spezifische körperfremde Stoffe in den Körper ein und wirken als Antigene.

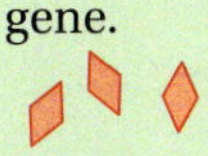

2. Stufe
Die Katzenhaar-Antigene (Allergene) regen im Körper die Bildung von Abwehrstoffen (Antikörpern) gegen Katzenhaare an. Schwellungen und Rötungen treten auf und verstärken sich.

3. Stufe
Die Antigene bilden mit den Antikörpern einen Immunkomplex. Die körperlichen Beschwerden bleiben zunächst erhalten, klingen jedoch ab, wenn keine neuen Allergene vorhanden sind.

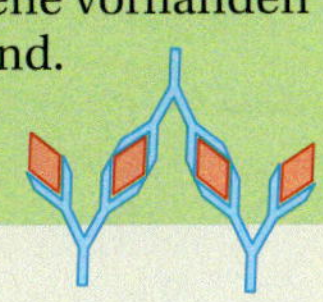

4. Stufe
Die Bestandteile des Immunkomplexes werden langsam abgebaut.

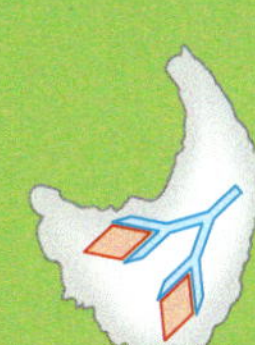

Kampf gegen Krankheiten

Kleiner Stich – große Wirkung

Schutzimpfungen sind nötig. Notiere deine Ansicht zu dem Thema.

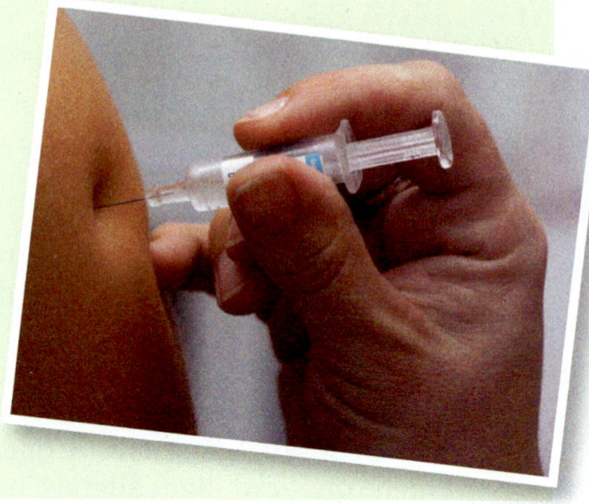

Impfung heißt das „Zauberwort" als Schutz gegen viele Infektionskrankheiten. Dadurch wird **Immunität** gegen bestimmte Krankheitserreger erreicht. Wir unterscheiden zwischen aktiver und passiver Immunisierung.

Bei der **aktiven Immunisierung** werden dem Menschen kleine Mengen von abgeschwächten Erregern einer bestimmten Krankheit eingeimpft. Die Oberfläche der Erreger wird von den T-Helferzellen erkannt. Diese regen die Lymphzellen an, die passenden Antikörper zu bilden. Dringen Erreger in den Körper ein, wird ihre anfangs geringe Anzahl von den Antikörpern markiert und später durch Fresszellen abgetötet. Die Krankheit bricht nicht aus.

Diese aktive Immunisierung wird gegenwärtig z.B. bei Masern und Mumps angewendet. Sie wirkt oft lebenslang, weil die Gedächtniszellen, die die Immunantwort speichern, sehr langlebig sind. Deshalb ist diese Art der Impfung eine **Schutzimpfung.**

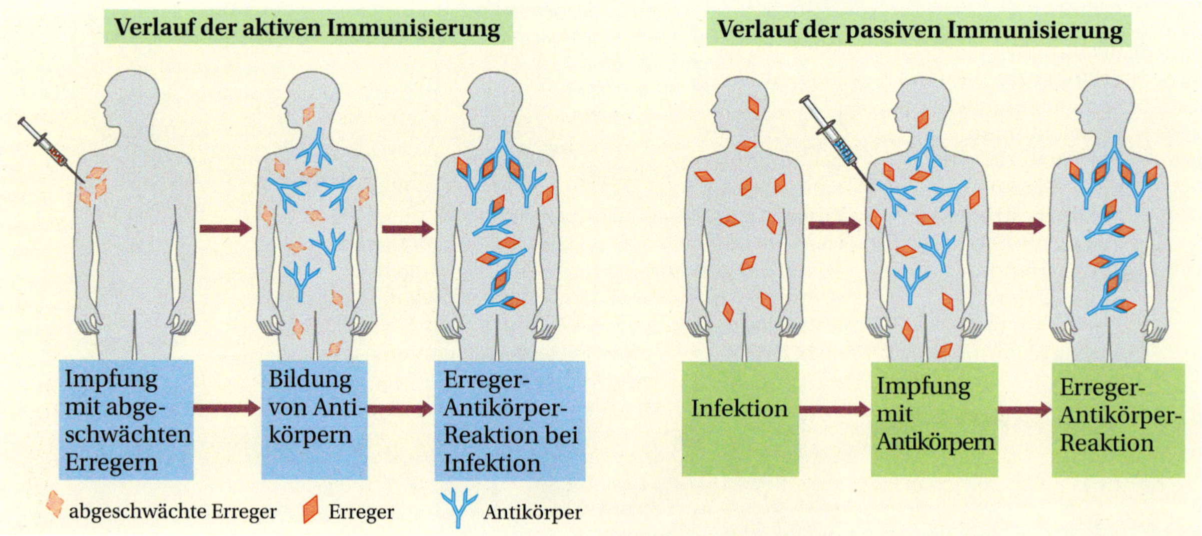

Informationen aus dem Impfkalender der Ständigen Impfkommission (Stand 2010)								
	Alter in Monaten					Alter in Jahren		
Impftermine:	2	3	4	11–14	15–23	5–6	9–11	12–17
Impfungen gegen:	G = Grundimmunisierung					A = Auffrischungsimpfung		
Tetanus (T)	G1	G2	G3	G4		A1	A2	
Diphtherie (D/d)	Kombinationsimpfung	Kombinationsimpfung	Kombinationsimpfung	Kombinationsimpfung		A1	A2	
Keuchhusten (aP)						A1	A2	
HIB *(Haemophilus influenza Typ B)*								
Kinderlähmung (IPV)							A	
Hepatitis B (HB)							G	
Pneumokokken	G1	G2	G3	G4				
Meningokokken				G (ab 12. Monat)				
Masern, Mumps, Röteln				G1	G2			
Varizellen (Windpocken)				G1	G2			G1–2 (ohne frühere Windpockenerkrankung/-impfung)
Gebärmutterhalskrebs (HPV)								G1–G3
Grippe *(Influenza)*					Jährlich besonders bei Personen mit chronischen Erkrankungen und Schwangeren empfohlen.			

Überprüfe mit deinem Impfpass deinen Impfstatus.

Bei der **passiven Immunisierung** wird dem Körper ein Serum eingeimpft. Dieses Serum gewinnt man, indem Tieren, z. B. Pferden, Krankheitserreger eingeimpft werden. Die Tiere bilden im Blut Antikörper gegen diese Erreger. Aus diesem Blut wird das Serum gewonnen, das dem Menschen zur Bekämpfung einer bestimmten Infektionskrankheit geimpft wird.

Angewandt wird diese Form der Impfung z. B., wenn der Verdacht auf eine Infektion mit Wundstarrkrampf besteht. Vorteilhaft ist bei der passiven Immunisierung die rasche Wirkung. Sie bietet jedoch keinen Langzeitschutz.

Aufgaben

1. Immunisierung ist eine Maßnahme zum Schutz vor Infektionskrankheiten. Definiere den Begriff Immunisierung. Beschreibe die unterschiedlichen Formen der Immunisierung.

2. Informiert euch im Internet genauer über die Infektionskrankheiten Grippe, Röteln, Masern und Diphtherie. Fertigt Steckbriefe an. Arbeitet in Arbeitsgruppen. Vergleicht die Schutzmöglichkeiten vor diesen Krankheiten.

Das hast du gelernt

Kampf gegen Krankheiten

Infektion → **Inkubationszeit** → **Krankheit** → **Immunreaktionen** → **Genesung**

- **Infektion:** Erreger dringen in den Körper ein.
- **Inkubationszeit:** Erreger vermehren sich oder geben Giftstoffe (Toxine) ab.
- **Krankheit:** bricht aus. Typische Symptome treten auf.
- **Immunreaktionen:** unspezifische und spezifische Reaktionen zur Bildung von Antikörpern

Inkubationszeit ↓ **Mobilisierung von Abwehrkräften** → **Immunität**

Krankheit bricht nicht aus.

Immunität und Immunisierung

Immunität

Immunität ist die Widerstandsfähigkeit des Körpers gegenüber Krankheitserregern bzw. ihren Giften und gegenüber Fremdstoffen.

Immunisierung

Durch **Immunisierung** (Impfung) kann die Immunität gegenüber bestimmten Krankheitserregern erreicht werden.

Immunität
- natürliche Immunität
- erworbene Immunität

Immunisierung
- aktive Immunisierung
- passive Immunisierung

Schutz vor Infektionskrankheiten

- durch persönliche Maßnahmen (z.B. ausgewogene Ernährung, Abhärtung)
- durch Hygiene des eigenen Körpers und der Umgebung
- durch Schutzimpfungen

Löse mit Köpfchen

1. Kampf im Körper
Beschreibe an einer Krankheit, was während der Inkubationszeit im Körper abläuft. Entwickle ein Schema.

2. Kleiner Stich – große Wirkung
a) Im Impfkalender für Säuglinge, Kinder und Jugendliche sind alle Impfungen aufgelistet, die bis zum 18. Lebensjahr empfohlen werden. Begründe, warum für einige Infektionskrankheiten Auffrischungsimpfungen notwendig sind. ↗ S. 125

b) Manche Eltern lassen ihre Kinder nicht gegen Masern impfen, weil sie am Sinn der Impfung zweifeln. Bewerte diese Einstellung. Lege deinen eigenen Standpunkt dar. ↗ S. 87

3. Lebenslanger Schutz
Während des ganzen Lebens soll ein ausreichender Schutz gegen Tetanusbakterien im Körper vorhanden sein. Deshalb wird immer wieder auf die Tetanusschutzimpfung hingewiesen.

a) Informiere dich genauer über die Krankheit. Nutze das Internet oder Fachbücher. Beschreibe, wie es zur Infektion mit den Tetanuserregern kommen kann.

b) Erläutere an diesem Beispiel aktive und passive Immunisierung.

4. Blut – ein besonderer Saft
Blut spielt im Kampf gegen Krankheitserreger eine große Rolle. Wiederhole die Zusammensetzung und die Aufgaben des Bluts. Stelle deiner Gruppe einen Überblick vor.

5. Erforscher von Krankheiten gesucht
Viele Wissenschaftler haben sich mit der Bekämpfung von Krankheiten beschäftigt.
Recherchiere im Internet die Namen dieser Wissenschaftler.
Wähle einen davon aus und halte einen Vortrag über sein berufliches Leben.

6. Antibiotika – wirklich ein Allheilmittel?
Bei der Bekämpfung von Infektionskrankheiten, die durch Bakterien verursacht werden, spielen Antibiotika wie das Penizillin eine wichtige Rolle. Begründe, warum man Penizillin nicht unkontrolliert anwenden sollte. ↗ S. 125

7. Bin ich gesund?
Gesundheit ist laut der Weltgesundheitsorganisation „ein Zustand des vollständigen körperlichen, geistigen und sozialen Wohlergehens und nicht nur das Fehlen von Krankheit und Gebrechen“.

a) Erläutere diesen Satz.

b) Leite Maßnahmen zur Erhaltung deiner eigenen Gesundheit ab.

8. Allergie, was ist denn das?
Erkundige dich in der Familie und im Freundeskreis, ob jemand an einer Allergie leidet. Lass dir berichten, welche Auswirkungen die Allergie auf den Alltag des Betroffenen hat und welche Maßnahmen er ergreift.

Teamarbeit im Körper

Skelett und Muskulatur

Wie beweglich bist du? Beuge dich vor und halte die Knie gestreckt. Kannst du mit deinen Händen den Boden berühren oder die Handflächen auf den Boden legen?

Für unsere Bewegungen ist unser **Stütz- und Bewegungssystem** zuständig. Dazu gehören alle **Knochen** unseres Skeletts, die **Gelenke** und unsere **Muskeln.**

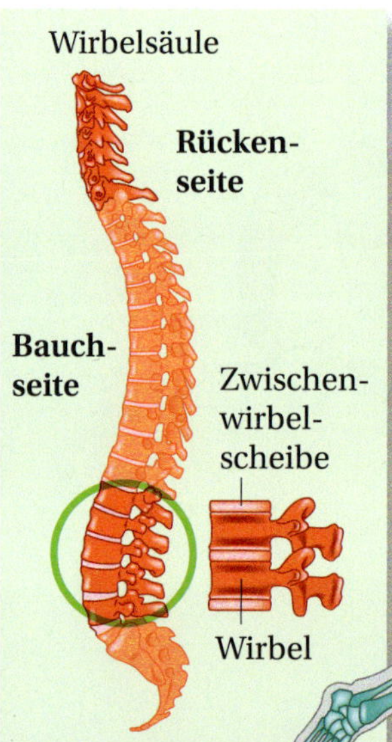

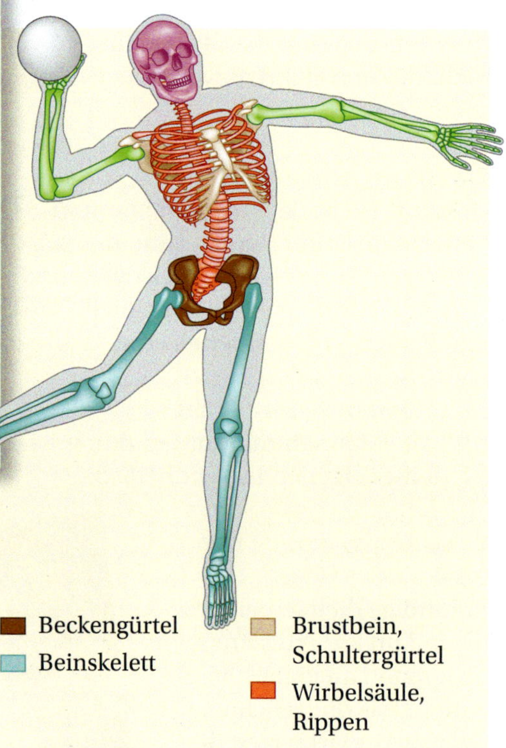

▮ Nenne die drei Hauptabschnitte des menschlichen Skeletts.

Das **Skelett** wird von etwa 220 Knochen gebildet. Die Knochen verleihen unserem Körper Stabilität und geben ihm seine Form. Außerdem schützen sie die inneren Organe.

Unser Körper ist in Kopf, Rumpf und Gliedmaßen (Arme und Beine) gegliedert. Entsprechend wird unser Skelett in ähnliche Abschnitte eingeteilt: Kopfskelett (Schädel), Rumpfskelett und Gliedmaßenskelett.

Die **Wirbelsäule** bildet die Hauptstütze (das Rückgrat) unseres Körpers. Betrachtest du sie von der Seite, erkennst du eine doppelt S-förmige Krümmung. Zwischen den Wirbeln befinden sich knorpelige Zwischenwirbelscheiben (Bandscheiben).
Die Form der Wirbelsäule ermöglicht unsere aufrechte Haltung. Die Zwischenwirbelscheiben verhindern, dass die Wirbel bei jedem Schritt und jeder Bewegung aneinanderreiben.

● Das Skelett ist die Stütze des Körpers und gibt ihm Halt und Form.

Muskeln liegen in Schichten auf dem Skelett. Sie bestehen aus vielen feinen elastischen Muskelfasern.
Zieht sich ein Muskel zusammen, bewirkt er eine **Bewegung** in eine Richtung. Soll der Körperteil in die entgegengesetzte Richtung bewegt werden, muss sich der gegenüberliegende Muskel zusammenziehen. Zur vollständigen Bewegung sind also mindestens zwei Muskeln nötig. Sie arbeiten im Wechsel gegeneinander, die einen als **Beuger,** die anderen als **Strecker.** Solche Muskeln heißen **Gegenspieler.**
So besitzen wir am Oberarm einen Beuger: den Bizeps. Du kannst ihn fühlen, wenn du deinen Arm anspannst. Sein Gegenspieler ist der Trizeps, der sich auf der gegenüberliegenden Seite des Oberarms befindet.

Über **Sehnen** sind Muskeln mit den Knochen verbunden. Dadurch werden die Muskelbewegungen auf die Knochen übertragen.

Muskeln ermöglichen durch die Zusammenarbeit von Gegenspielern die Bewegung.

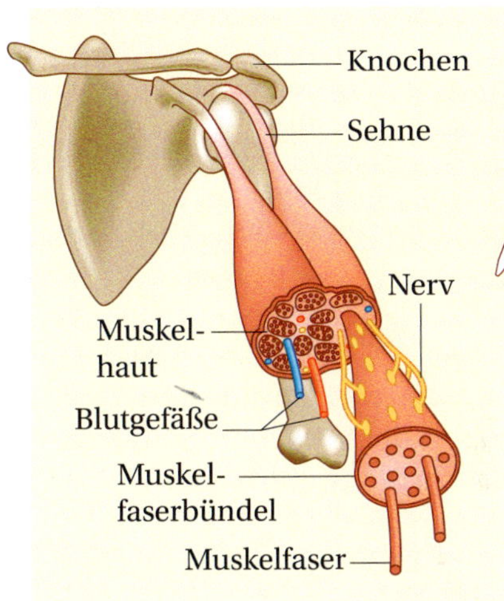

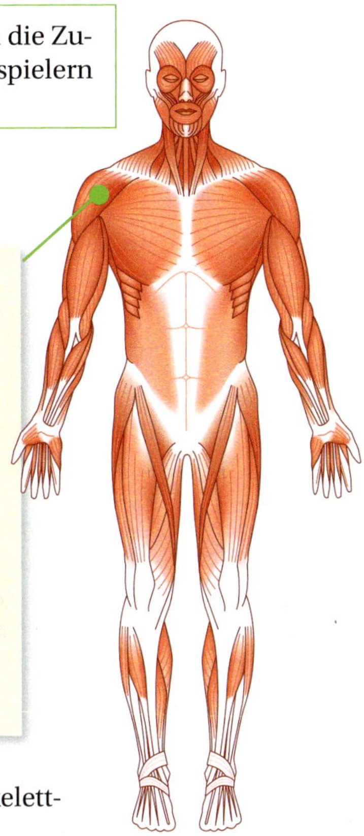

Beschreibe den Bau eines Skelettmuskels.

Aufgaben

1 Nenne die Teile des Stütz- und Bewegungssystems des Menschen.

2 Erkläre die Funktion von Knochen und Muskeln. Wie wirken sie zusammen? ↗ S. 37

3 Beschreibe das Zusammenspiel der Muskeln bei einer Bewegung.

4 Den Körper des Menschen gliedert man in drei Hauptabschnitte: Kopf, Rumpf und Gliedmaßen. Ordne entsprechende Teile des Skeletts zu. Nutze die Abbildung auf Seite 148.

5 a) Setze dich vor einen Tisch und drücke mit der Hand von unten gegen die Tischplatte. Ertaste dabei mit der anderen Hand am Oberarm, welche Muskeln angespannt und welche erschlafft sind.
b) Drücke dann mit abgewinkeltem Arm kräftig mit der Hand auf den Tisch. Ertaste auch hier die Muskeln, die angespannt bzw. erschlafft sind.
c) Erkläre, weshalb diese Arbeitsweise der Muskeln als „Gegenspielerprinzip" bezeichnet wird. ↗ S. 37

Erforsche es

Rund um Armbewegungen

1. Untersuche am eigenen Arm, wie Bewegungen entstehen.

Durchführung:
a) Umgreife deinen rechten Oberarm mit der linken Hand.
b) Beuge und strecke den Arm mehrmals.

Auswertung:
a) Beschreibe, was du bei den Bewegungen an der Vorder- und Rückseite des Oberarms gespürt hast.
b) Übertrage die Skizze (unten) in dein Heft und ergänze jeweils auf einer der punktierten Linien die richtige Stellung des Unterarms.
c) Beschrifte in den Skizzen den Beuger und den Strecker.
d) Welches Gelenk und welche Knochen waren an der Bewegung beteiligt?
e) Suche durch Tasten die entsprechenden Muskeln am Bein, die den Unterschenkel beugen und strecken.
f) Entwickle analog der Skizze zur Bewegung des Unterarms eine Skizze zur Bewegung des Unterschenkels.
g) Kennzeichne den Beuger und den Strecker.

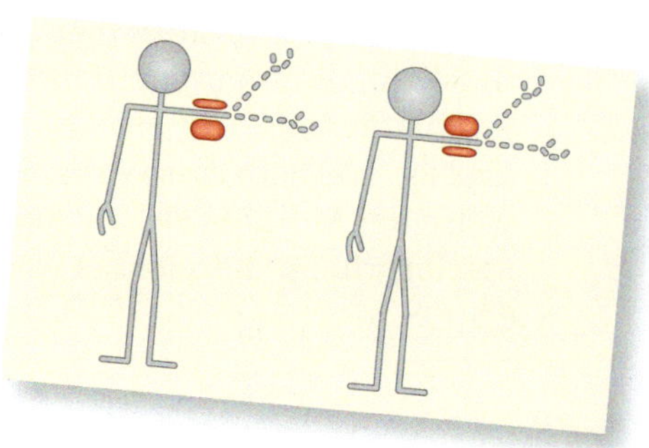

2. Untersuche die Bewegung des Unterarms mithilfe eines Modells.

Vorbereitung:
Lege 2 Pappen, 1 Gummiband, 1 Musterbeutelklammer, 2 kleine Hölzer, Reißzwecken, Holzbrett bereit.

Durchführung:
a) Schneide aus Pappe die Stücke für den Ober- und Unterarm aus.
b) Verbinde beide Pappstücke mit den Gummibändern sowie mit der Musterbeutelklammer (↗ Abb.).
c) Befestige das Modell mit Reißzwecken auf einem Holzbrett, sodass der Unterarm beweglich bleibt.
d) Überprüfe durch Ziehen am Gummiband, wie du das Unterarmmodell beugen und strecken kannst.

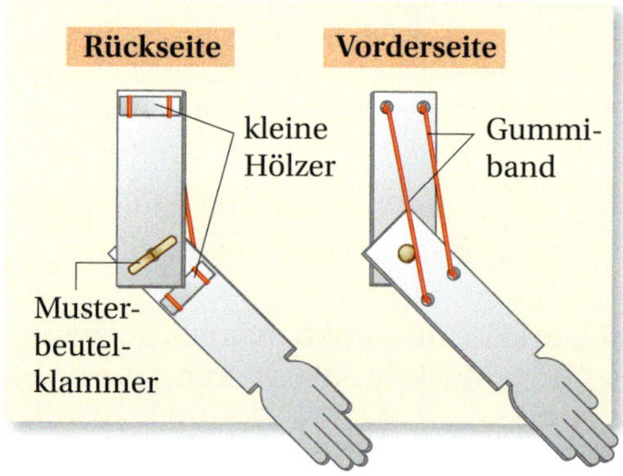

Auswertung:
a) Beschreibe, welche Bewegung durch Verändern des Gummibands möglich war.
b) Fertige eine Skizze vom Modell an, vergleiche diese mit dem Original und beschrifte einzelne Teile.
c) Welche Teile des Arms zeigt dieses Modell nicht? ⊕

Rund um die Wirbelsäule

1. Untersuche die Elastizität und Stabilität der menschlichen Wirbelsäule.

Vorbereitung:
Lege bereit: doppelt S-förmig gebogenen Draht, geraden Draht; Holzbrett mit vorgebohrten Löchern.

Durchführung:
a) Baue entsprechend der Abbildung zwei Modelle.
b) Befestige am oberen Ende je ein kleines Gewicht und beobachte.

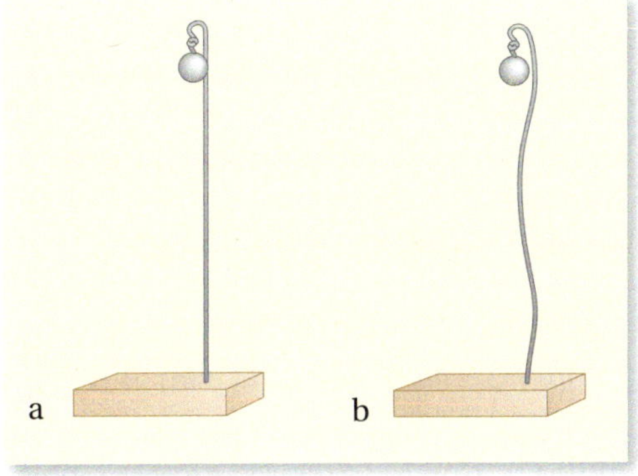

Auswertung:
a) Beschreibe die unterschiedliche Wirkung der Belastung für die beiden Modelle.
b) Ordne die Modelle hinsichtlich ihrer Elastizität und Stabilität vom niedrigsten zum größten.
c) Welche Reihenfolge ergibt sich bei einer Ordnung nur nach Stabilität oder nur nach Elastizität?
d) Welche Eigenschaften der Wirbelsäule werden mit diesem Modell nicht abgebildet?

2. Untersuche die Funktion der Bandscheiben.

Vorbereitung:
Lege bereit: 4 Holzbausteine, 2 Radiergummis, 2 Gummiringe.

Durchführung:
a) Baue ein Modell eines Wirbelsäulenabschnitts entsprechend der Abbildung a.
b) Baue ein weiteres Modell ohne Radiergummi. Achte darauf, dass die Gummiringe jetzt kürzer sein müssen, um die gleiche Spannung zu erhalten wie beim Modell a.

Probiere für jedes Modell die Bewegungsmöglichkeiten, indem du die Bauklötze nach links, rechts, vor- und zurückkippst.

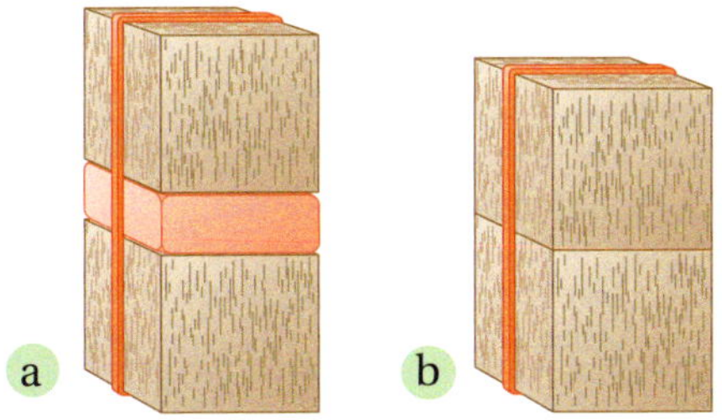

Auswertung:
a) Übernimm die Skizze vom Modell a in deinen Hefter.
b) Beschrifte die Teile des Modells entsprechend dem Wirbelsäulenaufbau.
c) Welches der beiden Modelle konnte besser bewegt werden? Begründe dein Ergebnis.
d) Ein anderes Modell sieht so aus. Probiere auch hier die Bewegungsmöglichkeiten aus.

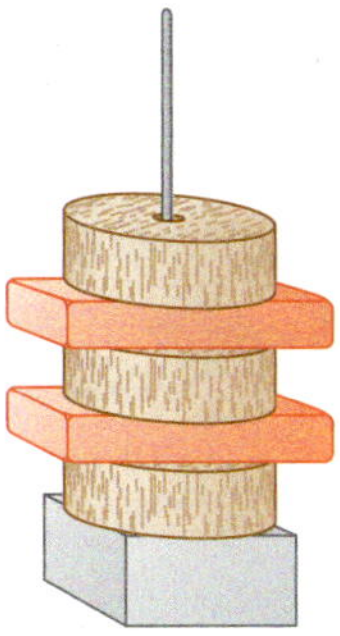

Teamarbeit im Körper

Elastische Knochen?

Beim Weitsprung ist der Aufprall im Sand oft ziemlich heftig. Normalerweise ist trotzdem nichts gebrochen. Wie kommt das?

Knochen sind **druckfest** und **elastisch** zugleich.
Die Knochensubstanz besteht aus einer elastischen Grundmasse **(Eiweißstoff Kollagen).** In diese Grundmasse sind die **Calciumsalze** (Mineralsalze) eingelagert. Die Salze bewirken die Festigkeit.

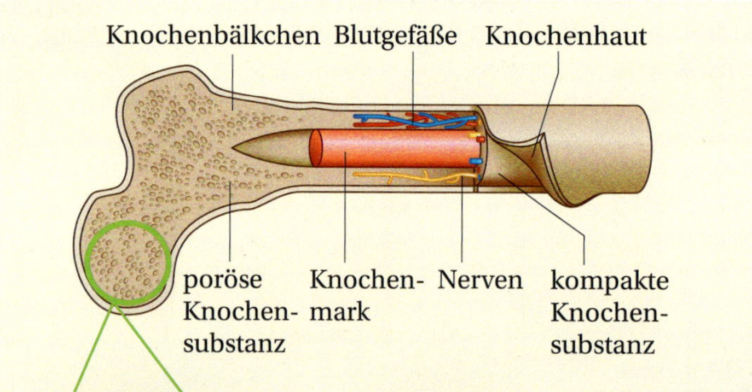

Knochenbälkchen

Metallverstrebungen an einem Kran

Die oberen Schichten des Knochens sind dicht und fest. Im Innern weisen sie eine materialsparende Leichtbauweise auf. Ihr Inneres besteht aus einem **Gerüst aus feinen Knochenbälkchen.**
Diese Knochenbälkchen sind so angeordnet, wie es der Belastung des jeweiligen Knochens am besten entspricht. Dadurch ist dieser **zug- und biegefest.** Interessanterweise findest du ähnliche Verstrebungen an einem Kran.

Knochen sind keine toten, sondern lebende Gebilde. Sie sind von Blutgefäßen und Nerven durchzogen. Deshalb können gebrochene Knochen wieder zusammenwachsen.

Für die Entwicklung und Festigkeit der Knochen ist es wichtig, **Calciumsalze** und **Vitamine** mit der Nahrung aufzunehmen. Sonst können die Knochen schneller brechen oder sich leichter verformen.

> Knochen sind lebende Gebilde. Durch ihren Bau sind sie elastisch und halten Druck- und Zugkräften stand.

Erforsche es

Bestandteile und Eigenschaften von Knochen

Aufgabe:
Vergleiche die Ergebnisse der folgenden Versuche. Welche Schlussfolgerung kannst du bezüglich der Bestandteile und Eigenschaften von Knochen ziehen?

1. Glühe Knochen aus.

Materialien:
Röhrenknochen vom Huhn, Bunsenbrenner, Tiegelzange, Waage

Durchführung:
Bestimme und notiere die Masse des Knochens. Dann halte den Knochen mit der Tiegelzange so lange über die Flamme, bis er ausgeglüht ist. Lass ihn abkühlen und wäge erneut. Prüfe die Festigkeit durch Druck.

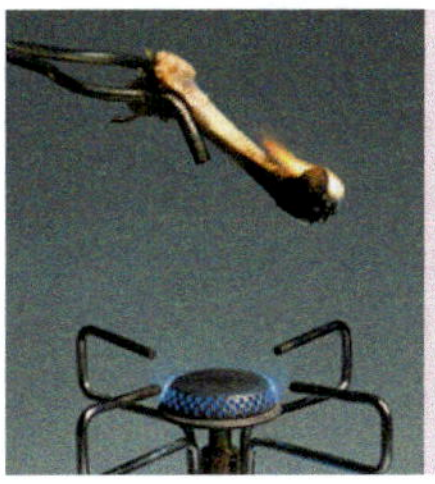

Beobachtung:
Wie verändern sich beim Ausglühen Aussehen und Festigkeit des Knochens?

2. Lege Knochen in Salzsäure.

Materialien:
Röhrenknochen (Huhn), verdünnte Salzsäure (GHS07, E2), Wasser, 2 Bechergläser, Waage, Schutzbrille

Durchführung:
Lege den Knochen einige Tage in ein Becherglas mit verdünnter Salzsäure und beobachte (Arbeitsschutz!). Spüle den Knochen danach gründlich ab und prüfe ihn auf Härte und Elastizität durch Biegen mit den Fingern.
Zum Vergleich lege einen anderen Knochen dieselbe Zeit in ein Becherglas mit Wasser.

Beobachtung:
Wie haben sich Aussehen und Festigkeit des Knochens verändert?

Auswertung:
Werte deine Ergebnisse entsprechend der Aufgabenstellung aus.

Aufgaben

1 Nenne Stoffe, die für die Elastizität und Festigkeit der Knochen in unserer Nahrung enthalten sein müssen.

2 Bei Menschen über 65 Jahre enden Stürze meist mit komplizierten Brüchen der langen Röhrenknochen von Beinen und Armen. Erläutere die Ursachen.

Teamarbeit im Körper

Gelenke – bewegliche Verbindungsstellen

Eine Zimmertür ist durch Scharniere beweglich mit dem Türrahmen verbunden. Erfüllen Gelenke diese Funktion?

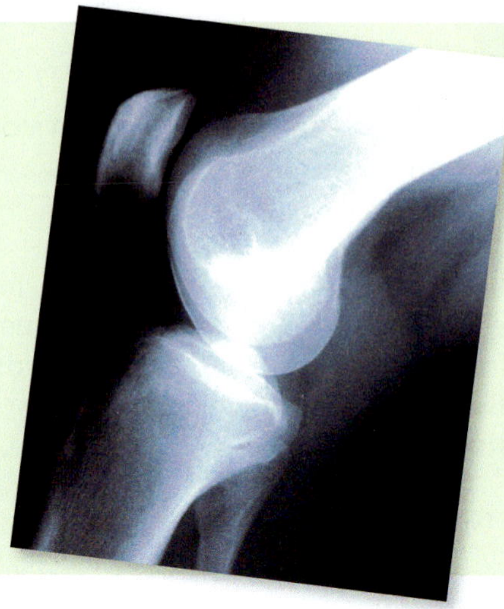

Du kannst deine Arme kreisen, die Beine beugen oder dich bücken. Das ermöglichen **Gelenke,** die die vielen Knochen in unserem Körper beweglich miteinander verbinden.

- Suche an deinem Körper Gelenke und teste ihre Bewegungsrichtung.

Obwohl du mithilfe von Gelenken unterschiedliche Bewegungen ausführen kannst, ist ihr Grundbau gleich.

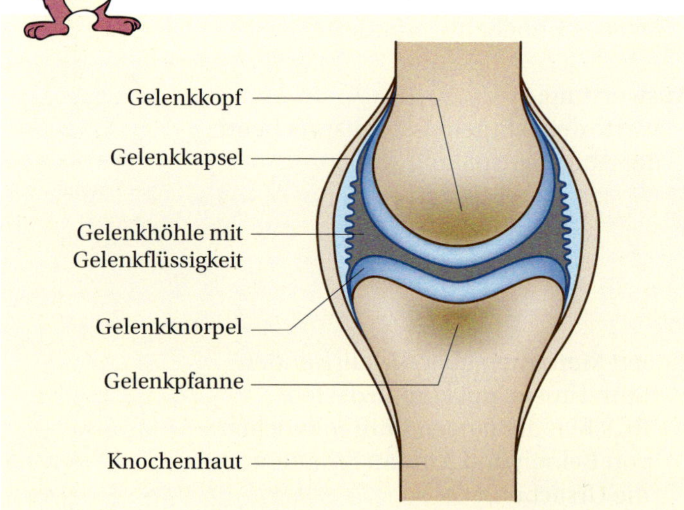

- Beschreibe den Bau eines Gelenks.

Von den beiden am Gelenk beteiligten Knochen bildet der eine den **Gelenkkopf,** der andere die **Gelenkpfanne.**
Beide Gelenkflächen sind mit einer glatten, druckfesten Knorpelschicht überzogen (Gelenkknorpel).
Eine aus elastischen Gelenkfasern bestehende **Gelenkkapsel** hält die beiden Teile zusammen. Sie ist mit beiden Knochen verwachsen. In der so entstehenden Gelenkhöhle können sich die beiden Knochenenden bewegen.
Durch Bänder werden die Knochenenden zusätzlich zusammengehalten.
Die Reibung der Knochen aneinander wird durch **Gelenkflüssigkeit** verhindert. Sie wirkt wie ein Schmiermittel.

> Gelenke werden aus Gelenkkopf, Gelenkpfanne und Gelenkkapsel gebildet.

Da die einzelnen Körperteile unterschiedliche Bewegungen ausführen müssen, gibt es unterschiedliche Formen von Gelenken, z.B. Kugelgelenk, Scharniergelenk, Sattelgelenk.
Durch die spezielle Form wird die jeweilige Funktion unterstützt.

Gelenkformen	Beispiele	Mögliche Bewegungen	
Kugelgelenk 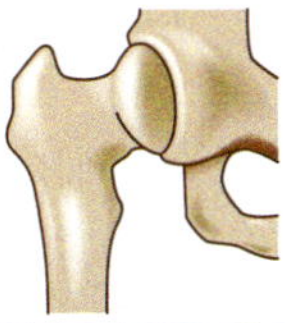	Schultergelenk, Hüftgelenk	Sie ermöglichen allseitige Bewegungen um drei Achsen, also in mehrere Richtungen.	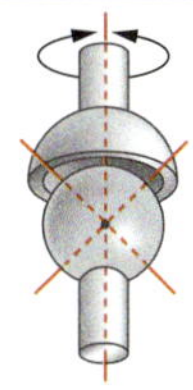
Scharniergelenk 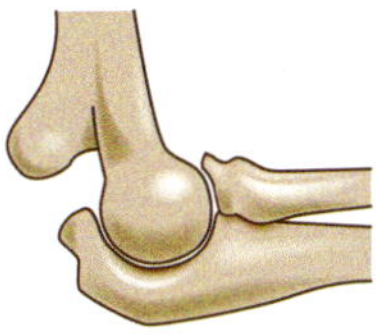	Ellbogengelenk, Zehengelenk, Fingergelenk	Sie erlauben Bewegungen nur in einer Richtung, um eine Achse, z. B. Beugen und Strecken.	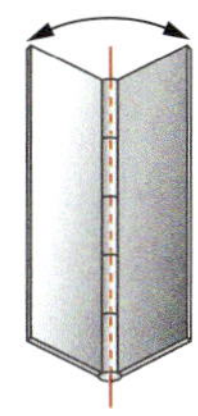
Sattelgelenk 	Grundgelenk des Daumens	Es vermittelt eine Beweglichkeit um zwei Achsen.	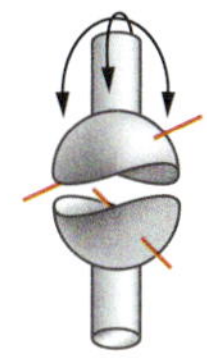

--- Achse

Aufgaben

1_ Ordne den Teilen eines Gelenks folgende Aufgaben zu:
- verringert Reibung, „ölt“ Gelenk, federt Stöße ab
- sorgt für Beweglichkeit
- hält Gelenkflüssigkeit am Gelenk zusammen
- sorgt für Stabilität („Schlüssel“)
- sorgt für Stabilität („Schloss“)

2_ Erläutere unter Nutzung des Modells auf Seite 150 das Zusammenwirken von Knochen, Gelenken und Muskeln. ↗ S. 105

3_ Übergewicht kann zur Schädigung der Gelenke führen. Erläutere diese Aussage.

Wusstest du schon …

Wer rastet, der rostet

Bewegst du dich in den Pausen und am Nachmittag gerne oder sitzt du lieber nur vor dem Fernseher oder Computer?

Der Bewegungsdrang ist Kindern angeboren und er ist notwendig. Nur durch ausreichende körperliche Aktivität entwickeln sie sich gesund und beugen so vielen Krankheiten des Alters vor.
Bewegung trainiert nicht nur die Muskulatur, sondern auch das Herz-Kreislauf-System. Sogar das Nervensystem, die Verdauungsorgane und auch alle anderen Organe profitieren von aktiven Bewegungen.
Bewegungsmangel kann krank machen. Besonders kritisch wirkt sich die Kombination von Übergewicht und mangelnder Bewegung aus. Langfristig führt sie zu gesundheitlichen Beeinträchtigungen.

Manch einer findet es leider bequemer, am Computer Fußball zu spielen als dies draußen auf der Wiese zu tun.
Nicht zuletzt kommt es natürlich auch auf die Vorbildwirkung der Eltern an.

Die Gründe für den Bewegungsmangel bei Kindern und Jugendlichen sind vielfältig, beispielsweise fehlende Spiel- und Sportplätze oder Parkanlagen in der Stadt.

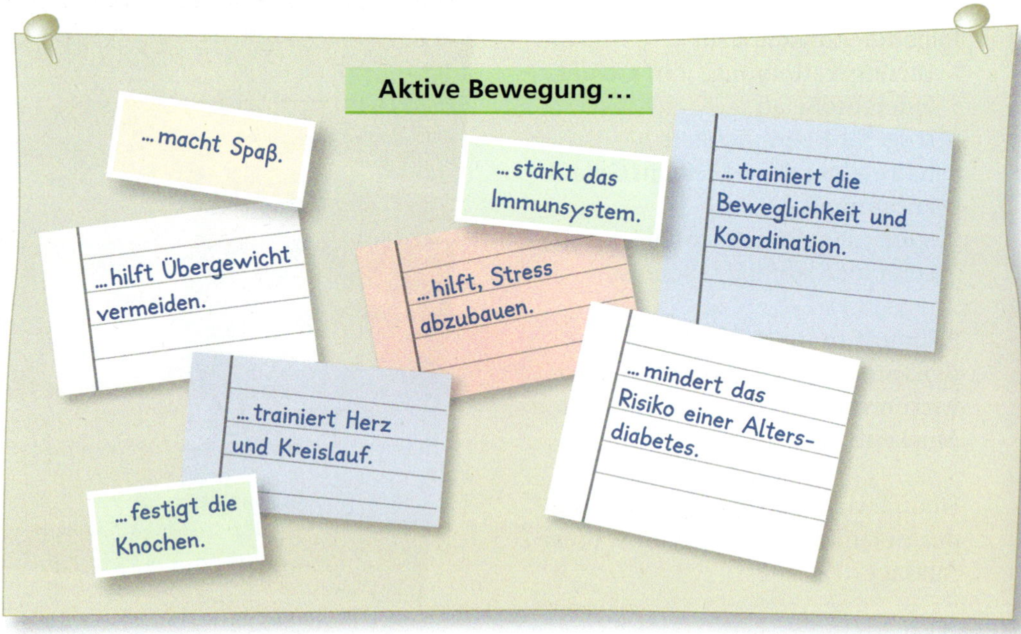

Verletzungen des Bewegungssystems

Durch Stöße oder Stürze bei Unfällen kommt es zur plötzlichen übermäßigen Belastung des Stütz- und Bewegungssystems. Das kann zu Verletzungen des Skeletts oder der Muskulatur führen.

Knochenbrüche und Gelenkverletzungen sind sehr schmerzhaft und haben eine Bewegungsunfähigkeit des betroffenen Körperteils zur Folge. Auch Schwellungen, Blutergüsse und Fehlstellungen können Anzeichen dieser Verletzungen sein.
Ein Knochenbruch betrifft am häufigsten die langen Röhrenknochen. Bei einem „geschlossenen“ Bruch ist die Bruchstelle von Haut bedeckt, bei einem offenen wird der Knochen sichtbar.

Jeder Knochenbruch muss ruhig gestellt werden, denn bei Bewegungen kann es zu weiteren Schädigungen kommen. Offene Wunden werden steril abgedeckt. Alles Weitere ist Sache des Rettungsdienstes bzw. Arztes.
Die Verstauchung und die Verrenkung sind Verletzungen der Gelenke. Sie entstehen durch übermäßige Dreh- und Zugbelastung. Während die Verrenkung vom Arzt wieder „eingerenkt“ werden muss, bessert sich die Verstauchung selbstständig durch Ruhigstellung des Gelenks. Kühlen hilft ebenfalls.

Bei einer Muskelverletzung kann es sich um Prellungen, Zerrungen oder Muskelfaserrisse handeln. Dabei kommt es zu Schwellungen, stechenden Schmerzen und Blutergüssen an der betroffenen Muskelpartie. Der geschädigte Muskel sollte geschont werden. Kühlende Umschläge, Einreibungen und Massagen wirken in leichten Fällen bereits lindernd.

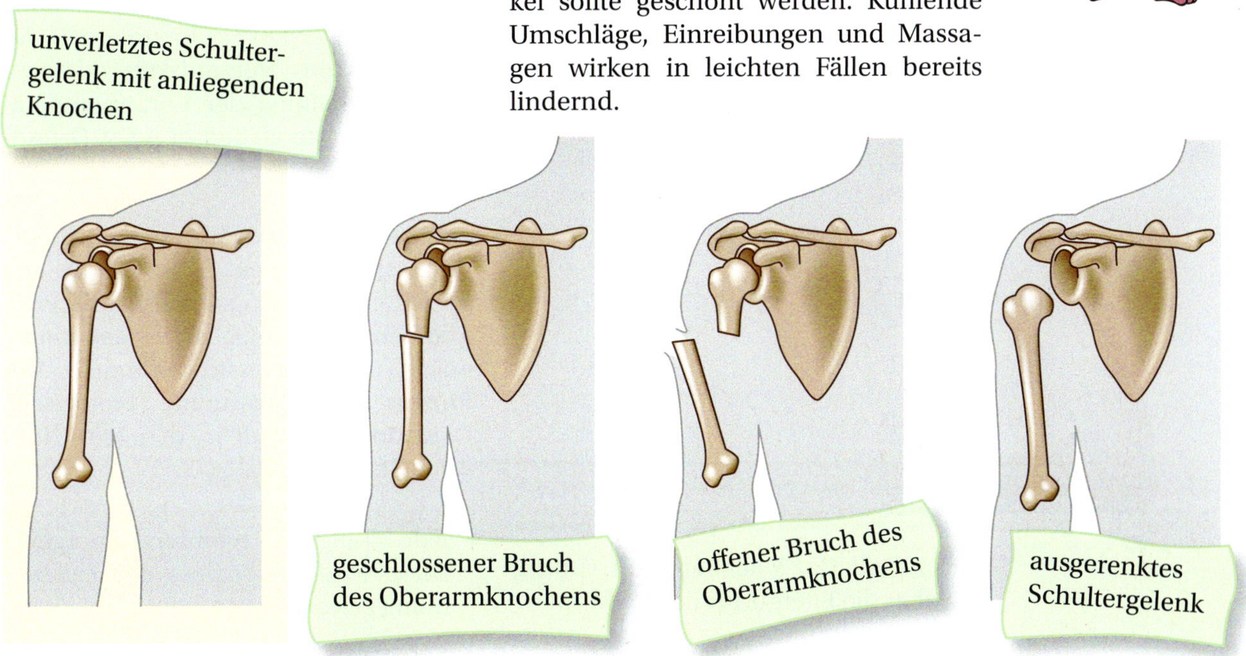

Teamarbeit im Körper

Bewegung braucht Energie

Für sportliche Aktivitäten wird in unserem Körper Energie bereitgestellt. Woher stammt sie?

Das „Team“, bestehend aus Muskeln, Knochen und Gelenken, ist dafür verantwortlich, dass Bewegungen entstehen. Nur wenn alle Teile perfekt zusammenarbeiten, können wir z. B. arbeiten, laufen oder Sport treiben.

Die eigentliche Arbeit beim Zustandekommen einer **Bewegung** leisten aber die Muskeln. Dafür benötigen sie **Energie.** Je stärker sie arbeiten, umso mehr Energie benötigen sie.

Es ist kalt. Das Mädchen friert. Gib an, woher die Energie für unsere Körperwärme stammt.

Beim Ausüben einer Sportart (z. B. Hochsprung) benötigt dein Körper mehr Energie (Leistungsumsatz) als beim normalen Gehen. Der **Leistungsumsatz** ist für verschiedene körperliche Tätigkeiten oder Sportarten sehr unterschiedlich.

Nicht nur beim Sport wird Energie verbraucht, sondern beispielsweise auch beim Denken.
Sogar bei völliger körperlicher Ruhe benötigt unser Körper Energie, z. B. für die Arbeit des Herzmuskels oder zur Aufrechterhaltung der Körpertemperatur. Dieser Energiebedarf heißt **Grundumsatz.**

Die Energie, die wir für unsere Lebensprozesse benötigen, wird durch den Abbau energiehaltiger Nährstoffe (z. B. Traubenzucker) freigesetzt. Der Abbau erfolgt unter Sauerstoffverbrauch. Der Prozess heißt Zellatmung (biologische Oxidation). Er läuft in den Mitochondrien der Zellen ab.

Jede Tätigkeit erfordert Energie. Diese wird im Prozess der Zellatmung gewonnen.

Wusstest du schon …

Die Zellatmung (biologische Oxidation)

Organische Stoffe sind energiereich. Besonders Fette und Kohlenhydrate dienen uns als Energiespeicher.
Zuallererst nutzt unser Körper jedoch Traubenzucker zur Energiefreisetzung. Ist nicht mehr genug Traubenzucker im Blut vorhanden, wird Stärke bzw. Fett in Traubenzucker umgewandelt und „verbrannt".
Der eigentliche Prozess findet in den Mitochondrien der Zellen statt. Natürlich gibt es dort kein Feuer. Jedoch wird wie beim Verbrennen zum Abbau von Traubenzucker Sauerstoff benötigt. Daher heißt dieser Stoffwechselprozess biologische Oxidation. Weil er im Gegensatz zur äußeren Atmung (Gasaustausch in der Lunge) im Innern der Zellen stattfindet, wird der Prozess auch als Zellatmung bezeichnet.

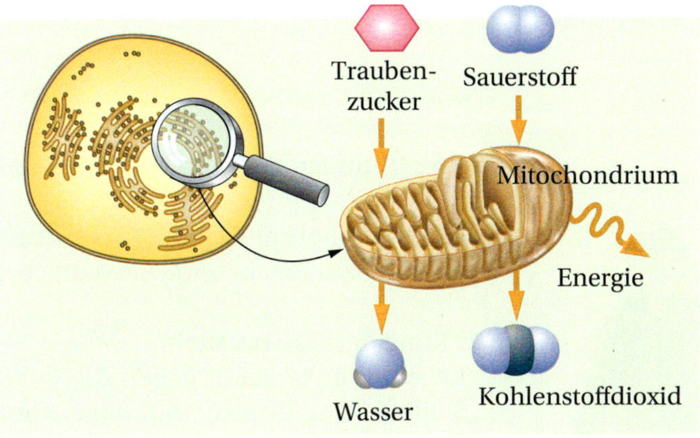

Beim Abbau von Traubenzucker unter Sauerstoffverbrauch entstehen als Stoffwechselendprodukte Kohlenstoffdioxid und Wasser. Das Kohlenstoffdioxid wird von der Zelle in das Blut abgegeben, zur Lunge transportiert und dort ausgeatmet. Das Wasser gelangt ebenfalls in den Blutkreislauf und wird über die Nieren, aber auch über Lunge und Haut ausgeschieden.

Aufgaben

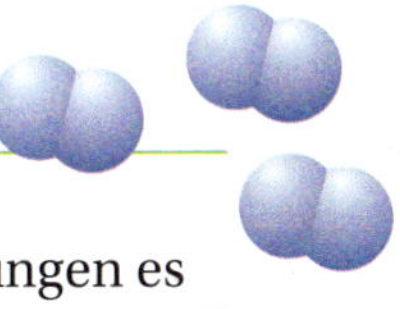

1. Erläutere den Prozess der Zellatmung.
   a) Notiere, wo die Zellatmung stattfindet.
   b) Gib an, welche Stoffe als Ausgangsstoffe benötigt werden und welche Stoffe entstehen.
   c) Schreibe auf, woher die Ausgangstoffe stammen und was mit den Stoffwechselendprodukten passiert.
   d) Nenne einige Prozesse, für die die freigesetzte Energie benötigt wird.
2. Erläutere, welche Auswirkungen es hat, wenn nicht genügend Sauerstoff zu den Zellen transportiert wird.
3. Informiere dich über den Satz der Erhaltung der Energie. Wende ihn auf die Zellatmung an.
4. Obwohl die Anzahl der Mitochondrien in den Muskelzellen von Leistungssportlern größer ist als bei Untrainierten, müssen sie bei Anstrengungen weniger atmen. Erläutere Gründe dafür.

Erforsche es

Wahlthema: Gesunderhaltung von Skelett und Muskulatur

Kleine Übungen zur Stärkung der Muskulatur

Tipp: Wiederhole alle Übungen mehrmals. Spanne bei jeder Übung die Muskeln jeweils 10 Sekunden an und lege danach eine Ruhepause von 5 Sekunden ein.

Stärkung der Halsmuskeln
- Lege die linke Hand gegen die linke Schläfe und drücke mit dem Kopf etwa 10 Sekunden lang dagegen.
- Wiederhole die Übung mit der rechten Hand.
- Lege danach eine Ruhepause von 5 Sekunden ein.

Stärkung der Rückenmuskeln
Verhake die Hände vor dem Körper (ungefähr in Brusthöhe) und versuche die Ellenbogen auseinanderzuziehen.

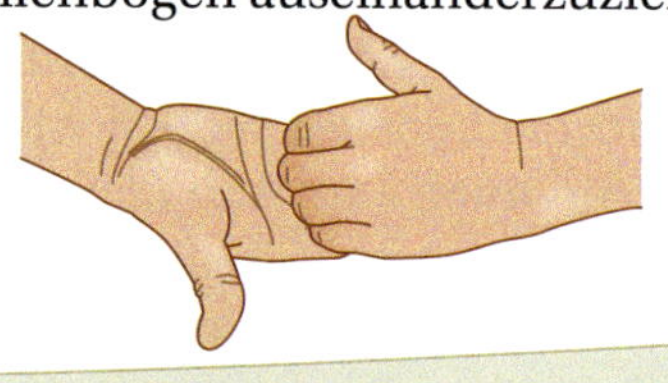

Körperhaltung und Haltungsschäden

Haltungsschäden entstehen bei Jugendlichen deshalb häufiger, weil ihre Knochen noch weich und biegsam sind. Eine falsche Sitzhaltung und einseitiges Tragen schwerer Taschen begünstigen Verformungen. Haltungsfehler und Verformungen lassen sich anfangs noch durch andere Haltungsgewohnheiten und durch gymnastische Übungen wieder rückgängig machen.

Verformungen der Füße kannst du durch passende Schuhe und geeignetes Training vermeiden.

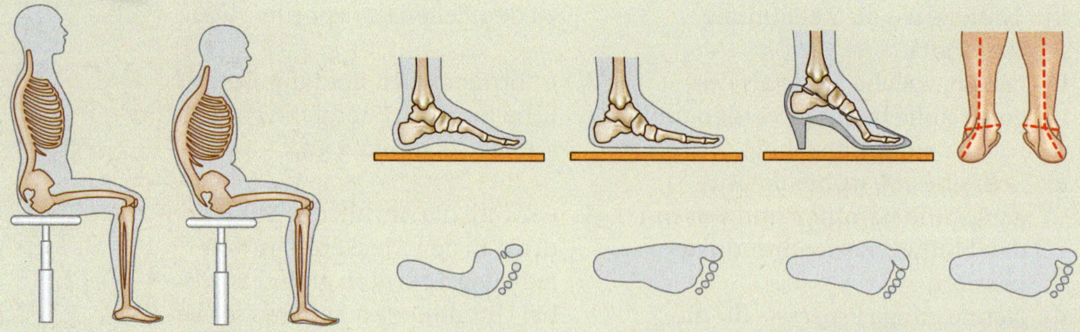

richtige Haltung Rundrücken Normal Plattfuß Spreizfuß Knickfuß

Energiebedarf und Ernährung

Der tägliche Gesamtenergiebedarf des Körpers heißt **Gesamtumsatz.** Er ist die Summe aus dem Grundumsatz und dem Leistungsumsatz.

Energiebedarf pro Tag in kJ in verschiedenen Lebensaltern		
Lebensalter	**Energiebedarf an kJ/Tag**	
Kinder		
1– 4 Jahre	5 000	
7–10 Jahre	8 400	
Jugendliche	männlich	weiblich
12–15 Jahre	10 000	8 000
16–19 Jahre	13 000	10 500
Erwachsene	männlich	weiblich
25 Jahre	10 900	9 200
45 Jahre	10 000	8 400
65 Jahre	9 200	7 500

Energiebilanz

a) Notiere einen Tag lang:
   - welche Tätigkeiten du ausführst
   - wie lange du die Tätigkeiten jeweils ausübst
   - welche Nahrungsmittel du in welchen Mengen zu dir nimmst

Tipp: Wähle einen Tag, der für dein Tagesablauf typisch ist.

b) Berechne deinen Gesamtumsatz.

c) Berechne die mit der Nahrung aufgenommene Energiemenge.

d) Vergleiche die beiden Werte.

e) Ziehe Schlussfolgerungen für eine ausgeglichene Energiebilanz.

f) Erstelle einen Ernährungsplan für deinen Energiebedarf.

Tätigkeiten	**kJ/h**
Schulbesuch/Hausaufgaben	220
Sitzen	120
Liegen	80
Spielen	250
Tanzen	1 000
Dauerlauf (10 km/h)	2 500
Fußballspielen	1 900
Gehen (2 km/h)	400
Radfahren (9 km/h)	1 050

Auf Lebensmittelverpackungen wird jeweils angegeben, welche Energiemenge pro 100 g enthalten ist. Diese Angaben findest du auch in Nährstofftabellen.

Nahrungsmittel	**Energiegehalt in kJ (berechnet auf 100 g)**
Vollmilchschokolade	2 264
Nougat	2 151
Gummibärchen	1 406
Roggenbrötchen	879
Weizenbrötchen	1 183
Spaghetti	1 515
Cornflakes	1 473
Popcorn	1 540
Früchtemüsli (ungezuckert)	1 519
Kartoffeln (gekocht)	293
Kartoffelchips	2 255
Pommes frites	1 105
Salami	1 552
Butter	3 156
Sahnejoghurt (10 % Fett)	602
Kuhmilch (3,5 % Fett)	268
Colagetränk	243
Limonade (durchschnittlich)	206

Das hast du gelernt

Teamarbeit im Körper

Zum Stütz- und Bewegungssystem gehören das Skelett mit den Knochen und Gelenken und die Muskulatur. Die Teile müssen zusammenwirken, damit eine Bewegung zustande kommt.

Knochen stützen und geben Form.

Gelenke verbinden Knochen beweglich.

Muskeln ermöglichen die Bewegung.

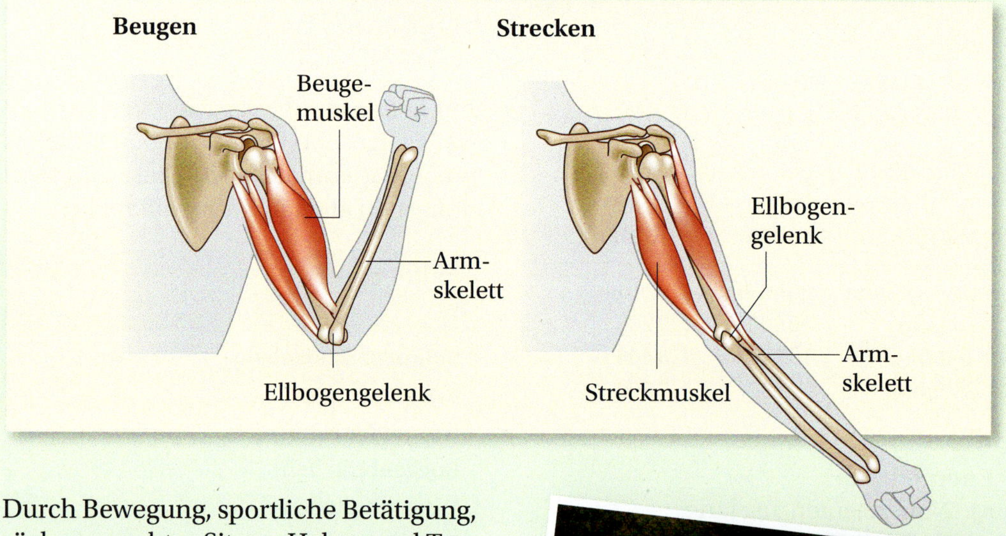

Durch Bewegung, sportliche Betätigung, rückengerechtes Sitzen, Heben und Tragen kannst du dein Stütz- und Bewegungssystem gesund erhalten.

Bewegung braucht Energie.

Ernährung
Aufnahme energiereicher Stoffe
→
Zellatmung
Energiefreisetzung durch Abbau der energiereichen Stoffe
→
Bewegung
Nutzung der freigesetzten Energie, z. B. Bewegung

Äußere Atmung → Zellatmung
Aufnahme von Sauerstoff

Löse mit Köpfchen

1. Belastbarkeit von Kochen
Ermittle mithilfe des folgenden Modellversuchs die Belastbarkeit von Knochen. ↗ S. 105
Du brauchst: 2 Karteikarten DIN A4 oder DIN A5, Klebestreifen, Gewichte.
Gehe so vor: Forme eine Karteikarte zu einer Röhre, falte die andere zu einem Streifen; befestige beide an den Enden mit Klebestreifen.
Belaste die Röhre und den Streifen mit Gewichten, bis sie sich durchbiegen.

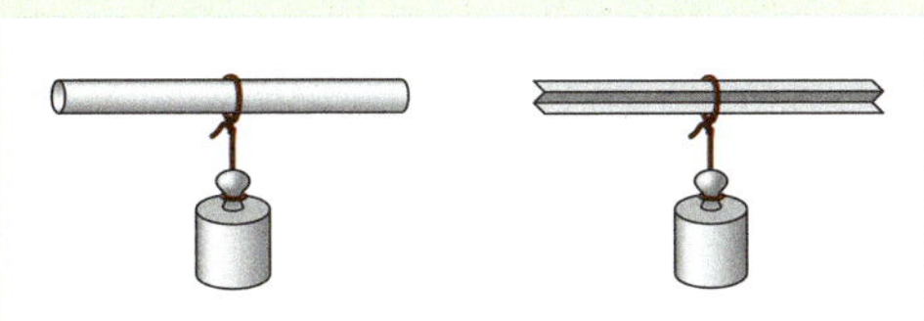

Werte aus:
- Welches der beiden Modelle ist stabiler und damit stärker belastbar?
- Übertrage das Ergebnis auf die Knochen des Skeletts.

2. Gelenke in Aktion
a) Erkundige dich nach Berufen und Tätigkeiten, die besondere Fingerfertigkeiten erfordern.
b) Suche in der Technik und im Haushalt nach Konstruktionen, die den verschiedenen Gelenktypen entsprechen.

3. Sportliche Rekorde
In den Jahren der Olympischen Spiele finden kurz darauf Paralympics statt.
a) Informiere dich im Internet oder in Büchern über solche Sportarten.
b) Stelle Höchstleistungen beider Olympischen Spiele gegenüber. Bewerte sie. ↗ S. 87

4. Bewegung und Sport halten fit und gesund
a) Welche Übungen und Sportarten sind für Alltagssport und Fitnesstraining besonders geeignet? Begründe. ↗ S. 125
b) Was muss man beachten, um Überanstrengung und Verletzungen zu vermeiden?

5. Muskeltraining
Ronny geht mit Rückenschmerzen zum Arzt. Nach der Behandlung empfiehlt ihm der Arzt, seine Bauchmuskulatur zu trainieren, um Rückenschmerzen vorzubeugen. Ronny macht große Augen. Klärt ihn über die Richtigkeit dieses Rats auf. Erarbeitet die Antwort in Lerngruppen.

6. Steh nicht so krumm!
Den Satz hast du sicher schon einmal gehört. Erläutere, wie Haltungsfehler entstehen können und wie du ihnen vorbeugen kannst. Informiere dich dazu in verschiedenen Medien. ↗ S. 169

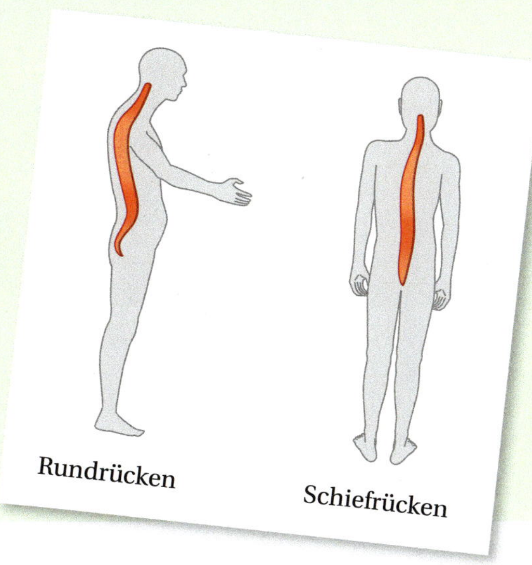

Zusammenwirken im Körper

Ausscheidung auf verschiedenen Wegen

Was passiert da eigentlich? Finde eine Erklärung.

Bei körperlicher Anstrengung wie einem Langlauf oder einem Fußballspiel geht deine Atmung schneller und du schwitzt.
Der Schweiß unterstützt die Temperaturregulation des Körpers. Deshalb gibt die Haut auch Schweiß ab, wenn wir nicht körperlich aktiv sind.

Die Haut ist jedoch nicht dein einziges Ausscheidungsorgan. Über die Lunge atmest du Kohlenstoffdioxid und Wasser aus.

Die Ausatemluft eines Menschen enthält im Ruhzustand durchschnittlich 10 bis 20 l/h Kohlenstoffdioxid.

Über deine Nieren werden in 24 Stunden 1 bis 1,5 l Harn (Urin) ausgeschieden. Der Harn besteht hauptsächlich aus Wasser, in dem Harnstoff und Salze gelöst sind.

- Niere, Haut und Lunge sind Ausscheidungsorgane.

Unsere Ausscheidungsorgane

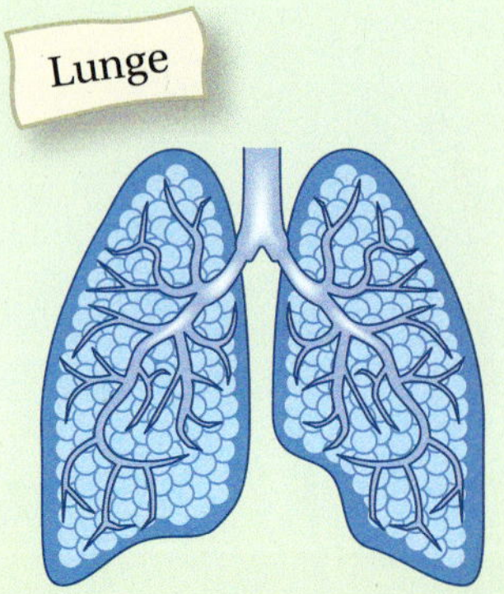

Die Ausatemluft enthält Kohlenstoffdioxid und Wasser.

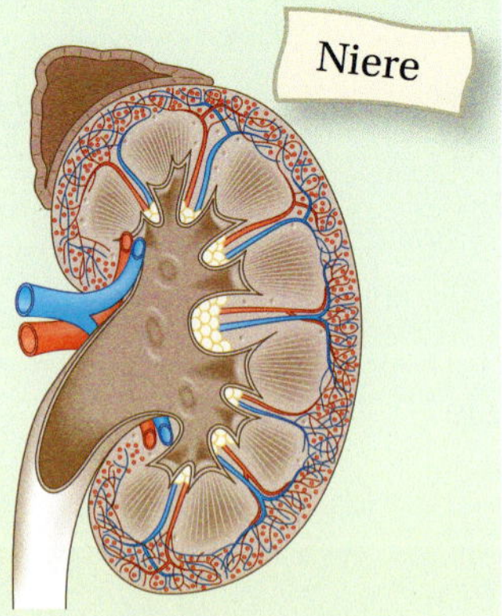

Harn (Urin) enthält Wasser, Harnstoff und Mineralsalze.

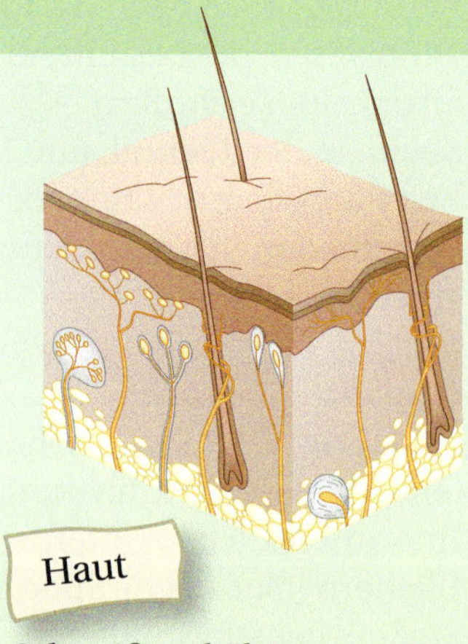

Schweiß enthält Wasser, Harnstoff und Mineralsalze.

Erforsche es

Die Haut als Ausscheidungsorgan

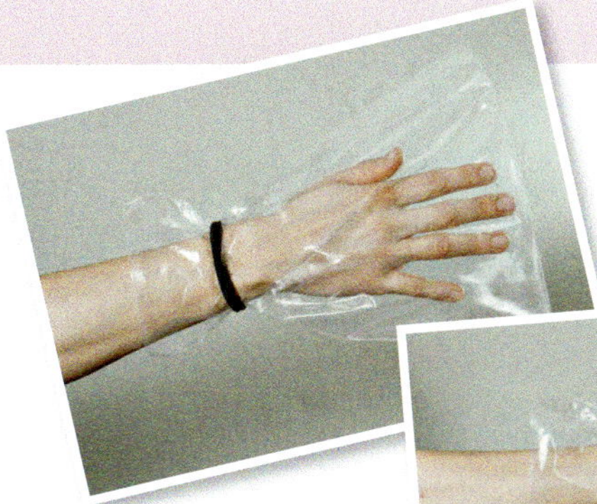

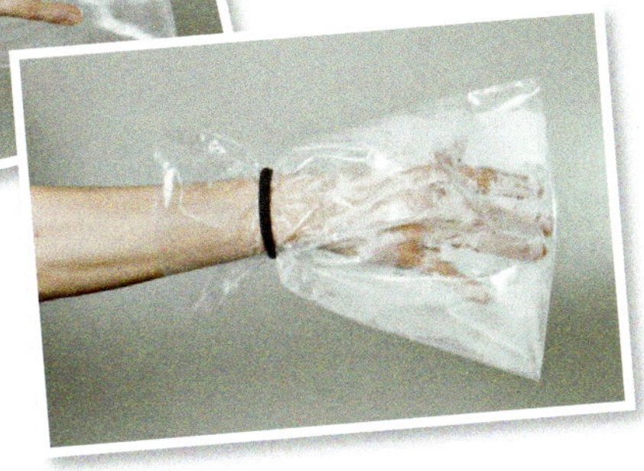

Aufgabe:

Teste mit folgendem Experiment die Wasserabgabe über die Haut

Materialien:

2 durchsichtige Plastikbeutel, Gummiband, Uhr

Durchführung:

1. Stecke deine Hand in den Plastikbeutel und verschließe ihn mit dem Gummiband luftdicht.
2. Warte nun 10 bis 15 min ab und betrachte den Beutel.
3. Führe den Versuch ein zweites Mal an der anderen Hand und mit einem neuen Plastikbeutel durch. Absolviere in den 10 bis 15 min einige Kniebeugen und betrachte danach ebenfalls den Beutel.

Beobachtung und Auswertung:

Notiere jeweils deine Beobachtungen, vergleiche sie und finde eine Erklärung. Formuliere einen Merksatz.

Kohlenstoffdioxid, Harnstoff und Wasser sind Stoffwechselendprodukte.
Sie entstehen als Abfallstoffe bei Stoffwechselprozessen – Wasser und Kohlenstoffdioxid bei der Zellatmung (Abbau von Glucose) und beim Abbau anderer Kohlenhydrate und der Fette.
Harnstoff wird beim Abbau von Eiweißen gebildet.

Werden diese Stoffwechselendprodukte nicht ausgeschieden, verändert sich die Zusammensetzung des Bluts und die Prozesse in den Körperzellen werden gestört. Es kommt zu Vergiftungserscheinungen.

Die Ausscheidung von Stoffwechselendprodukten ist lebensnotwendig.

Aufgaben

1 Begründe die Notwendigkeit der Ausscheidung von Stoffwechselendprodukten.

2 Ordne die folgenden Hinweise zur Gesunderhaltung dem richtigen Ausscheidungsorgan zu.
a) Vermeidung von Alkohol
b) Vermeidung von Nikotin
c) regelmäßiger Aufenthalt im Freien
d) Schutz vor Sonnenbrand
e) regelmäßiges Waschen/Duschen
f) der Witterung entsprechende Kleidung tragen
g) Wechseln nasser Badebekleidung

Zusammenwirken im Körper

Die Haut – unser größtes Organ

Eigentlich „häuten" sich die Menschen nicht. Oder etwa doch?

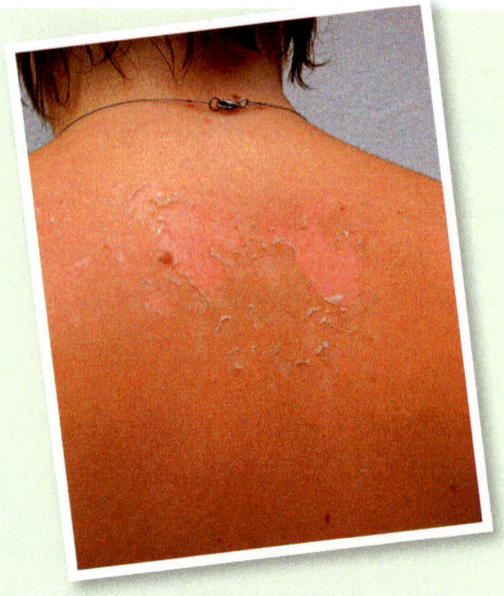

Die **Haut** ist mit 1,5 bis 2 m^2 Oberfläche unser größtes Organ. Sie bildet unsere Grenze zur Umgebung, ist aber durchlässig für Stoffe und Informationen.

Die Haut ist eine elastische und schützende Hülle für unseren Körper, die sich in durchschnittlich 27 Tagen erneuert. In etwa 70 Jahren verlieren wir ungefähr 48 kg Hautsubstanz und bilden sie neu. Das ist möglich, weil die Haut aus mehreren Schichten besteht: aus der schützenden **Oberhaut** mit Hornschicht und Keimschicht, der **Lederhaut** und der **Unterhaut.**
Die Zellen der Hornschicht lösen sich ständig als Hautschuppen ab, die Keimschicht dient der Neubildung von Hautzellen.

- Kommentiere die Bildgeschichte.

Die **Keimschicht** enthält außerdem braune bis schwarze Farbstoffe zum Schutz vor UV-Strahlen. Allerdings bieten diese Farbstoffe der Haut nur begrenzt Schutz. Die Person auf dem Foto oben hat dies nicht beachtet. So wurde die Haut durch die Sonnenstrahlung stark geschädigt.

Die Haut erfüllt neben der Schutzfunktion viele weitere Aufgaben.
Über die Haut wird Schweiß abgegeben. Dazu befinden sich in der Lederhaut **Schweißdrüsen.** Abhängig von der Umgebungstemperatur und der körperlichen Betätigung werden täglich von 1 bis zu 10 l Schweiß abgegeben. So kann die Körpertemperatur reguliert werden.
Über die **Talgdrüsen** wird Fett (Talg) abgesondert. Dadurch bleiben Haut und Haar geschmeidig.
Das in der Haut eingelagerte **Fettgewebe** dient der Wärmeisolation und dem Schutz vor Druck und Stoß.

Die Haut hat Schutzfunktion, ist ein Ausscheidungsorgan und unterstützt die Wärmeregulation unseres Körpers.

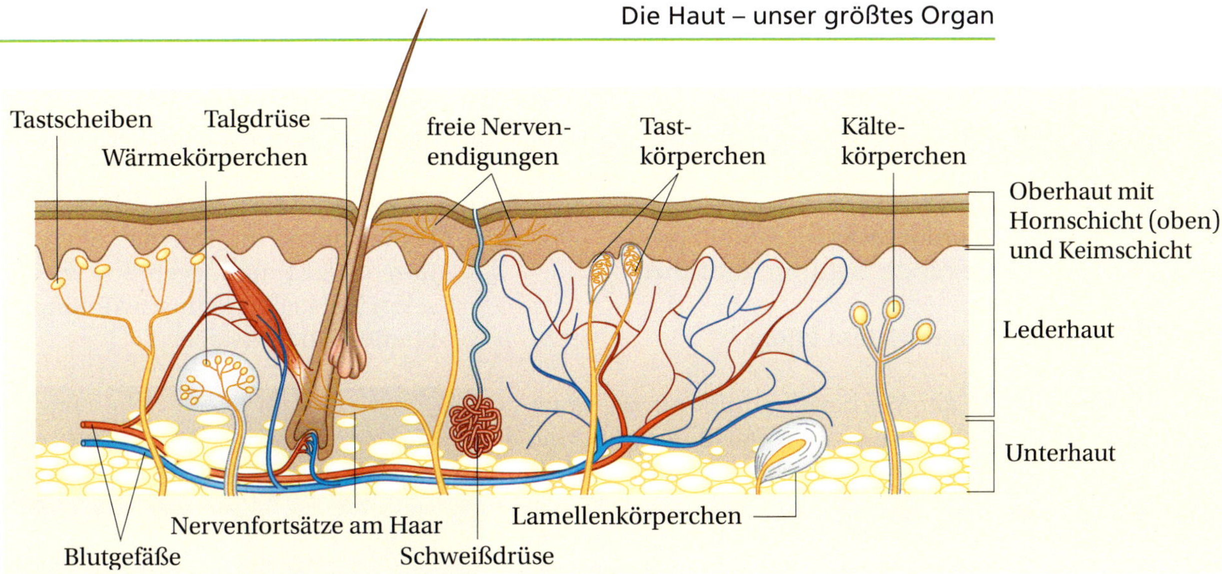

■ Beschreibe den Aufbau der Haut mithilfe der Abbildung.

Manche Menschen können mit der Haut auf den Fingerspitzen „lesen“. Sie nutzen ihren Tastsinn. Das ist möglich, weil unsere Haut ein Sinnesorgan ist. Sie enthält viele unterschiedlich gebaute **Sinneszellen,** die verschiedene Funktionen erfüllen.
Tastkörperchen und Tastscheiben lassen dich Berührungen und Druck wahrnehmen. Stärkerer Druck wird von Lamellenkörperchen gemeldet.
Wärme- und Kältekörperchen signalisieren unterschiedliche Temperaturen bzw. ihre Veränderung.
Freie Nervenendigungen dienen der Aufnahme von Schmerzreizen. Die Haut besitzt also gleich mehrere Sinnesfunktionen.

Damit deine Haut alle Aufgaben erfüllen kann, muss sie ständig über **Blutgefäße** mit Nährstoffen und Sauerstoff versorgt werden. Stoffwechselendprodukte werden über das Blut abtransportiert.

Die Haut ist ein Sinnesorgan.

Aufgaben

1 Formuliere einen Vortrag über den Aufbau der Haut. Nutze wesentliche Begriffe aus Text und Grafik.

2 Übertrage die Tabelle in dein Heft und ergänze sie.

Teil der Haut	Funktion
	bildet neue Zellen und ersetzt so abgestorbene Zellen
Fettgewebe der Unterhaut	
Schweißdrüse	
Talgdrüse	
	vermitteln Schmerz
Tastscheiben, Tast- und Lamellenkörperchen	
	versorgen die Haut mit Nährstoffen und Sauerstoff und transportieren Kohlenstoffdioxid ab
	vermitteln Wärme, Kälte und Temperaturunterschiede

Erforsche es

Wahlthema: Gesunderhaltung der Haut

Schmuck und Pflege

In der Werbung werden oft die unterschiedlichsten Produkte für die Haut empfohlen. Was ist eigentlich wichtig, wenn es um die Reinigung und Pflege der Haut geht? Sind es möglichst viele und vor allem verschiedene Pflegemittel in Form von Cremes und Lotionen, viel dekorative Kosmetik oder einfach nur Wasser? Was ist eigentlich notwendig, damit deine Haut all ihren Funktionen gerecht werden kann?

1. Besuche einen Hautarzt oder eine Kosmetikerin und informiere dich bei diesem Experten über Hautgesundheit und Hautpflege. *Tipp:* Bereite für das Gespräch einen Fragenkatalog vor.

2. Informiere dich über verschiedene Pflegemittel zur Reinigung oder Rückfettung der Haut. Nutze die Etiketten und achte auf Inhaltsstoffe und deren Wirkung.

3. Recherchiere im Internet einfache Rezepte für Hautpflegemittel, die du selbst herstellen kannst wie Ringelblumenöl oder -salbe.

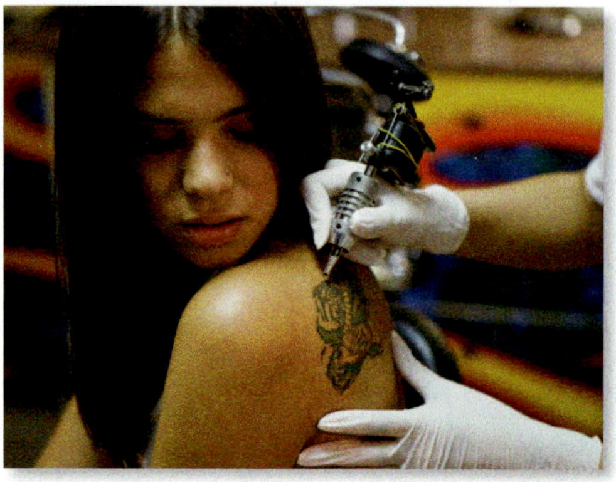

4. Ist eine Tattoo oder ein Piercing Schmuck oder Schädigung? Sammelt Informationen zum Thema und diskutiert in der Gruppe über die Frage.

5. Du hast auf der Seite 166 die Bildgeschichte kommentiert und verdeutlicht, dass ungeschützte Haut durch UV-Licht geschädigt werden kann. Es gibt aber noch viele weitere Verhaltensweisen, die deine Haut beeinträchtigen:
A) zu heißes Wasser und langes Baden
B) mechanischen Verletzungen
C) nicht ausgewogene Ernährung und unzureichende Flüssigkeitszufuhr
D) Störung der Hauttemperatur durch falsche Kleidung (eine behagliche Hauttemperatur liegt bei ca. 33 °C)
Ordne jeder Verhaltensweise die schädigende Auswirkung zu. Finde die passende Schutzmaßnahme. Beziehe die Bildgeschichte mit ein.

So kannst du vorgehen

Recherchieren im Internet

Immer wieder benötigst du Informationen, die im Schülerbuch nicht enthalten sind, z. B. *zur Haut.*
Um an die gewünschten Informationen zu kommen, nutze verschiedene Suchmaschinen für das Internet oder die Homepage eines Internetlexikons.

► Schritt 1

Wähle die Suchmaschine aus.
Gib über den Webbrowser die Internetadresse einer Suchmaschine ein.

► Schritt 2

Finde Suchbegriffe. Welche Information benötigst du genau?
Überlege dir treffende Suchbegriffe. Bei einer Kombination von zwei Suchbegriffen durch ein Leerzeichen erhältst du nur Webseiten, die beide Begriffe enthalten.
Setze Wortfolgen in Anführungszeichen. Das schränkt die Suche ein.

Suchbegriffe: Haut, Hauttypen

► Schritt 3

Frage Informationen ab.
Frage die Information durch die Eingabe der Suchbegriffe in dem dafür vorgesehenen Suchfenster ab.
Du erhältst mehrere Links (Verbindungen). Klickst du sie an, gelangst du auf die Seite mit den Informationen.

► Schritt 4

Wähle geeignete Informationen aus.
Beachte, dass jede Person Informationen ins Internet stellen kann.
Gehe daher kritisch mit den Informationen um.
Sicherer sind Seiten von Universitäten oder Fachleuten.

► Schritt 5

Gib die Quellen an.
Gib bei den ausgewählten und verwendeten Informationen die Quellen an.

Inhalt | A-Z | Profisuche

Thema

Hauttypen

Die Schädigung der Haut durch die Sonneneinstrahlung hängt z. B. ab von der geografischen Lage, den Witterungseinflüssen, der Jahres- und Tageszeit sowie besonders vom jeweiligen Hauttyp. Erst dann, wenn man seinen Hauttyp kennt, kann man auch dessen Sonnenempfindlichkeit richtig einschätzen und das Sonnenschutzmittel mit dem richtigen Lichtschutzfaktor (LSF) auswählen und anwenden.

Gefahren durch UV-Strahlen
Die Sonne bleicht auch die Haare aus. Gegen intensive Sonneneinstrahlung schützen Kopftuch und Hut.

Zum Schutze der empfindlichen Augen sollte eine Sonnenbrille, die UV-Strahlen filtert, getragen werden.

Hochempfindlich sind die Lippen. Sie sollten mit speziellen Sonnenschutzstiften eingecremt werden.

Hauttypen und ihre Merkmale

Hauttypen mit Merkmalen und Gefährdungen

Type I	Type II	Type III	Type IV
helle Haut, rötliche Haare, blaue oder grüne Augen	helle Haut, blonde Haare, blaue oder grüne Augen	helle bis hellbraune Haut, dunkelblonde bis dunkle Haare, blaue oder braune Augen	dunkle Haut, tiefbraune bis schwarze Haare, braune Augen
immer Sonnenbrand, Sonne meiden, keine Bräunung	immer Sonnenbrand, langsame Gewöhnung, schwache Bräunung	manchmal leichter Sonnenbrand, gute Bräunung	kaum Sonnenbrand, immer Bräunung
LSF 15	LSF 9–14	LSF 8	LSF 2–4

1 Aufbau der Haut

Fertig

Zusammenwirken im Körper

Die Niere

Finde heraus, was du zur Gesunderhaltung deiner Nieren tun kannst.

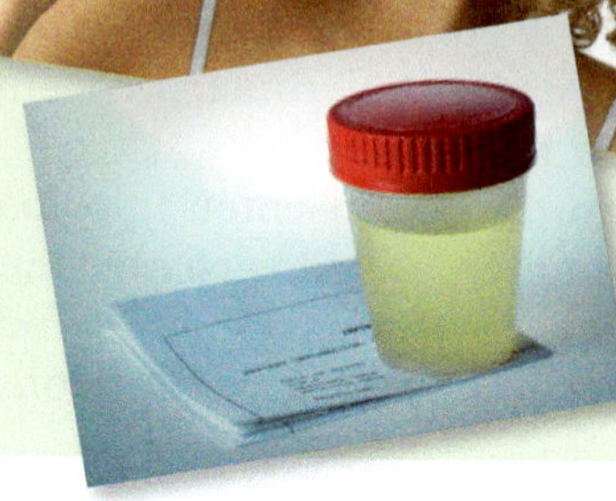

Nieren sind **Ausscheidungsorgane.** Sie entfernen Wasser, Salze, Harnstoff und auch Giftstoffe aus dem Blut. Sie produzieren Harn (Urin).

Die **paarigen Nieren** liegen beiderseits der Wirbelsäule hinter der Bauchhöhle. Sie sind nicht an der Körperwand festgewachsen, sondern werden von Fettgewebe in ihrer Lage gehalten.

Die Nieren bestehen aus einer **Rindenschicht,** die von etwa 2 bis 2,5 Millionen **Nierenkörperchen** gebildet wird, und aus einer **Markschicht,** in der sich zahlreiche **Harnkanälchen** befinden.
Über die Nierenarterien gelangt das mit Stoffwechselendprodukten und mit Giftstoffen beladene Blut aus dem Körper in die Nieren.

Die Farbe des Urins gibt u.a. Auskunft über seine Zusammensetzung: Je heller der Urin ist, desto weniger gelöste Stoffe sind enthalten.

Ist der Urin sehr dunkel oder trüb, kann das auch auf Krankheiten hindeuten.

Die Nierenkörperchen wirken als Filter. Sie enthalten zahlreiche Kapillaren. Wie durch ein Sieb treten aus dem Blut neben Stoffwechselendprodukten (wie Harnstoff), Salzen und Giftstoffen auch Wasser und Traubenzucker durch die Wände der dünnen Blutgefäße in die Kapsel des Nierenkörperchens.
Beim weiteren Durchfluss durch das dichte Kapillarnetz werden jedoch ein großer Teil des Wassers, der gelöste Traubenzucker sowie viele lebenswichtige Stoffe zurückgewonnen. Der Harn wird konzentriert.

Über die Nierenvenen fließt das gereinigte Blut in den Körper.
Der in den Nieren gebildete Harn wird über den Harnleiter, die Harnblase und die Harnröhre nach außen geleitet.

Durch die Ausscheidung des Urins und der darin enthaltenen Stoffe regulieren die Nieren auch den Blutdruck und den Säure-Basen-Haushalt.

Über die Nieren werden mit dem Harn Stoffwechselendprodukte und Giftstoffe abgegeben.

Nieren mit Harnorganen

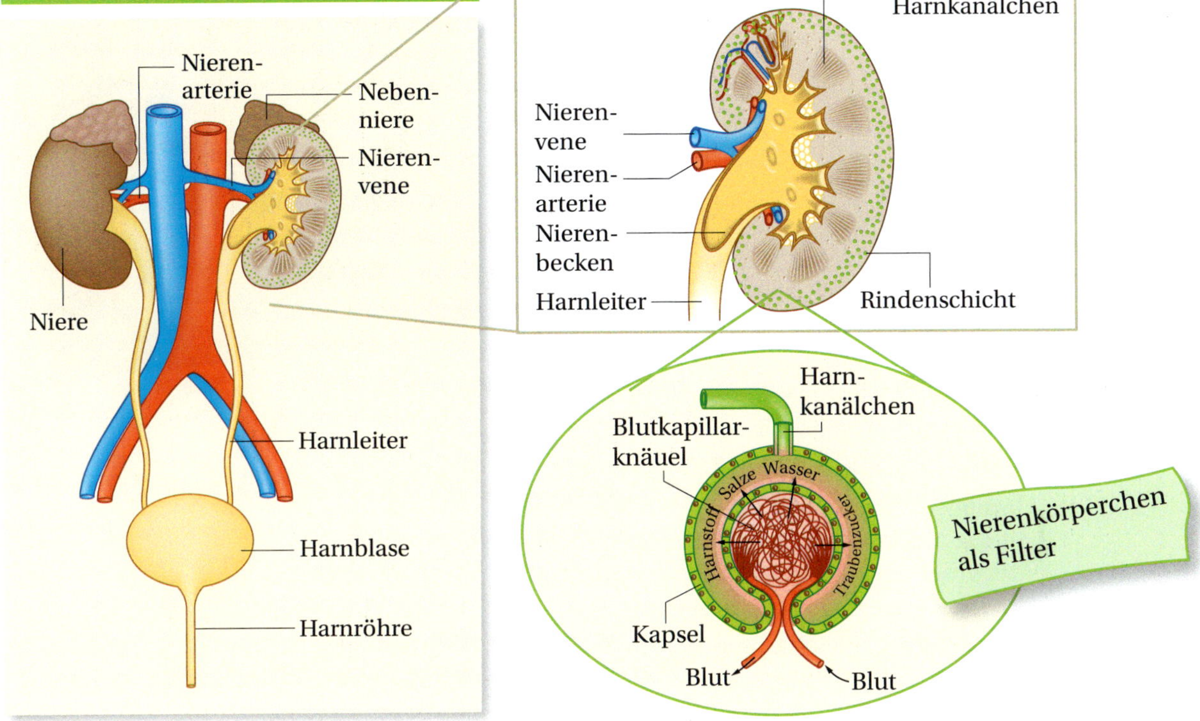

Nieren sind wichtige Organe. Durch vorbeugende Maßnahmen, z. B. witterungsgerechte Kleidung, ausreichende Flüssigkeitszufuhr und salzarme Ernährung, kannst du deine Nieren und Harnorgane gesund erhalten.

Kommt es durch eindringende Bakterien oder Viren zu einer Erkrankung, ist das oft sehr schmerzhaft. Dann solltest du einen Arzt aufsuchen. Er kann z. B. durch Untersuchungen des Urins die verschiedenen Erkrankungen der Nieren und auch der Harnwege erkennen. Sind beide Nieren in ihrer Leistung dauerhaft stark beeinträchtigt, sind schwere Erkrankungen die Folge. Dann sind Dialyse oder eine Nierentransplantation oft die einzige Hilfe.

Aufgaben

1 Informiere dich über die Lage der Nieren im Körper und lokalisiere sie bei deinem Banknachbarn.

2 Die Niere ist an der Entgiftung des Körpers beteiligt. Erläutere, was damit gemeint ist.

3 Formuliere weitere vorbeugende Maßnahmen zur Gesunderhaltung deiner Nieren und Harnorgane.

4 Recherchiere im Internet oder in anderen Quellen über Nierenerkrankungen. ↗ S. 169

5 Informiere dich über die Dialyse und Nierentransplantationen.

Zusammenwirken im Körper

Organ – Organsystem – Organismus

Nach einem 20-km-Fahrradrennen bist du bestimmt erschöpft. Warum eigentlich?

Ein Radrennen ist angesagt und du stehst mit auf der Teilnehmerliste. Der Tag rückt immer näher. Du bist gut vorbereitet und stehst konzentriert am Start. Was passiert in diesem Augenblick in deinem Körper?

Deine Sinnesorgane und dein Gehirn stehen in Alarmbereitschaft. Bei den anderen Organsystemen ist das ebenso. Deine Ohren registrieren den Knall der Starterpistole, deine Augen weisen dir den Weg. Die Lungen stellen Sauerstoff bereit, dein Herz pumpt Blut und damit lebensnotwendige Stoffe zu den Muskeln. Das Skelett ermöglicht zusammen mit den Gelenken die Bewegungen. Organe des Verdauungssystems liefern wichtige Brennstoffe. Die Haut kühlt den ganzen Organismus und verhindert eine Überhitzung.
Während des Radrennens kannst du viele Veränderungen an deinem Körper feststellen: Du atmest schneller, dein Herz schlägt heftig, der Puls steigt, du schwitzt, deine Haut ist gerötet. Was du sicher nicht bemerkst: Im Moment sehr starker Belastung wird die Verdauungsfunktion gehemmt. Außerdem erfolgt keine Harnabgabe.

So wie die Musiker in einem großen Orchester zusammenspielen, arbeiten **alle Organsysteme** deines Körpers zusammen. Nur wenn jedes Organ in dem jeweiligen System seine Aufgaben erfüllt, funktioniert der Mensch als Ganzes. Das gilt nicht nur für das Fahrradrennen.

- Erläutere, warum du nach sportlicher Betätigung Durst hast.

- Nenne Organe und die jeweiligen Organsysteme, die bei einem Radrennen zusammenwirken.

Zusammenwirken der Organe und Organsysteme bei der Bewegung

Atmungssystem

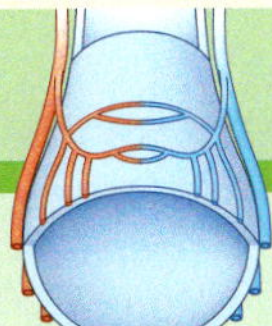

Über die Organe des Atmungssystems nimmst du mehr Sauerstoff auf, der zur Energiefreisetzung aus Traubenzucker benötigt wird. Außerdem wird Kohlenstoffdioxid schneller ausgeatmet.

Verdauungssystem

Im Verdauungssystem werden die Nährstoffe verdaut und in Blut und Lymphe aufgenommen. Traubenzucker wird als Energielieferant benötigt.

Augen/Ohren

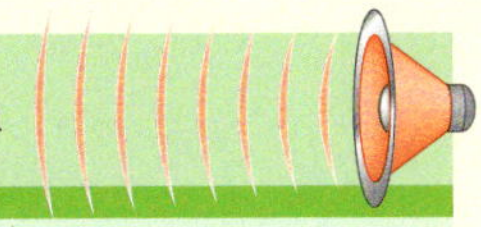

Augen und Ohren nehmen die Signale aus der Umwelt auf.

Ausscheidungssystem

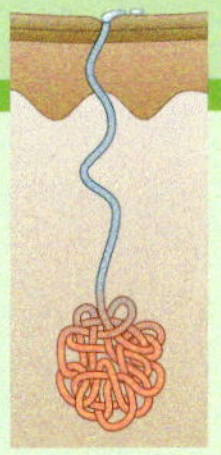

Die Schweißdrüsen der Haut und die Lunge erhöhen ihre Tätigkeit. Durch vermehrte Schweißbildung wird die Temperaturregulation unterstützt.

Kreislaufsystem

Das Herz schlägt schneller und kräftiger. Der gesamte Körper wird besser durchblutet. Dadurch werden im Blutgefäßsystem mehr Sauerstoff, Nährstoffbausteine und Stoffwechselendprodukte transportiert. Wärme wird an die Oberfläche befördert und an die Umwelt abgegeben.

Bewegungssystem

Muskeln, Gelenke und Knochen ermöglichen die Bewegung. Muskeln leisten Arbeit. In den Mitochondrien der Zellen wird die notwendige Energie aus Traubenzucker gewonnen (Zellatmung).

- Erläutere mithilfe der Grafik, wie die Organsysteme beim Radfahren zusammenwirken.

Das hast du gelernt

Zusammenwirken im Körper

Aufnahme von Stoffen

- über das Verdauungssystem (Nährstoffe u. a.)
- über die Lunge (Sauerstoff)

Energie- und Stoffwechselprozesse im Körper

Aufbau von körpereigenen Stoffen aus Nährstoffbausteinen und anderen Stoffen

Stofftransport im Körper, u. a. über das Blut

Abbau von Stoffen zu Stoffwechselendprodukten, Freisetzung von Energie für Lebensprozesse

Abgabe von Stoffen

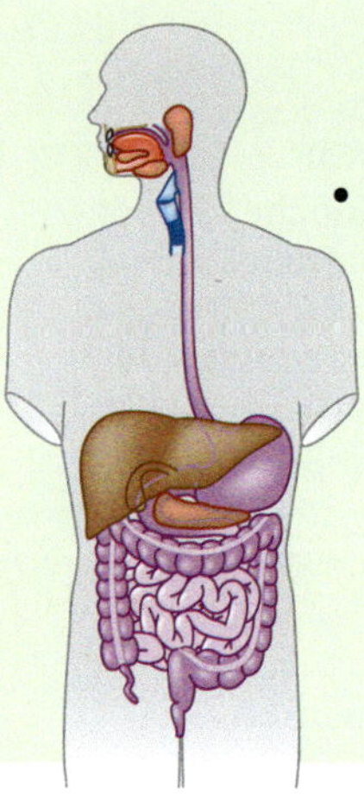

- Abgabe unverdaulicher Reste über den After
- Ausscheidung von Stoffwechselendprodukten (Wasser, Kohlenstoffdioxid, Harnstoff) über Ausscheidungsorgane

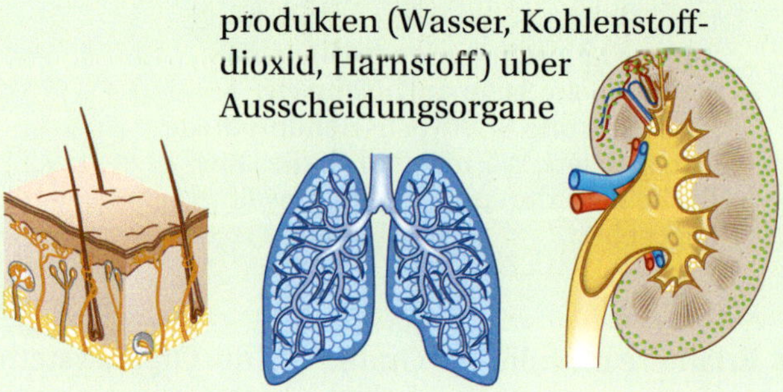

Löse mit Köpfchen

1. Ausscheidungsorgane
Nieren, Lunge und Haut gehören zu den Ausscheidungsorganen. Belege diese Aussage mit Fakten.

2. Detektivarbeit
Erkläre, warum es möglich ist, Dopingsünder anhand einer Urinprobe zu überführen. ↗ S. 37

3. Reine Mathematik?
In einer Stunde durchfließt dein gesamtes Blut (ca. 5,5 l) 15-mal die Nieren. Berechne für 12 und für 24 Stunden, wie viel Blut die Nieren jeweils filtern.

4. Ein Saunabesuch mit Folgen?
Nach einem Saunabesuch zeigt die Waage eine Abnahme der Körpermasse an. Erkläre den Verlust. ↗ S. 37

5. Funktionen der Haut
Die Haut dient nicht nur der Ausscheidung von Stoffen. Nenne weitere Funktionen.
Ordne jeder Funktion den entsprechenden Bestandteil zu.

6. Der Spiegeltest
Um den Tod eines Menschen festzustellen, können Ärzte heute zahlreiche medizinische Diagnosegeräte verwenden. Früher hielt man dem Patienten einen Spiegel vor den Mund.
Begründe dieses Vorgehen.
↗ S. 125

7. Ohne Tabletten?
Bei hohem Fieber ist es sinnvoll, viel zu trinken und Wadenwickel anzulegen. Begründe, warum das besser ist, als fiebersenkende Tabletten einzunehmen.
↗ S. 125

8. Schwitzen ist gesund
Der Schweiß bricht u. a. aus, wenn wir Sport treiben oder in der Sonne liegen. Begründe, warum das so ist.

9. Schutz der Nieren
Funktionieren die Nieren auf Dauer nur noch mangelhaft, ist medizinische Hilfe gefragt. Wir müssen also sorgsam mit unseren Nieren umgehen.
a) Nenne Möglichkeiten, die Nieren gesund zu erhalten.
b) „Viel Trinken ist gut, es ist aber nicht egal, was man trinkt."
Bewerte die Aussage. ↗ S. 87

10. Auf gute Zusammenarbeit
Schildere an einem selbst gewählten Beispiel das Zusammenwirken der Organe und Organsysteme in unserem Körper.

Teste dich selbst

Wähle aus.

1 Die Vergrößerung der Oberfläche von Schleimhäuten dient dazu, dass
- A Stoffe langsamer ausgetauscht werden können.
- B mehr Stoffe ausgetauscht werden.
- C die Stoffe sich besser verteilen können.

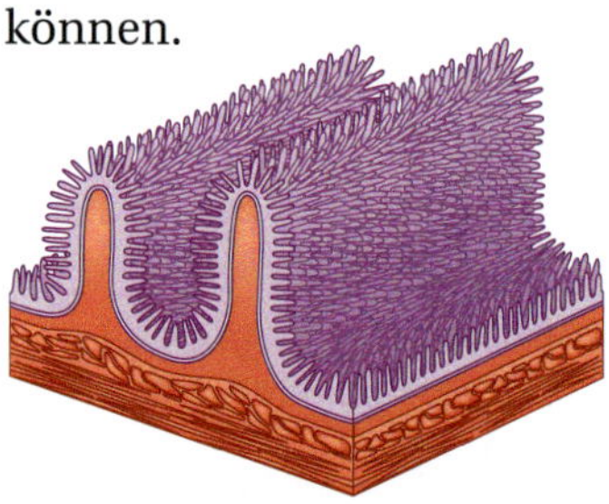

2 In welchem Teil des Atmungssystems findet der Gasaustausch statt?
- A Nasenhöhle
- B Rachenraum
- C Lungenbläschen
- D Luftröhre

3 Welche Gase werden im Lungenbläschen ausgetauscht?
- A Sauerstoff und Stickstoff
- B Sauerstoff und Kohlenstoffdioxid
- C Sauerstoff und Edelgase

4 Welche Aussage ist richtig? Verdauung ist die …
- A Aufnahme und Ausscheidung von Nahrungsmitteln.
- B Nahrungsaufnahme, Zerkleinerung und Abgabe der Grundbausteine ins Blut.
- C Aufnahme von Nahrung und deren Einbau und Verbrauch im Körper.

5 Wie heißen die männlichen und die weiblichen Keimdrüsen?
- A Samenzelle und Eizelle
- B Vagina und Penis
- C Hoden und Eierstock

6 Von einer positiven Energiebilanz spricht man, wenn mehr Kalorien aufgenommen als verbraucht werden. Werden weniger Kalorien aufgenommen als benötigt, handelt es sich folglich um eine …
- A negative Energiebilanz.
- B ausgeglichene Energiebilanz.
- C stark positive Energiebilanz.

7 Damit eine Bewegung eines Körperteils zustande kommt,
- A muss sich immer ein Muskel zusammenziehen.
- B arbeiten immer mindestens zwei Muskeln als Gegenspieler zusammen.
- C müssen sich mindestens zwei Muskeln zusammenziehen.

Beantworte ausführlich.

1 Erstelle eine Tabelle der Bestandteile des Bewegungssystems.
Notiere die Aufgaben der einzelnen Bestandteile.

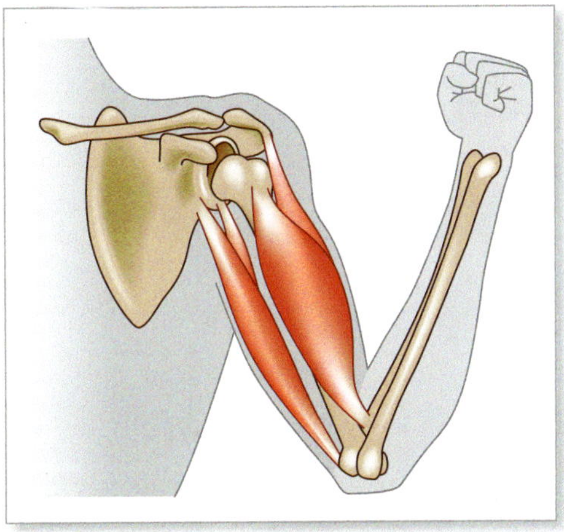

2 a) Wodurch entstehen Haltungsfehler und andere Schäden am Stütz- und Bewegungssystem?
b) Leite ab, wie du Haltungsschäden vorbeugen kannst.

3 Blut ist ein vielseitiges Transportmittel.
a) Gib die Funktionen des Bluts an und ordne sie seinen Bestandteilen zu.
b) Halte einen Vortrag zum Blutkreislauf des Menschen. Gehe dabei auf folgende Punkte ein:
- Bau und Funktion der Blutgefäße, Weg des Bluts
- das Herz als „Motor" des Kreislaufs
- Gesunderhaltung des Herz-Kreislauf-Systems

4 Viele Jugendliche sind stark übergewichtig.
a) Erkläre diesen Sachverhalt, indem du auf typische Lebensgewohnheiten eingehst.
b) Bewerte das Verhalten und ziehe Schlussfolgerungen bezüglich möglicher Auswirkungen.
c) Schreibe einen Artikel für die Schülerzeitung.

5 Beschreibe den Bau der abgebildeten Lungen.
Leite vom Bau die Leistungsfähigkeit der einzelnen Lungen ab. Begründe deine Entscheidung.

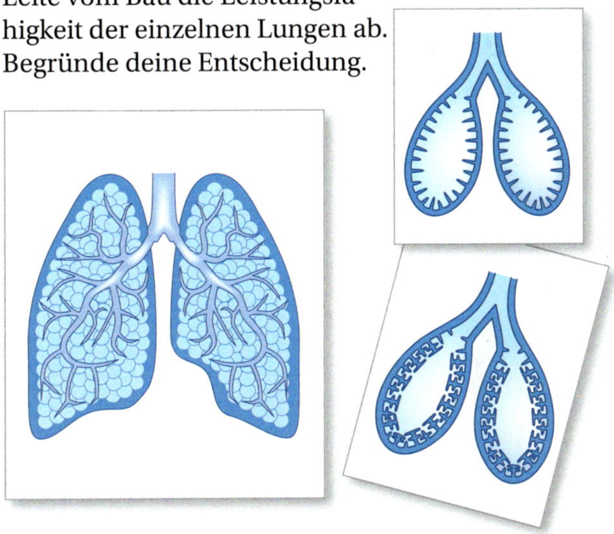

6 Für jede Bewegung benötigen wir Energie, z. B. für das Laufen, Springen, Gehen, Fahrradfahren oder Schwimmen.
Erläutere, woher die Energie stammt, die wir nutzen.

7 Erläutere folgenden Satz: Nur wenn alle Einzelteile richtig zusammenarbeiten, funktioniert das System optimal.

Z

Ziel erreicht

Erschließungsfelder – was ist denn das?
Zu viel Neues? Zu viele einzelne Fakten? Bei zu vielen Einzelheiten geht schnell der Überblick verloren.
Da hilft ein Wechsel des Blickwinkels: Willst du beispielsweise einen Überblick über eine Stadt gewinnen, vermittelt eine Draufsicht aus der Höhe einen Gesamteindruck. Hilfe bei so einem Blick „von oben" auf das Gelernte bieten Erschließungsfelder. Du kannst dein Wissen neu ordnen und besser erkennen, wie Einzelheiten zusammenhängen.

Vielfalt

ist gekennzeichnet durch unterschiedliche Merkmale der Lebewesen innerhalb einer Art oder zwischen den Arten.
Solche Merkmale können der Lebensraum und bauliche Merkmale sowie unterschiedliche Lebens-, Ernährungs- und Verhaltensweisen sein.

Bau und Funktion

Der Bau beschreibt die Merkmale eines Lebewesens oder die Merkmale seiner Teile.
Die Funktion beschreibt die jeweilige Aufgabe.
Der Bau ermöglicht die entsprechende Funktion.

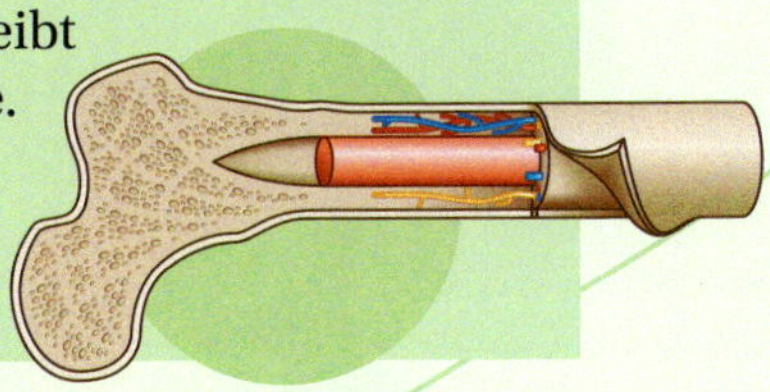

Erschließungsfelder verdeutlichen wesentliche Zusammenhänge und Gemeinsamkeiten von Prozessen und Erscheinungen in Natur und Umwelt.

Angepasstheit

beschreibt die vielfältigen Merkmale im Bau und bei den Verhaltensweisen, die es Lebewesen ermöglichen, in ihrem Lebensraum zu leben und sich fortzupflanzen.

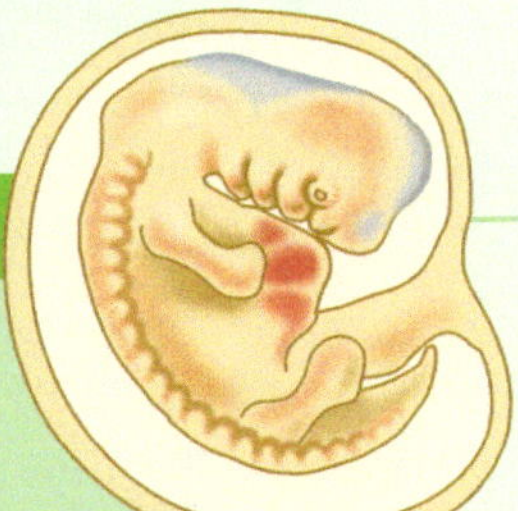

Fortpflanzung

ist die Erzeugung von Nachkommen derselben Art.
Bei der ungeschlechtlichen Fortpflanzung werden die Nachkommen aus Teilen des elterlichen Lebewesens gebildet. Bei der geschlechtlichen Fortpflanzung entwickeln sich die Nachkommen aus befruchteten Eizellen.

Wechselwirkung

beschreibt die gegenseitige Beeinflussung bzw. Abhängigkeit von Lebewesen, Prozessen oder Erscheinungen.

Information

Lebewesen können Signale aus der Umwelt oder dem Körperinnern aufnehmen, verarbeiten und darauf reagieren. Solche Signale enthalten also eine entsprechende Nachricht – eine Information – für sie.

Trainiere mit Methode

1. Die Erlebnisse einer Portion Energie
Aus einem Schüleraufsatz:

Hallo, ich bin das kleine Quäntchen Energie. Mit dem Sonnenlicht bin ich auf die Erde gereist. Dort wurde ich von einem Löwenzahnblatt durch Fotosynthese in etwas Zucker gesteckt. Als ein Hase vorbeikam, hat er das Blatt gefressen. Er hat mich aus dem Zucker herausgeholt und ist mit meiner Hilfe einem Fuchs davongerannt. Ein großer Teil von mir hat sich mit der Körperwärme in der Umgebung verteilt. So schwebe ich nun ein bisschen in der Luft, liege ein bisschen im Gras und ein bisschen von mir hoppelt mit dem Hasen durch die Gegend.

Zeichne ein Energieflussdiagramm für diese Geschichte.

2. Eine Frage der Ernährung

a) Pflanzliche und tierische Zellen ernähren sich unterschiedlich. Beschreibe beide Ernährungsformen.

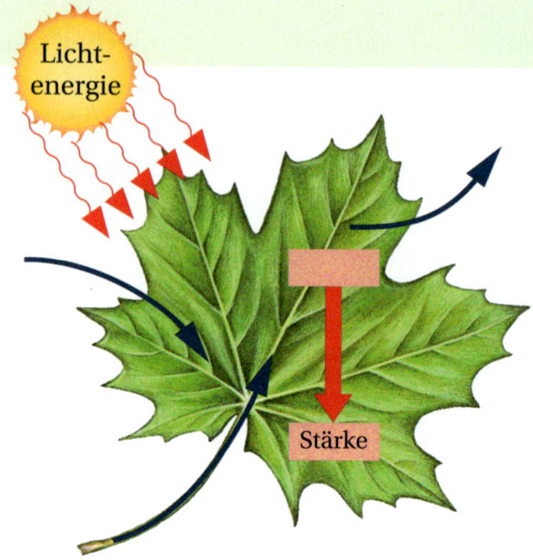

b) Übernimm die Abbildung oben in dein Heft und vervollständige sie.

c) Stelle die Wortgleichung für die Fotosynthese auf und nenne die Bedingungen, die für diesen biochemischen Prozess vorhanden sein müssen.

d) Beschreibe den Stoffkreislauf in einem Ökosystem. Wähle dazu ein Ökosystem aus und gib Beispiele für Produzenten, Konsumenten und Destruenten an.

e) Interpretiere die untere Abbildung. Gehe dabei auf den Energiefluss in einem Ökosystem ein.

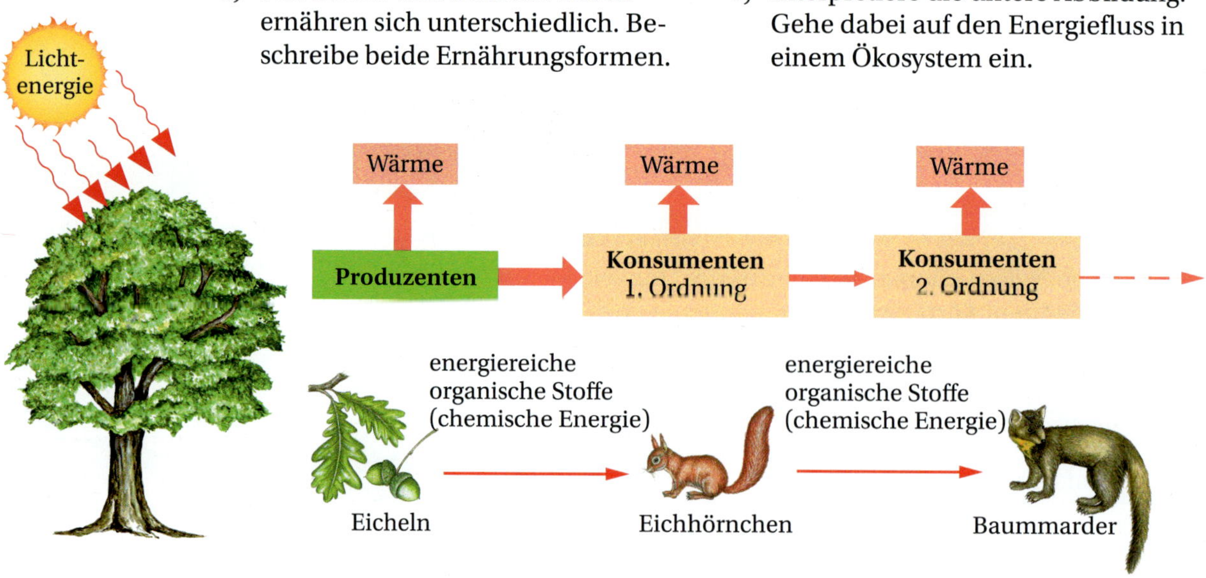

3. **Wechselwirkungen**
Die Wechselwirkungen zwischen den Lebewesen und ihrer Umwelt haben maßgeblichen Einfluss auf deren Gestalt und Lebensprozesse.

a) Ordne dem Säulenkaktus und dem Maki das entsprechende Klimadiagramm zu und begründe deine Zuordnung.

Koboldmaki

Säulenkaktus

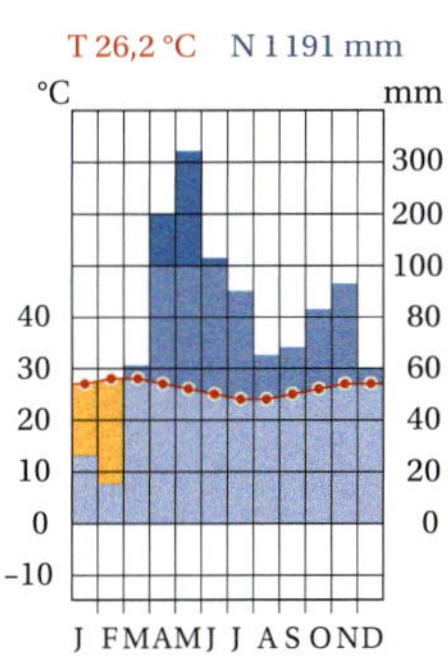

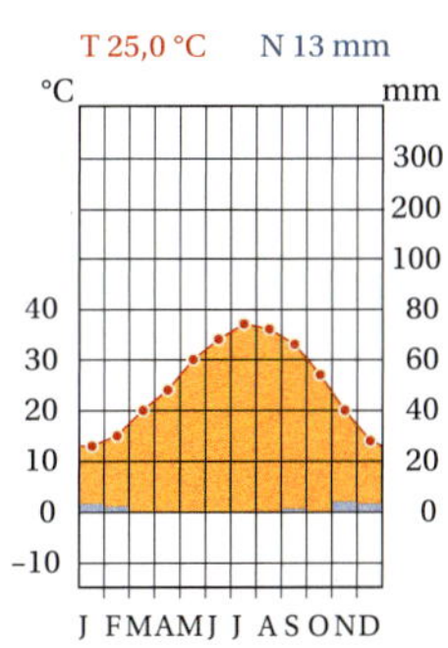

b) Nenne abiotische und biotische Umweltfaktoren, die jeweils auf die Lebewesen einwirken.

c) Der Vielrippige Säulenkaktus *(Neobuxbaumia polylopha)* kann Trockenperioden eine lange Zeit überstehen.
Erläutere, durch welche baulichen Besonderheiten das ermöglicht wird.

4. **Was zu viel ist, ist zu viel**

Übergewicht in europäischen Ländern nimmt zu

Die Fettleibigkeit nimmt in europäischen Ländern immer weiter zu. Nach Angaben der Weltgesundheitsorganisation (WHO) hat sich die Zahl der Fettleibigen seit den 1980er Jahren mehr als verdreifacht. Die Menschen essen mehr, als sie an Kalorien pro Tag benötigen.
Sie essen fetter und bewegen sich zu wenig. Eine Umfrage zu den sportlichen Aktivitäten der Europäer ergab, dass nur 15 % der Befragten Sport treiben. Die meisten verbringen im Durchschnitt mehr als sechs Stunden pro Tag im Sitzen.
Bei Kindern ist die Fettleibigkeit besonders besorgniserregend, weil Essgewohnheiten und Bewegungsarmut, die früh angeeignet wurden, sich während des ganzen Lebens fortsetzen.
Übergewichtige Jugendliche werden daher oft zu übergewichtigen Erwachsenen.

a) Erarbeite mithilfe des Zeitungstextes Ursachen für starkes Übergewicht.

b) Erläutere die Folgen dieser Entwicklung für die Gesellschaft.

c) Schlage Maßnahmen vor, wie man diese Entwicklung stoppen könnte.

Trainiere mit Methode

5. Eine besondere Phase
Die menschliche Individualentwicklung verläuft in mehreren Etappen. Sie beginnt mit der Befruchtung und endet mit dem Tod.

a) Die Pubertät stellt einen Entwicklungsabschnitt dar, der von wesentlichen körperlichen Veränderungen geprägt ist. Beschreibe die Veränderungen bei Jungen und Mädchen.

b) Immerzu Zoff mit den Eltern? Erläutere, inwieweit sich körperliche Veränderungen auch auf das Verhalten der Jugendlichen auswirken.

6. Immunschwächekrankheit Aids
Aids ist eine Immunschwächekrankheit. Sie wird durch den HI-Virus hervorgerufen.

a) Werte die Grafik (↗ unten) über die Entwicklung von Aids in Deutschland aus.

b) Ziehe Schlussfolgerungen aus diesem Kurvenverlauf.

7. Eine besondere Phase
Verhütung ist eine wichtige Maßnahme, ungewollte Schwangerschaften zu verhindern.
Ordne jedem Verhütungsmittel die zutreffenden Erklärungen zu: Spirale, Antibabypille, Kondom, Diaphragma, chemische Mittel.

A Verhindert den Eisprung.
B Tötet die Spermien in der Scheide ab.
C Fängt Spermien mechanisch auf.
D Verhindert Einnistung der Eizelle/tötet Spermien.
E Verhindert Ansteckung mit sexuell übertragbaren Krankheiten.
F Verschließt den Gebärmuttermund.

Welches Verhütungsmittel würdest du jungen Paaren empfehlen? Begründe deine Empfehlung.

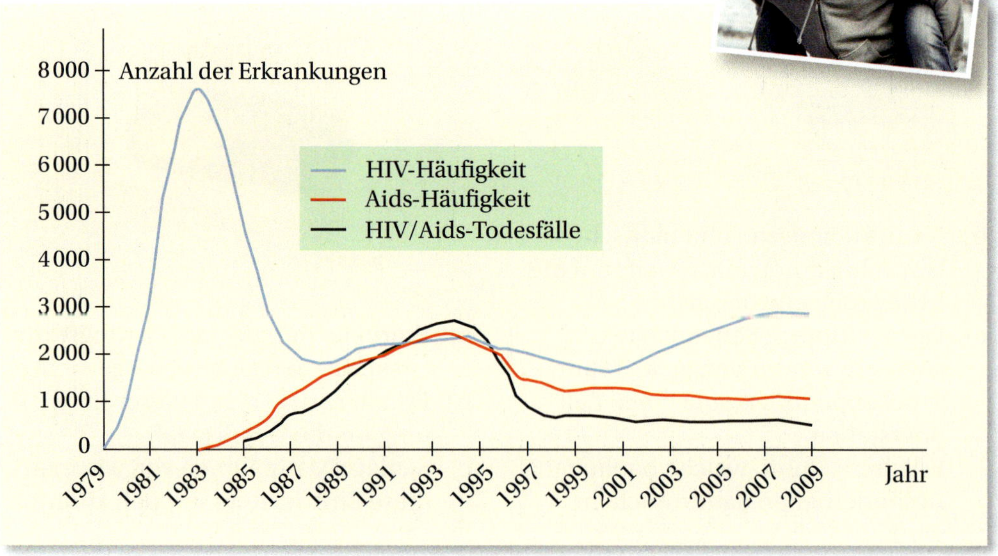

8. Organe und Organsysteme

a) Erarbeite eine Präsentation zu einem Organsystem des Menschen. Darin sollten folgende Aussagen enthalten sein:
   - wesentliche Aufgabe(n) des Organsystems,
   - Organe des Systems, Funktionen der einzelnen Organe im System,
   - Bau- und Funktionszusammenhänge eines Organs,
   - Regeln für die Gesunderhaltung.

   Gestalte deine Präsentation anschaulich. Frage beispielsweise deine Lehrerin oder deinen Lehrer, ob du entsprechende Unterrichtsmaterialien nutzen darfst. (*Tipp:* Du kannst die Abbildung unten zur Lösung von Teilaufgaben nutzen.)

b) Erstelle für deine Klassenkameraden ein Arbeitsblatt, auf dem sie wesentliche Aussagen deines Vortrags ergänzen können.

9. Ist das nicht Verschwendung?

In unserer Lunge befindet sich eine riesige Anzahl von Lungenbläschen. Sie bilden aneinandergelegt eine Fläche von 70 bis 80 m^2. Erläutere, warum diese Anzahl von Lungenbläschen für unsere Leistungsfähigkeit nötig ist.

10. Einmal durch den Körper

Beschreibe den Weg der Atemgase durch den Körper. Beginne beim Einatmen. Überlege dazu:
- Welches Gas wird aufgenommen?
- Welche Organe sind beteiligt?
- Wie wird das Gas im Körper transportiert?
- Wohin wird es transportiert?
- Wozu wird es benötigt?
- Wie gelangt das „Abfallprodukt" des Stoffwechsels wieder aus dem Körper heraus?

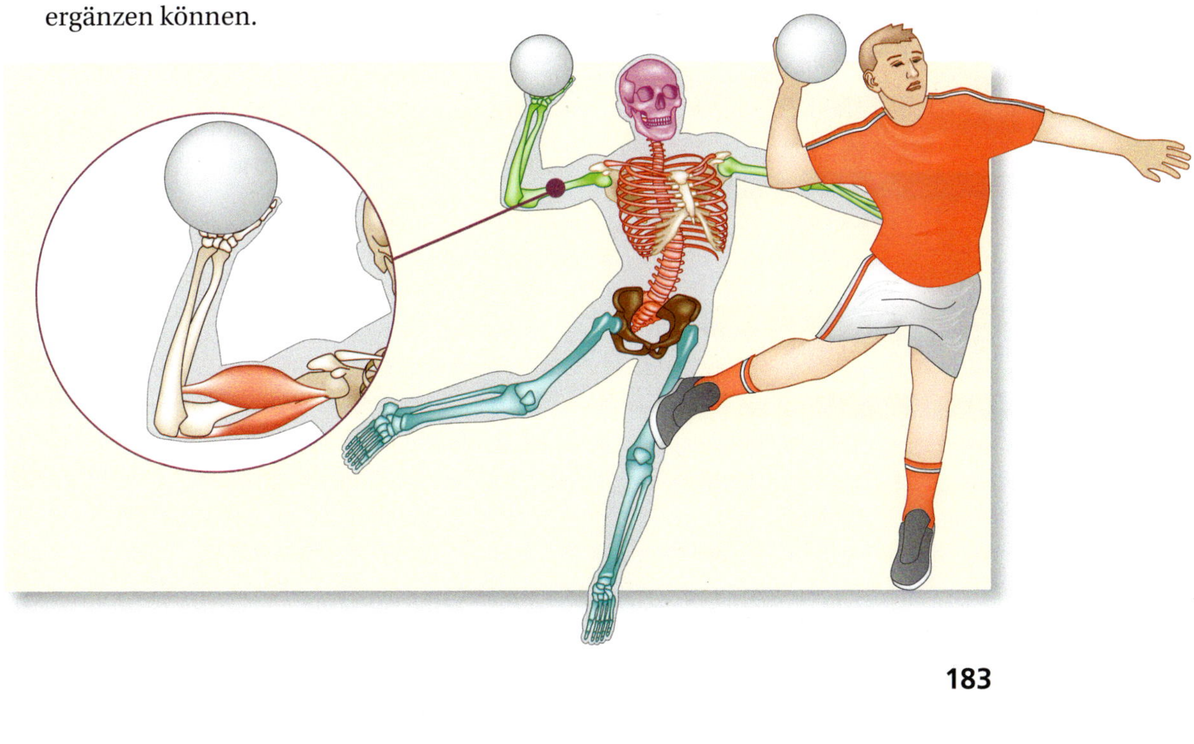

A Anhang

Glossar

Ein Glossar ist ein **alphabetisch geordnetes Wörterverzeichnis.** Jeder Begriff wird durch einen Kommentar ergänzt. Dabei kann es sich um eine Definition oder auch um eine Erläuterung handeln. So kannst du dich leicht über **wesentliche Fachbegriffe** informieren.

Aids: Abkürzung für **a**cquired **i**mmune **d**eficiency **s**yndrome; Immunschwächekrankheit, die durch den HI-Virus ausgelöst wird

Allergene: Stoffe, die Allergien auslösen

Angepasstheit: beschreibt die vielfältigen Merkmale im Bau und bei den Verhaltensweisen, die es Lebewesen ermöglichen, in ihrem Lebensraum zu leben und sich fortzupflanzen.

Arterien: Blutgefäße, in denen Blut vom Herzen weg fließt

Atmung, äußere: Aufnahme von Sauerstoff aus der Umgebung in den Körper und Abgabe von Kohlenstoffdioxid an die Umgebung. Der Gasaustausch erfolgt mithilfe verschiedener Atmungsorgane (Kiemen, Haut, unterschiedlich gebaute Lungen).

Atmung, innere: s. Zellatmung.

autotrophe Ernährung: Aufnahme von energiearmen anorganischen Stoffen und ihre Umwandlung in körpereigene energiereiche organische Stoffe. Ist Chlorophyll vorhanden, wird als Energiequelle das Sonnenlicht genutzt.

Bau und Funktion: Der Bau beschreibt die Merkmale eines Lebewesens oder die Merkmale seiner Teile. Die Funktion beschreibt die jeweilige Aufgabe.
Der Bau ermöglicht die entsprechende Funktion.

Befruchtung: Verschmelzung von Eizelle (weiblich) und Samenzelle (männlich)

Blutzellen: Bezeichnung für rote Blutkörperchen (Erythrozyten), weiße Blutkörperchen (Leukozyten) und Blutplättchen (Thrombozyten)

Chlorophyll: grüner Farbstoff in den Chloroplasten von Pflanzen und Algen sowie in den Zellen einiger Bakterien; notwendig für die Fotosynthese

Destruenten (Zersetzer): bauen organische Abfälle ab. Dabei entstehen am Ende anorganische Stoffe, die den Produzenten als Nahrung dienen.

Embryo: Bezeichnung für den menschlichen Keimling bis zur 13. Woche

Embryonalentwicklung: beginnt mit der Befruchtung und ist in der 13. Woche abgeschlossen.

Empfängnisverhütung: Mithilfe von Verhütungsmitteln (u. a. Kondomen, Spirale, Antibabypille) wird eine ungewollte Schwangerschaft verhindert.

Enzyme: sind Wirkstoffe, die biochemische Prozesse (z. B. bei der Verdauung) ermöglichen und steuern.

Fetus: Bezeichnung für den menschlichen Keimling ab der 13. Woche

Fortpflanzung: ist die Erzeugung von Nachkommen derselben Art.
Bei der geschlechtlichen Fortpflanzung verschmelzen dazu jeweils eine Eizelle und eine Samenzelle zur befruchteten Eizelle. Aus dieser befruchteten Eizelle entwickelt sich das neue Lebewesen.
Bei der ungeschlechtlichen Fortpflanzung entstehen die Nachkommen aus Teilen der elterlichen Lebewesen.

Fotosynthese: Stoffwechselprozess bei grünen Pflanzen, grünen Algen und einigen Bakterien.
Kohlenstoffdioxid und Wasser werden unter Einfluss von Licht und Chlorophyll in Glucose (Traubenzucker) und Sauerstoff umgewandelt.

Geschlechtszellen: Eizellen (weiblich), Samenzellen (Spermien – männlich)

heterotrophe Ernährung: Aufnahme von energiereichen organischen Stoffen und ihre Umwandlung in körpereigene energiereiche organische Stoffe. Die aufgenommenen Stoffe dienen als Baustoff und Energiequelle.

Immunisierung: bewirkt eine Immunität gegen Krankheitserreger. Man unterscheidet passive und aktive Imunisierung.

Immunität: Widerstandsfähigkeit des Organismus gegenüber Krankheitserregern oder deren giftige Stoffwechselendprodukte

Individualentwicklung: Entwicklung eines Lebewesens von der befruchteten Eizelle bis zum Tod

Infektionskrankheiten: werden durch Erreger (Viren, Bakterien, Pilze oder Einzeller) verursacht, sind ansteckend, haben einen typischen Verlauf.

Inkubationszeit: Zeitraum zwischen dem Eindringen der Krankheitserreger und dem Auftreten erster Symptome (Ausbruch der Krankheit)

Kapillaren: Haargefäße – sehr feine Blutgefäße, die den Stoffaustausch zwischen Blut und Zellen bzw. zwischen Blut und Lungenbläschen ermöglichen

Konsumenten (Verbraucher): ernähren sich von organischen Stoffen. In ihrem Körper erfolgt die Umwandlung und Verwertung dieser Stoffe.

Lebensgemeinschaft (Biozönose): besteht aus Lebewesen verschiedener Arten in einem Lebensraum. Zwischen ihnen gibt es vielfältige Beziehungen.

Lebensraum (Biotop): Lebensstätte einer Gruppe von Lebewesen. Sie ist durch Klima, Wetter usw. gekennzeichnet.

Menstruation: monatliche Blutung, die einsetzt, wenn die Eizelle nicht befruchtet wurde; auch Regelblutung oder Monatsblutung genannt

Merkmale des Lebens: Bewegung, Stoffwechsel, Reizbarkeit, Wachstum und Entwicklung, Fortpflanzung

Nährstoffe: sind wesentliche Bestandteile der Nahrung, die als Baustoffe und Energieträger dienen. Für Menschen und Tiere sind Fette, Kohlenhydrate und Eiweiße Nährstoffe (heterotrophe Ernährung).

Nahrungsketten: sind lineare Darstellungen von Nahrungsbeziehungen.

Nahrungsnetze: stellen miteinander verbundene Nahrungsketten dar.

Ökosystem: Einheit von Lebensraum und Lebensgemeinschaft

Produzenten (Erzeuger): bauen unter Nutzung des Sonnenlichts organische Stoffe aus Wasser, Kohlenstoffdioxid und Mineralstoffen auf.

Pubertät: Entwicklungsphase des Menschen, Übergang vom Kind zum Erwachsenen

Schlüssel-Schloss-Prinzip: Zwei Strukturen müssen zueinander passen, um eine bestimmte Funktion zu erfüllen.

Stoffwechsel: alle biochemischen Reaktionen zum Aufbau, zur Speicherung und zum Abbau von körpereigener Substanz

Stoffwechselendprodukte: entstehen bei Stoff- und Energiewechselprozessen im Körper.

Umweltfaktoren: Gesamtheit aller Bedingungen, die auf einen Organismus einwirken
- abiotische: von der nicht lebenden Natur ausgehende Bedingungen
- biotische: von der lebenden Natur ausgehende Bedingungen

Venen: Blutgefäße, in denen Blut zum Herzen hinfließt

Verdauung: Nährstoffe werden mithilfe von Enzymen in ihre kleinsten Grundbausteine zerlegt.

Vielfalt: ist gekennzeichnet durch unterschiedliche Merkmale der Lebewesen innerhalb einer Art oder zwischen den Arten. Solche Merkmale können der Lebensraum und bauliche Merkmale sowie unterschiedliche Lebens-, Ernährungs- und Verhaltensweisen sein.

Wechselwirkung: beschreibt die gegenseitige Beeinflussung bzw. Abhängigkeit von Lebewesen, Prozessen oder Erscheinungen.

Zellatmung: Stoffwechselprozess, der in den Mitochondrien stattfindet. Zur Energiegewinnung wird unter Sauerstoffverbrauch Glucose zu Wasser und Kohlenstoffdioxid abgebaut.

Zelle: Grundbaustein aller Lebewesen; Zellkern, Zellmembran, Mitochondrien (bei Pflanzen außerdem Vakuolen, Zellwand und Chloroplasten) sind wichtige Zellbestandteile.

Zygote: Zelle, die aus der Verschmelzung von Samenzelle (Spermium) und Eizelle entstanden ist

Register

Bildquellenverzeichnis

2000 Staatl. Landesbildstelle Südbayern, München: 25/4; Alamy/Channel Island Pictures: 158/2; B. Mahler, Fotograf, Berlin: 64/1; BASF SE: 137/3; Bibliographisches Institut GmbH, Mannheim: 16/3, 18/1, 19/1, 21/2, 22/1, 23/2, 23/3, 24/3, 25/3, 25/5, 26/5, 27/1, 27/3, 28/3, 28/5, 34/2, 39/1, 40/1, 41/4, 41/6, 47/1, 53/1, 55/1, 56/2, 58/6, 90/2, 146/2, 173/1, 181/2; Biedermann, A., Berlin: 56/3; Bildagentur Huber: 10/3, 42/4; Bildagentur Waldhäusl/Begsteiger: 89/5; Bildagentur Waldhäusl/MEV-Verlag/Peter Horn: 88/3; Burgstaller, J. Salzburg: 57/2; CDC/C. Goldsmith, P. Feorino, E. L. Palmer, W. R. McManus: 82/3; CDC/Dr. E. Arum; Dr. N. Jacobs: 82/1; CDC/Dr. Mae Melvin: 137/4; CDC/James Gathany: 139/1; Christiane Gottschlich: 3/5, 13/2, 26/3, 28/1, 33/2–6, 37/2, 58/3, 65/1, 69/4, 143/2, 179/1, 179/2, 179/6, 180/2; Christiane Mitzkus: 11/1, 24/1, 24/2, 26/1, 26/6, 34/3, 41/5, 41/7, 58/2, 180/3; Comstock Images/Fotosearch: 89/4, 90/1, 169/1, 169/2, 169/3, 169/4; Corbis/Dr. David Phillips/Visuals Unlimited: 82/2; Corel Photos Inc.: 49/4, 49/5, 172/1; D. Langermann, Berlin: 42/2, 56/1; Diener/Gluszak: 146/3, 173/4, 179/5; Digitalstock/Heidasch: 25/2; Dr. S. Brezmann, Hamburg: 20/2, 42/3, 45/1; Duden Paetec GmbH: 68/5, 132/1, 166/1; Fotolia: 9/4; Fotolia/Alexandr Shebanov: 55/2; Fotolia/blueiz60: 162/1; Fotolia/ctacik: 184/1; Fotolia/Forster Forest: 14/1; Fotolia/G. Seybert: 25/1; Fotolia/J. Tromeur: 9/5; Fotolia/James Steidl: 99/1; Fotolia/Lulu Berlu: 38/1; Fotolia/S. Crea: 9/2; Fotolia/Stefan Körber: 173/2; Fotolia/Vladimir Grishin: 28/4; Fotolia/zavgsg : 155/1; Fotolia/Zdenka Darula: 97/1; G. Liesenberg: 156/1; Getty Images/James Balog: 66/2; Getty Images/Miguel Salmeron: 174/1; Glowimages/Gabriela Medina/Blend Images LLC: 2/1, 164/1; H. Theuerkauf, Gotha: 63/1; H. Wadehn, Göllheim: 89/2; Heike Möller, Rödental: 3/2, 3/3, 3/4, 23/1, 23/4, 23/5, 26/2, 28/2, 34/5, 34/6, 41/7, 42/1, 58/2, 58/4, 58/5, 69/1, 69/2, 69/3, 179/4, 180/1; 146/1; iStockphoto: 15/1, 17/1, 19/2, 20/2, 31/1, 37/1, 42/5, 59/2, 60/2, 60/3, 61/1, 70/1, 74/1, 75/1, 85/1, 87/2, 92/1, 98/1, 98/2, 98/4, 121/1, 128/1, 131/1, 136/1, 136/2, 136/3, 143/1, 158/1, 170/1, 181/1; iStockphoto/A. Burak: 60/1; iStockphoto/Aleksandar Zoric: 30/1, 41/2; iStockphoto/Alexey Buhantsov: 87/1; iStockphoto/Arkady Chubykin: 116/2; iStockphoto/arsenik: 163/1; Istockphoto/B. Jacobs: 98/5; iStockphoto/Brian Powell: 175/1; iStockphoto/byllwill: 16/1; iStockphoto/Chris Schmidt: 178/1; iStockphoto/D. Wilkie: 35/2; iStockphoto/Douglas Allen: 145/1; iStockphoto/Duncan Walker: 88/1; iStockphoto/Dušan Zidar : 94/2; iStockphoto/Eric Isselée: 26/4; iStockphoto/Hermann Danzmayr: 116/1; iStockphoto/Iryna Kurhan: 102/1; iStockphoto/Ivan Mateev: 94/1; iStockphoto/Izabela Habur: 43/1; iStockphoto/Jan Will: 9/3; iStockphoto/John Gaylord: 152/1; iStockphoto/Jose Manuel Gelpi Diaz: 100/1; iStockphoto/Joshua Blake: 110/1; iStockphoto/K. Cline: 181/3; iStockphoto/ka_ru : 154/1; iStockphoto/Libby Chapman: 74/2; iStockphoto/Lisa F. Young: 70/2; iStockphoto/Lise Gagne: 182/1; iStockphoto/M. Tooker: 48/2; iStockphoto/Marcela Barsse: 170/2; iStockphoto/Mark Bowden: 62/1; iStockphoto/Mark F. Evans: 3/6, 76/1; iStockphoto/mattjeacock: 98/3; iStockphoto/NASA: 48/1; iStockphoto/P. Bienicki: 16/2; iStockphoto/Paul Cowan: 17/2; iStockphoto/Paul Kline: 81/1; iStockphoto/Paulus Rusyanto: 84/1; iStockphoto/Piotr Bienicki: 18/2; iStockphoto/Roman Milert: 175/2; iStockphoto/S. Randall: 13/1; iStockphoto/S. Winter: 9/1; iStockphoto/S.Cole: 8/2; iStockphoto/Shantell : 150/1; iStockphoto/Sieto Verver: 81/2; iStockphoto/V. Kirsanov: 23/6; iStockphoto/Valua Vitaly: 61/3; iStockphoto/Vasiliy Yakobchuk: 122/1; iStockphoto/webphotographeer: 168/1; Jule Pfeiffer-Spiekermann, Berlin: 79/2, 160/1; Kintzel, B., Berlin: 93/2; Landesbetrieb Straßenbau NRW, Gelsenkirchen: 49/1; LAUBAG: 54/1; Lichtwer Unternehmensgruppe : 25/6; M. Biere-Mescheder, Schloß-Holte Stuckenbrock: 40/2; M. Scharffenberg, Birkenstein: 60/4; M.-L. Gubig, Berlin: 66/1; Mahler, B., Fotograf, Berlin: 80/2, 193/1; Mahler, H., Fotograf, Berlin: 2/4, 15/2, 78/1, 95/1, 95/2, 103/1, 105/1, 111/1, 111/2, 153/1, 153/3, 153/4; mauritius images/age: 120/1; mauritius images/Alamy: 32/2; mauritius images/André Pöhlmann : 3/1, 68/1; mauritius images/E. Gebhardt: 148/1; mauritius images/Haag + Kropp: 114/1; mauritius images/imagebroker: 49/2; mauritius images/imagebroker/FLPA/Tidman: 119/2; mauritius images/Photo Researchers: 88/2; mauritius images/Phototake: 68/3, 68/4, 115/1, 137/1, 137/2; mauritius images/Thonig: 30/2; Meyer, L., Potsdam: 152/3; Minkus, Volker: 80/1; Natura 2000: 151/1; Natura 2000/S. Kerscher: 72/1, 75/2; Naturfotografie Frank Hecker: 10/2, 26/7; NTL Austria: 45/2; OKAPIA/Hans Lutz: 119/1; P. Friedl, Berlin: 114/2, 117/1, 133/1, 138/1, 138/2, 138/3, 138/4, 166/2, 166/3; panthermedia/A. Kähler: 29/1; panthermedia/C. Rother: 61/2; panthermedia/Herbert Esser: 52/1; panthermedia/Inacio Pires: 56/4; panthermedia/Josef Freitag: 34/1, 41/1; panthermedia/L. Suckfüll: 44/1; panthermedia/Laura Boese: 90/3; panthermedia/M.Kosa: 79/1; panthermedia/Ueli Bögle: 32/1; panthermedia/Wilfried Martin: 8/1; Per H. Olsen: 29/2; Photo Disc Inc.: 41/3, 160/2, 187/1, 86/1, 89/1, 89/3; PHYWE Systeme GmbH & Co. KG: 46/1; picture-alliance/dpa: 52/2, 147/1; picture-alliance/Manfred P. Kage/OKAPIA: 141/1; picture-alliance/OKAPIA KG, Germany: 57/1, 144/1; picture-alliance/ZB: 49/3; Prof. Dr. E. Zabel, Güstrow: 12/1, 68/2; Prof. Dr. W. Probst: 27/2, 44/2, 44/3; Project Photos: 98/6, 98/6; Rainer Fischer: 59/1; Raum, B., Neuenhagen: 33/1, 54/2; Reichenbach, A., Mühlberg: 43/2; Ruhmke, Stefan, Berlin: 2/2, 2/3, 165/1, 165/2; shutterstock/leungchopan: 172/2; shutterstock/Timmary: 168/2; shutterstock/wavebreakmedia: 51/1

Sommer, Petra: 47/2; StockFood/Arras, Klaus: 176/1; StockFood/K. Arras: 93/1; Stockphoto/Mads Abildgaard: 126/1; Sybille Storch: 34/4, 91/1, 173/3; Techniker Krankenkasse/Zapf, Michael: 88/4; Tetra Pak GmbH & Co.: 153/2; TopicMedia/ib: 140/1; UFOP e.V.: 35/1; Universität Ulm, Institut für Molekulare und Zelluläre Anatomie: 122/2; VARIO IMAGES/Design Pics: 89/6; W. Schuchardt, Göttingen: 31/2; Wehser, Viktor, Burg Stargad: 10/1; Wolfgang Klaeber: 21/1; Z. Neuls, Berlin: 73/1

Titelbild: Fotolia/Patryk Kosmider

Was bedeutet eigentlich …

Sage voraus

Formuliere auf der Grundlage von Fakten, Erkenntnissen, Gesetzen und Modellen eine Aussage über ein wahrscheinlich auftretendes Ereignis, einen Zustand oder eine Entwicklung. Berücksichtige dabei die konkreten Bedingungen.

Leite ab

Formuliere auf der Grundlage eines allgemeinen Sachverhalts, Gesetzes oder Modells konkrete Aussagen zu einem Beispiel.

Experimentiere

Untersuche ein Phänomen der Natur unter ausgewählten, kontrollierten und veränderbaren Bedingungen und werte die Beobachtungsergebnisse aus. Dabei müssen sich die Bedingungen wiederholen lassen.

Beobachte

Ermittle mithilfe von Sinnesorganen oder Hilfsmitteln (z. B. Mikroskop) Eigenschaften und Merkmale, Beziehungen und Abfolgen von Objekten oder Prozessen.

Interpretiere

Finde grundlegende Zusammenhänge, um Aussagen, Beobachtungsergebnissen, Messwerten oder grafischen Darstellungen eine inhaltliche Bedeutung zu geben. Lege diese Zusammenhänge sprachlich geordnet dar.

Bewerte

Gib zu einem Gegenstand oder Sachverhalt ein begründetes Urteil ab. Nutze für die kritische Prüfung dein Fach- und Methodenwissen.